张秉伦教授（1938 年 10 月-2006 年 2 月）

2. 表

又称"史表"，始于《史记》，其他各史或有或无。以表排比大事，可使读者一目了然的意图自然。凡以年系国事者曰年表，如《史记》中的"六国年表"，另有"古今人表"（前汉书）。"百官公卿表"等称"人表"，在表的部分应重视科技政策和科技人物的大事。

3. 志

是正史科技史料最集中的部分。

《史记》中称"书"，《后汉书》称"志"，后史相因，多数称志，亦有称"考"者，亦有不立志者，各史列志种类也不尽相同，详见附表一。下面简介与科技史关系极为密切的几种志。

(1) 天文志：记天文，观察星变，涉及到古代天体学说、天象记录、恒星知识、天文仪器等。

(2) 律历志：记历法，涉及古代历变法。

(3) 地理志：记物产、地理沿革、行政区划等。

(4) 河渠志：记水利工程、江河变迁、益害得失等。

(5) 食货志：记农业、工商制度、政策沿革变化等。

(6) 五行志：自然界奇异现象、自然灾害，其中有不少迷信说教。

(7) 艺文志或籍经志：记书目，注意其中科技书目。其中《汉书·艺文志》是我国现存最早的一篇图书目录，著录了西汉时所有书籍目录。

(8) 职官志：记官吏品秩、职权范围，注意其中有关天文、数学、医学及技术方面的官制。

(9) 刑法志：记法律制度，注意度量衡、仪器制造、医疗等法制规定。

(10) 兵志：记军事制度，注意兵器制造。

(11) 礼仪志：记国家典礼仪式，注意其中与科学有关的祭天地，仪仗车队中的车、服饰等。

(12) 河渠志：记水利工程，江河变迁，益害得失。

(13) 乐志：记音乐，乐器。

(14) 符瑞志或祥瑞志：记灾异符瑞与人事关系，多宣扬封建迷信，但也有自然史方面的资料，如《宋书》记载了元嘉十六年（439）宣城柞蚕成茧"大如雀卵，弥漫林谷，年年转盛"等。 (tussah, silkworm)

附表一：二十六史作者、卷数及书志沿革表——

4. 列传

是正史的一项重要内容。"传"最初是转受经旨的一种形式，如《左传》等。自《史记》以后，专以记人物，成为记传体史籍的主要组成部分。传有单传、合传、类传（汇传）、附传几种。凡公卿、大夫、将帅、勋业卓著者或国之大奸大恶皆立单传；合传多见于《史记》，如《廉颇蔺相如列传》、《孟荀列传》即是；类传（汇传）记同一类群体，多者可达数十人，数百人；附传，则是多人同事或一家族往往用附传形式记载，以一主要人物标题余皆附之于后。

诸史列传都有鲜明的阶级性和思想性，在封建社会里很多科技发明家都不能进入正史列传，但这绝不是说所有科学家都没列传。据查《史记》有扁鹊传；《汉书》有赵过传；《后

— 11 —

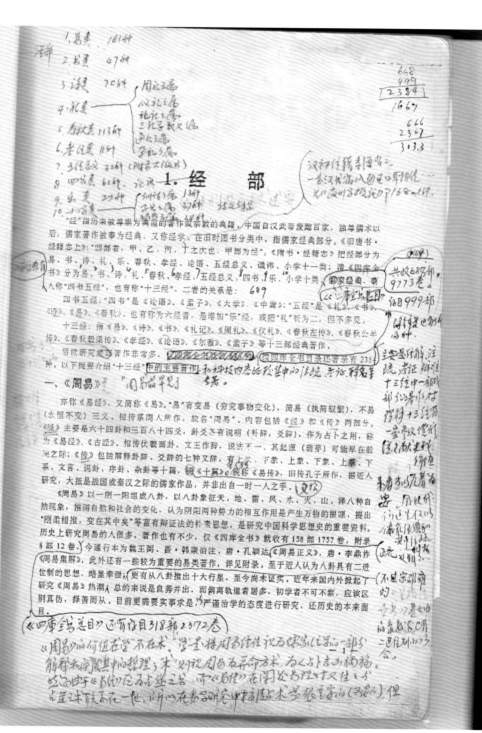

1. 经 部

"经"指历来被尊崇为典范的著作或宗教的典籍。中国自汉武帝废黜百家，独尊儒术以后，儒家著作被奉为经典，又称经学。在旧时图书分类中，指儒家经典部分。《旧唐书·经籍志上》："四部者，甲、乙、丙、丁之次也，甲部为经。"《隋书·经籍志》把经部分为易、书、诗、礼、乐、春秋、学经、论语、五经总义、谶讳、小学十一类。清《四库全书》分为易、书、诗、礼、乐、春秋、孝经、五经总义、四书、乐、小学十类。人称"四书五经"，也有称"十三经"，二者的关系是：

四书五经："四书"是《论语》、《孟子》、《大学》、《中庸》："五经"是《礼》、《书》、《诗》、《易》、《春秋》，也有称为六经者，是增加"乐"经，或把"礼"析为二，但不多见。

十三经：指《易》、《诗》、《书》、《礼记》、《周礼》、《仪礼》、《春秋左传》、《春秋公羊传》、《春秋谷梁传》、《孝经》、《论语》、《尔雅》、《孟子》等十三部经典著作。

后世研究这些著作非常多，以下择要介绍"十三经"中的主要著作和科技的密切关系集中的注疏、考证、释名等著作。

一、《周易》

亦称《易经》，又简称《易》。"易"有变易（穷究事物变化），简易（执简驭繁），不易（永恒不变）三义。相传系周人所作，故名《周易》，内容包括《经》和《传》两部分。《经》主要是六十四卦和三百八十四爻，卦爻各有说明（卦辞、爻辞），作为占卜之用，称《易经》、《古经》。相传伏羲画卦，文王作辞，说法不一，其起源（萌芽）可能早在殷周之际；《传》包括解释卦辞、爻辞的七种文辞，有上彖、下彖、上象、下象、上系、下系、文言、说卦、序卦、杂卦等十篇，或称《十翼》。《易传》，旧传孔子所作，据近人研究，大抵是战国或秦汉之际的儒家作品，并非出自一时一人之手。

《周易》以一阴一阳组成八卦，以八卦象征天、地、雷、风、水、火、山、泽八种自然现象，推测自然和社会的变化，认为阴阳两种势力的相互作用是产生万物的根源，提出"刚柔相推，变在其中矣"等富有辩证法的朴素思想，是研究中国科学思想史的重要资料。历史上研究周易的人很多，著作也有不少，仅《四库全书》就收有 158 部 1757 卷，附录8 部 12 卷。今通行本为魏王弼、晋·韩康伯注、唐·孔颖达《周易正义》，唐·李鼎祚《周易集解》，此外还有一些较为重要的易类著作，详见附录。至于近人认为八卦具有二进位制的思想，略显牵强。更有从八卦推出十大行星，至今尚未证实，近年来国内外掀起了研究《周易》热潮。总的来说是良莠并出，而偏离轨道者居多。初学者不可不察，应该区别真伪，择善而从，目前更需要实事求是严谨治学的态度进行研究，还历史的本来面目。

中国古代科技文献学笔试试题

一. 概述中国古代数学（或天文学、或医学、或农学）科技文献（包括著作和史料）在经、史、子、集四部中的分布情况，并列举要籍说明其价值。（40分）

二. 试述查找中国古代科技人物传记史料的各种方法，并略举典型之例加以说明。（30分）

三. 以下五题，任选三题（每题10分）

1. 简述类书的价值和引用资料时注意之项（10分）

2. 中国古代丛书数量庞大，试列出主要工具书（10分）

3. 以中国第一历史档案馆为例，简述查找科技史档案资料的方法和步骤（10分）

4. 学习中国古代科技文献学的收获和对该课程的意见或建议（10分）

5. 标点并诠释以下一段文字（包括对指导中的注进行评论）：

若以燧取火疏之则弗得数之则弗中正疏数之间（高诱注：疏犹迟也数犹疾也得其节火乃生）

"中国古代科技文献学"课程期末考试试题（2005年6月）

一流规划教材

研究生系列教材

科学技术史

中国科学技术大学研究生教材出版专项经费支持

中国古代科技文献学讲义

A TEXTBOOK ON ANCIENT CHINESE LITERATURE IN SCIENCE AND TECHNOLOGY

张秉伦　编著

中国科学技术大学出版社

内 容 简 介

　　本书讲述中国古代与科学技术相关的文献资料分布情况,重点介绍经部、史部、子部和集部中的科技史料,以及甲骨文、简牍、帛书、敦煌纸卷和明清档案中的科技史料,介绍了藏文、蒙文等少数民族历史文献中的科技史料,对查找古代科技文献的方法及阅读古籍的方法也做了适当的讨论。

　　本书可作为科学技术史、历史学以及相关专业研究生的教材使用,也可作为中国古代科技史、历史、文化、哲学等方面研究工作的参考书。

图书在版编目(CIP)数据

中国古代科技文献学讲义/张秉伦编著.—合肥:中国科学技术大学出版社,2021.12
ISBN 978-7-312-04653-7

Ⅰ.中… Ⅱ.张… Ⅲ.科技文献—古文献学—中国 Ⅳ.① N092 ② G256.1

中国版本图书馆CIP数据核字(2020)第271461号

中国古代科技文献学讲义
ZHONGGUO GUDAI KEJI WENXIANXUE JIANGYI

出版	中国科学技术大学出版社
	安徽省合肥市金寨路96号,230026
	http://press.ustc.edu.cn
	https://zgkxjsdxcbs.tmall.com
印刷	合肥市宏基印刷有限公司
发行	中国科学技术大学出版社
经销	全国新华书店
开本	787 mm×1092 mm　1/16
印张	17
插页	2
字数	377千
版次	2021年12月第1版
印次	2021年12月第1次印刷
定价	69.00元

目　　录

绪　论

本课程主要讲述中国古代科技文献的分布情况及重要文献的内容和价值,让学生明白可以在哪些著作中查找到自己所需要的文献资料。①

本课程的最低要求:能够快速、准确地找到自己需要的材料。

学问做得越大、课题越大,本课程的作用也会越大。此外,本课程的"副产品"是可以提高个人素质,终生有益。以后不管是不是从事科技史工作,都可能会有用,哪怕是经商——至少可以给人以"儒商"的感觉;从政,不用说,亦有用。

经常有同学遇到"小论文无从下手"的情况,(这种情况的出现)是由于没有学习文献课。历届的学生中,石云里当初上课时表现突出,他后来学问做得很好。

中国古代文献汗牛充栋,怎样才能更好地熟悉科技文献的分布?本课程最好的学习方法就是去图书馆特藏室(古籍书库)看书,而不能只听课不去图书馆。在特藏室里,只要沉进去,你就会有收获。此外,学好这门课还要联系自己的大专业、小课题;要理论联系实际,综合起来,灵活运用。

凡是本课程中提到的"最早",是指目前发现的、有把握的"最早"文献。如以后发现更早的可靠文献,可以改变本课程讲述时所指的"最早"文献。

先了解"文献"一词的来源及含义。

"文献"一词最早见于《论语·八佾》:"夏礼吾能言之,杞不足征也;殷礼吾能言之,宋不足征也。文献不足故也。足,则吾能征之矣。"这里的"文献"有两种含义:一是根据宋代朱熹的解释,指历朝的文件和当时贤者的学识;二是根据宋元马端临所提的材料来源,指书本记载和口传议论。马端临继唐杜佑《通典》之后,写成一部"典章经制"方面的专著,以"文献"二字名之为《文献通考》。他在自述中说:"凡叙事,则本之经史,而参之以历代《会要》,以及百家传记之书;信而有征者从之,乖异传疑者不录,所谓文也;凡论事,则先取当时臣僚之奏疏,次及近代诸儒之评论,以至名流之燕谈,稗官之记录,凡一话一言,可以订典故之得失、证史传之是非者,则采而录之,所谓献也。"这说明,《文献通考》的取材来源一是书本记载,一是口传议论。该书对于书本记载和口传议论在行文上是有区别的:前者顶格记,后者低一字,即凡是顶格写的都是书本记载,凡是低一字写的都是名流、贤达的议论。二者交相为用,成为一部名副其实的《文献通考》。明成祖时编《永乐大典》,初名《文献大成》,也取义于包含上举各类图书在内的意思。

---

① 本书中凡以仿宋字体排印的内容,均为张秉伦先生上课时的表述,据学生听课笔记整理。——整理者

按：其实，我国史学界史实和议论并重作为撰述的两大内容，并非从马端临开始的。例如，《尚书》中的"典"（如"尧典""舜典"），《孔传》有"典，谓经籍"，即可以作为典范的重要书籍，叙述事实；"谟"（如"大禹谟""皋陶谟"），《说文》谓"计谋也"，即记载言论。但取"文献"二字作为著述的标题（书名），始于马端临。

一、历代文献积累概况

中国有"盛世修典"的传统，如果研究印刷史，可以发现这一明显的特点。

（1）汉哀帝建平二年（前5年），刘向父子对天禄阁、石渠阁等国家藏书进行了一次大整理，得书13 269卷。这是目前我们见到的最早的我国古典文献的统计数字，基本反映了当时朝廷收藏典籍的情况。

（2）西晋时（262—316年），经秘书监荀勖整理，得藏书29 945卷。此次整理，比西汉朝廷藏书增加一倍以上。特别值得重视的是汲冢书的发现，据《晋书·束皙传》记载，汲郡人不准盗发魏襄王墓（或言安釐王冢），"得竹书数十车"，"漆书皆科斗字"，其中有《竹书纪年》《穆天子传》等。但由于当时战乱频繁，东晋李充再整理国家藏书时，只有4 014卷了。

纵观中国历史，战争，特别是农民战争，对书籍的破坏是非常严重的。

（3）魏道武帝建国，接受儒家建议，严制天下诸州郡县，经搜集，经典稍集。南朝宋元嘉八年（431年），经秘书监谢灵运整理，得国家四部藏书64 582卷；梁元帝时（553—555年），江陵国家藏书已达7万余卷（一说14万卷）。北朝时，由于战乱，礼乐书籍丧失将尽，典籍终不得聚。至北齐、北周时，书籍又有所增。公元583年隋代周时，牛弘上书曰："今御书单本，合一万五千余卷，部帙之间，仍有残缺。比梁之旧目，止有其半。至于阴阳河洛之篇、医方图谱之说，弥复为少。"

（4）隋统一中国后，重视集书，收集前朝所载现存经典，规定"每书一卷，赏绢一匹，校写既定，本还其主"①。收集来的书，经整理分为经、史、子、集四部，总计14 466种89 666卷。功莫大焉！

（5）唐建立以后，国家日益富强，经济文化繁荣昌盛。开元时期是典籍积聚的鼎盛时期，开元九年（721年），元行冲奏上，殷践猷等修《群书四部录》200卷，其后又节略为40卷，名《古今书录》，共收书3 060部51 852卷。《新唐书·艺文志》据开元目录，著录了53 915卷。此外，另有唐人撰述的28 469卷，再加以整理、补充，共录3 277部52 094卷。还有唐人撰述的旧志不著录者27 127卷。此外，道书、佛经2 500部9 500卷。

① 《隋书》85卷。《文献通考》等作"每书一卷，赏缣一疋，校写既定，本即归主"。

《新唐书·艺文志》第四十七说:"藏书之盛,莫盛于开元,其著录者五万三千九百一十五卷,而唐之学者自为之书者又二万八千四百六十九卷,呜呼,可谓盛矣!"但许多书籍并未保存下来,"今著于篇,有其名而亡其书者,十盖五六也,可不惜哉!"近人聂崇岐《艺文志二十种综合引得》称:"总上述二十种艺文志所著录之典籍,自先秦以迄清末,其有名可稽考者,盖不下四万余种,然求其存于今者,恐已不及半数。"

(6)宋代雕版印刷发达,经典文献与日俱增。景祐元年(1034年),仁宗命翰林学士张观等校定整理三馆与秘阁藏书,庆历元年(1041年)书成,赐名《崇文总目》;政和七年(1117年),孙觌等更定《崇文总目》为《秘书总目》,藏书66类,共3 445部30 669卷。[①]宋太祖、太宗、真宗三朝和仁宗、英宗两朝及神宗、哲宗、徽宗、钦宗四朝可称为宋代国家藏书的黄金时代。

元顺帝至正三年(1343年),丞相蔑里乞·脱脱修《宋史》,仿前例分经、史、子、集,大凡为书9 819部119 972卷。

(7)明清两代,典籍门类庞杂,内容广博丰富,数量超过前代。《永乐大典》收书22 877卷,凡例并目录60卷,装订成11 095册,约37 000多万字。《四库全书》收书3 461部79 309卷(表0-1)。此外,《四库全书存目》尚有6 793部93 551卷。编《四库全书》时,国家掌握的典籍文献共计10 254部172 860卷。

1935—1937年,商务印书馆辑印《丛书集成》,汇集宋至清一百多种各类丛书。所收古书,原约6 000多种,剔除重复,存4 107种,300 007 000余字,大多重印排版,并加句读,少数影印,实际出书为3 111种;如按原数出版,则超过《四库全书》。

表0-1　《四库全书》目录(据浙本)
(4部44类67属)

经　部	史　部	子　部	集　部
易类	正史类	儒家类	楚辞类
书类	编年类	兵家类	别集类
诗类	纪事本末类	法家类	汉至五代
礼类	别史类	农家类	北宋建隆至靖康
周礼之属	杂史类	医家类	南宋建炎至德祐
仪礼之属	诏令奏议类	天文算法类	金至元
礼记之属	诏令之属	推步之属	明洪武至崇祯
三礼总义之属	奏议之属	算书之属	清代
通礼之属	传记类	术数类	总集类
杂礼书之属	圣贤之属	数学之属	诗文评类
春秋类	名人之属	占候之属	词曲类
孝经类	总录之属	相宅相墓之属	词集之属
五经总义类	杂录之属	占卜之属	词选之属
四书类	别录之属	命书相书之属	词话之属
乐类	史钞类	阴阳五行之属	词谱词韵之属

① 此数字系《崇文总目》数字。

经　部	史　部	子　部	集　部
小学类	载记类		南北曲之属
训诂之属	时令类	艺术类	
字书之属	地理类	书画之属	
韵书之属	宫殿簿之属	琴谱之属	
	总志之属	篆刻之属	
	都会郡县之属	杂技之属	
	河渠之属	谱录类	
	边防之属	器物之属	
	山水之属	饮馔之属	
	古迹之属	草木禽鱼之属	
	杂记之属	杂家类	
	游记之属	杂学之属	
	外纪之属	杂考之属	
	职官类	杂说之属	
	官制之属	杂品之属	
	官箴之属	杂纂之属	
	政书类	杂编之属	
	通制之属	类书类	
	仪制之属	小说家类	
	邦计之属	杂事之属	
	军政之属	异闻之属	
	法令之属	琐记之属	
	考工之属	释家类	
	目录类	道家类	
	经籍之属		
	金石之属		
	史评类		

二、图书损失概况

纵观中国历史,图书损失情况非常严重。损失原因,《隋书·牛弘传》总结为"五厄"(秦—北周宇文衍):

(1) 秦始皇三十四年(前213年)焚书坑儒。

(2) 新莽末年天下大乱,宫室、图书并被焚毁。

(3) 东汉末年,献帝移都、董卓之乱,典籍荡然无存。

(4) 西晋八王之乱(201—306年),秘书阁藏书2 700余卷尽毁。

(5) 南北朝时,永嘉之乱(307年)后,北方长期动乱,一毁于"侯景之乱",再毁于周师入郢,70 000多卷典籍尽毁。

明代胡应麟在《少室山房笔丛》中又补充了南北朝以后的5次灾厄(唐—宋末):

(1) 隋藏书盛于开皇,不久毁于杨广之手。

(2) 唐藏书盛于开元,不久毁于"安史之乱"。

(3) 广明元年(880年),黄巢起义入长安,僖宗李儇出走,书荡然无存。黄巢起义不仅使"宫庙寺署,焚荡殆尽",而且"原掌四部御书十二库,共七万余卷,广明之乱一时散失"。

(4) 北宋藏书盛于庆历(1041—1048年),再盛于宣和(1119—1125年),而遭遇靖康之灾。

(5) 南宋藏书,一盛于淳熙(1174—1189年),再盛于嘉定(1208—1224年),毁于蒙古骑兵和"绍定之祸"(1228年)。

"绍定之祸"实际上是南宋德祐二年(1276年),忽必烈南下,军入临安,图书礼器运走一空,胡应麟误作"绍定"。

明代以后,亦有以下事件,毁书严重:

(1) 清乾隆三十七年至四十七年(1772—1782年),为修《四库全书》,在全国范围内进行大清查,人为销毁的书籍胜于前代。据统计,1774—1788年,清廷下令毁书24次,人为毁书达13 862部。孙殿起在《清代禁书知见录·序》中称清毁书3 000余种,六万部以上,与《四库全书》收录相当。乾隆后,清代的文字狱毁书众多。

(2) 鸦片战争后,战乱频仍,典籍多次损毁。太平军攻占杭州、镇江后,将藏于文汇阁、文宗阁的《四库全书》并毁于火。

(3) 咸丰十年(1860年),英法联军火烧圆明园,文源阁《四库全书》与味腴书室之《四库全书荟要》一并被毁。光绪二十六年(1900年),八国联军攻入北京,《永乐大典》荡然无存。

(4) 辛亥革命前后,近代军阀买办与帝国主义践踏典籍有过于前。1932年,一·二八事变爆发,日军入侵上海,烧毁了远东著名的上海东方图书馆(在涵芬楼基础上扩建的,为当时中国最大的私人图书馆,藏书超过30万册),张元济数十年辛勤积累之精华,付之一炬。

按:东方图书馆1905—1932年间至一·二八事变前夕馆藏已达518 000册,位全国之冠,当时北平图书馆仅藏40余万册。

(5) "文化大革命"期间,古籍损失严重。有人统计,"文化大革命"中,仅苏州一地即有200吨古籍化为纸浆。"文化大革命"初期,北京许多学者、专家的藏书都被作为"四旧"而抄走,送至废品站、造纸厂、文管会,有的堆放在市区及各县的72个大仓库里。当时专营古旧书刊的北京"中国书店"被打成"四旧黑店",被迫停业。仅通县造纸厂院中堆放的就有17垛300立方米,2 000多万吨的图书。当时,许多文化名人家中所藏的珍贵书籍甚多,亦被毁坏。

三、古籍文献散佚的原因

1. 统治阶级的暴力禁毁,是古籍文献毁损的一个重要原因

统治阶级为了消灭异端、排斥异说,有时候会下令禁毁古籍。如《孟子·万章下》记载:"诸侯恶其害己也,而皆去其籍。"秦的焚书也不是始于嬴政。《韩非子·和氏篇》记载:"商君教秦孝公以连什伍,设告坐之过,燔诗书而明法令。"《史记·秦始皇本纪》记载:"三十四年,适治狱吏不直者,筑长城及南越地。始皇置酒咸阳宫,博士七十人前为寿……丞相臣斯昧死言:'古者天下散乱,莫之能一,是以诸侯并作,语皆道古以害今,饰虚言以乱实,人善其所私学,以非上之所建立……臣请史官非秦记皆烧之;非博士官所职,天下敢有藏《诗》《书》、百家语者,悉诣守尉杂烧之;有敢偶语《诗》《书》者,弃市;以古非今者,族。吏见知不举者,与同罪。令下三十日不烧,黥为城旦。所不去者,医药、卜筮、种树之书。若欲有学法令,以吏为师。'制曰:'可'。"

隋炀帝焚禁纬书,也是从政治出发的。① 据记载,南朝宋大明(457—464年)中即开始禁止图书;据《隋书》记载,隋炀帝即位,"乃发使四出,搜天下书籍,与谶纬相涉者皆焚之,为吏所纠者,至死。自是无复其学,秘府之内,亦多散亡"。此后,纬书全部消亡。

清代屡兴文字狱,重要的有庄廷鑨《明史》狱、戴名世《南山集》狱、汪景祺《读书堂西征随笔》狱、吕留良《文选》狱。故宫博物院文献馆于1931—1934年编有《清代文字狱档》9辑,共收65案,案主及其被牵连人的著述全部遭到销毁。

2. 重道术,轻技艺,是导致科技书籍散佚的又一重要原因

如秦始皇三十四年(前213年)下令焚《诗》《书》,明文"所不去者,医药、卜筮、种树之书"。这里包括不少科技之书,但后来却不见一种存在;相反,明令严禁的《诗》《书》一类的经典,到汉初又次第出现了。宋元马端临《文献通考·经籍考》序中说:"医药、卜筮、种树之书,当时虽未尝废锢,而并未尝有一卷流传于后世者,以此见圣经贤传,终古不朽;而小道异端,虽存必亡。"明末宋应星《天工开物》序中说:"此书于功名进取毫不相关也。"这大概也就是它长期流散的原因,不但《明史·艺文志》没有著录,就连《四库全书》

---

① "纬书"是对"经书"而言的,汉代混合附会儒家经义的书,有《诗》《书》《礼》《乐》《易》《春秋》《孝经》七经的纬书;又有《论语谶》《河图》《洛书》等,合称"谶纬"。西汉哀、平之际,纬书逐渐流行。有清赵在翰《七纬》(辑)、乔松年《纬捃》。其内容充满迷信思想,但其中也记录了一些有关天文、历算、地理的知识,如《书纬·考灵曜》中说:"地恒动不止,人不知,如人在舟中,闭牖而坐,舟行不觉也。"(转引自《太平御览》卷36),反映了当时人们对地动说的臆测。

也没有收,藏书家遍求不得,直至1929年才从日本影印本翻刻出版了一个"喜咏轩丛书本"。[①]此后才有万有文库本、国学基本丛书及世界书简版本,特别是20世纪60年代据新发现的原刻本又出版了新的影印本。

3. 由于保管不善,受水、火、虫蛀等自然灾害,而使典籍亡残乱缺者也不在少数

梁朝时,除秘阁藏书外,还增设文德殿、华林园和东宫藏书,秘书监任昉受命竭力搜集图书,于文德殿藏书23 106卷。梁阮孝绪编成《七录》12卷,内篇共著录图书55部,6 288种,44 521卷;外篇收录各类佛典2 410种,2 595帙,5 400卷。元帝将文德殿及其他公私藏书14万余卷藏于江陵。承圣三年(554年),萧詧引西魏军攻破江陵,梁元帝恐数十年积累典籍为敌所虏,乃"入东阁行殿,命舍人高善宝焚古今图书十四万卷"。问其故,曰:"读书万卷,尚有今日,是以焚之。"魏军于余烬中收拾残局,仅得书卷4 000余卷。

北宋初年,收江南吴越之旧藏,宋太祖又悬赏募书,三秘阁藏书达36 280卷,尽毁于大中祥符八年(1015年)之火;[②]南宋大藏书家叶梦得平生好书,集书逾10万卷,山居建书楼以贮之,极为华焕,丁卯年(1147年)冬,其宅与书俱荡一燎;[③]明英宗正统十四年(1449年),南京文渊阁藏书防火不慎,"悉为灰烬"。[④]

毁于水者也不少,如隋文帝时藏书十分丰富,东都洛阳修文、观文两殿及东、西厢房藏书有103 278卷之多。后隋炀帝丧命,王世充篡隋据东都称"郑王",唐武德五年(622年),"克平伪郑,尽收其图书及古籍焉,命司农少卿宋遵贵载之以船,沂河西上,将致京师,行经砥柱,多被漂没。其所存者十不一二;其《目录》亦为所渐濡,时有残缺"。[⑤]宋代藏书家刘韶美,得俸专以购书,"既归蜀,亦分作三船以备失坏已而,行秭归新滩,一舟为滩石所败"[⑥],书籍损失严重。

至于潮湿腐烂与虫蛀鼠咬之灾,更是无法记述,仅举一例以窥一斑:山西省赵城县广盛寺收藏一部金代刻本(1131—1161年)的《大藏经》4 000卷,因地而名为《赵城金藏》。抗日战争期间,日军欲图劫掠,八路军游击队闻讯以劣势兵力赶赴广盛寺,抢救出这部古籍,此后将此经藏于山洞内。新中国成立后,根据董必武指示,《赵城金藏》调拨北图收藏。因长期受潮,经卷粘连,手触即碎,无法展阅,后4位修补古籍师傅用了10年时间,才修补复原。[⑦]若是普通本,则不可能为此修补,日久也就报废了。

4. 官修书颁行,私人著述散亡

如唐贞观十八年(644年),唐太宗下诏改撰《晋书》,至二十年修成,唐以前私修《晋

① 程俱:《麟台故事》卷2。

② 程俱:《麟台故事》卷2。

③ 王明清:《挥麈后录》。

④ 姚福:《清溪暇笔》页2,《五朝小说》本。

⑤《隋书》卷32"志"第27。

⑥ 陆游:《老学庵笔记》卷2。

⑦ 邢淑贤:《北京图书馆今昔谈》,《中国科技史料》1982年第2期。

书》陆续消亡。唐以前,属于纪传体的《晋书》有王隐《晋书》、虞预《晋书》、朱凤《晋书》、谢沈《晋书》、何法盛《晋中兴书》、谢灵运《晋书》、肖子显《晋史草》、郑忠《晋书》、梁庾铣《东晋新书》、萧子云《晋书》、沈约《晋书》、臧荣绪《晋书》十二部;属于编年体的有陆机《晋纪》、干宝《晋纪》、曹嘉之《晋纪》、习凿齿《汉晋春秋》、邓粲《晋纪》、孙盛《晋阳秋》、刘谦之《晋纪》、王韶之《晋纪》、徐广《晋纪》、檀道鸾《续晋阳秋》、郭李产《续晋纪》(清汤球有辑本,广雅书局刻本)。

5. 由于著述人因事伏诛或在政治上失败,其著作也随之散亡

如南朝宋范晔,宋文帝元嘉中为左卫将军,太子詹事。当时宋文帝与其弟彭城王义康的政治矛盾日趋尖锐,范晔为义康归属,元嘉二十二年(445年)以谋反罪被杀,终年48岁。他所撰《后汉书》原有"志"10篇,托其好友谢俨整理。范氏伏诛后,俨恐祸及己,为了灭迹避嫌,将范晔寄存的稿本全部销毁。后宋文帝令丹阳太守徐谌之就俨寻求,已不复得。又如王安石在宋神宗时做宰相,曾颁行其所撰《诗》《书》《周礼》"三经新义",学校以此为教材,科举以此为考试准绳,盛行一时。后王安石罢相,他的"三经新义"和《字说》等著作也随之散亡(今《周官新义》和《字说》有辑本)。

关于古籍散佚的历史,陈登原于1936年曾编有《古今典籍聚散考》,可资参考。

四、现存文献数量

1928年,郑鹤声、郑鹤春编《中国文献学概要》称"今日可读之书,盖亦不下四十万卷"。[①] 新中国成立后,汪长炳、潘之桢《建议编辑中国古籍现存书目》中认为,现存古籍估计8万种。上海图书馆说有36 000余种。胡道静在《科技古籍整理机构模式刍议》中称,古籍有10万种之多,基本上可信。

主要证据如下:

(1) 1979年5月,在中国科学院北京天文台召开的《中国地方志联合目录》(1985年中华书局出版)定稿会中,收集了我国自南朝至1949年各种地方志目录8 200余种。

(2) 收录古籍丛书的单种文献,据上海图书馆的《中国丛书综录》(1959年版)计38 891种。1974年,台北德浩书局印行庄荣芳编的《丛书总目续编》是《中国丛书综录》第一册"总目"的续编,收录台湾出版的丛书683种,可用来查考台湾1974年前丛书的出版情况和收藏情况。1981年,江苏广陵古籍刻印社出版阳海清编撰的《中国丛书综录补正》,对《中国丛书综录》的错讹之处进行了修订,并补充了有关新资料。2003年,北京图书馆出版施廷镛的《中国丛书综录续编》计1 100余种。

(3) 未收录古籍丛书的单行刻本文献,据孙殿起编的《贩书偶记》及其《贩书偶记续

---

① 郑鹤声,郑鹤春:《中国文献学概要》,商务印书馆,1933,第14页。

编》统计,清人著述约 16 000 种;清以前遗存的单刻本文献,没有统计资料,估计至少在10 000 种以上。

（4）由王云五主持整理,台湾商务印书馆 1971 年出版的《续修四库全书提要》与《丛书综录》有重复。①

此外还有大量的小说、戏曲、唱本、佛经、道藏以及谱牒、金石拓本等未统计在内。

因此,胡道静说中国古籍现存有 10 万种之多,基本上是可信的。这些书籍,大多数为文、史、哲类,但也不乏科技古籍,估计现存科技书籍有 12 000—15 000 种。其中中医书籍分量最大,在 10 000 种以上。其中有一部分为农学或介于农、医之间的书,如《本草纲目》;农书有 700—800 种。这些科技著作,目前难以分门别类做出确切的统计。有一些古代科技书目,可资参考,如:

在数学方面,梅文鼎《勿庵历算书目》,见《知不足斋丛书》19 卷;清刘铎编《若水斋古今算学书录》附录(光绪二十四年上海算学书籍石印本)。

在农学方面,江齐鲲的《农书辑存》(1920 年版),毛雝等编《中国农书目录汇编》(金陵大学图书馆 1924 年版),王毓瑚编《中国农学书录》(1964 年农业出版社),北京图书馆编《中国古农书联合目录》(1959 年)。

在医学方面,1956 年,人民卫生出版社出版了日本人丹波元胤所编的《中国医籍考》;1958 年,人民卫生出版社又出版了日本人冈西为人撰的《宋以前医籍考》;还有中医研究所和北京图书馆编的《中医图书联合书目》(1961 年版)。

其他还有陆达节②编的《历代兵书目录》六卷(1933 年南京军用图书馆排印本),茅乃文编的《中国河渠水利工程书目》(1935 年北平图书馆排印本),等等。

图书馆藏的手抄本不列入目录,但这些书非常重要,价值很高。

按各大图书馆的图书分类方法,图书可分为经、史、子、集四类;大的图书分类也是按照经、史、子、集分的。

学过本课程后,要分清部类,即"识部类",要求修过本课程的人员能迅速准确地找到所需要的材料。最低要求是:

（1）弄清几千种科技文献书籍的分属部、类、属;

（2）要把分散的,甚至是只言片语的科技文献最早的记载弄清,至少弄清本专业的文献记载情况。

---

① 王云五主编《续修四库全书提要·前言》;郭永芳:《〈续修四库全书提要〉纂修考略》,《图书情报工作》1982 年第 5 期。

② 一说柳诒徵。——整理者

第一章　经部科技文献述要

"经"字的本意是布帛的经线,后引申成多种含义。仅就著作而言,被称为"经"的大致是以下三类:一是历来被奉为典范的著作,二是宗教典籍,三是某一学科的专门著作(如《山海经》《水经》《茶经》《牛经》等)。所谓经部,主要指的是第一类。

根据《庄子》《荀子》《商君书》记载,早期真正称为"经"的,只有"六经",即《诗》《书》《礼》《乐》《易》和《春秋》。《庄子·天下篇》说:"《诗》以道志,《书》以道事,《礼》以道行,《乐》以道和,《易》以道阴阳,《春秋》以道名分。其数散于天下而设于中国者,百家之学时或称而道之。"荆门郭店出土的楚简里发现的"六经"书名次序与《庄子》完全一致。这说明两个问题,其一,"六经"并非儒家所独有,可能与百家争鸣过程中相互取长补短有关;其二,诸子百家的著作中虽有称"经"者,如《墨子》的《经上》《经下》和《经说上》《经说下》,《管子》中的《经言》和"解"等,但此类并未列入"六经",大概是因为它们当时并未得到普遍的遵从。

秦火以后,《乐》经亡佚,汉朝只有"五经"立于官学。自汉武帝罢黜百家、独尊儒术以后,"五经"被奉为儒家经典,又称经学,注疏等类之作渐多。至唐朝则有"十二经",即将《礼》析为三:《周礼》《仪礼》《礼记》,《春秋》有三传:《左传》《公羊传》《谷梁传》,再加上《论语》《尔雅》《孝经》,连同原来"五经"中的《诗》《书》《易》,共计12种。宋明又增添《孟子》,于是定型为"十三经",作为儒家经典。儒家经典也有称"四书五经"的。"四书"是《论语》《孟子》《大学》《中庸》;"五经"仍是《礼》《书》《诗》《易》《春秋》,也有称"六经"者,即增加《乐》经,或把《礼》析为二,但不多见。

从传统图书分类来看,《隋书·经籍志》把经部分为易、书、诗、礼、乐、春秋、孝经、论语、五经总义、谶纬、小学十一类。清《四库全书》把经部分为易、书、诗、礼、春秋、孝经、五经总义(内有《古微书》)、四书、乐、小学十类,共收经部著作676种,《续四库全书》还有2 384种。这些著作,其实就是在"十三经"或"四书五经"基础上经过后人的传、记、说、解、训、诂、疏、笺等形成的庞大经学著作系列。虽然《四库总目》称"经禀圣裁,垂型万世,删定之旨,如日中天,无所容其赞述",但实际上历代学者皓首穷经,注疏诠释,见仁见智,或顺应时代潮流,各抒己见,疑经、改经的事例也复不少,这些工作使经学有了丰富多彩的内涵。"不了解经与经学,实不足以言中国学术文化的流变"。[①] 但从科技史料的价值来看,当以"十三经"或"四书五经"为最,由于它们成书年代早,很多名物制度,包括科技名词术语,都可以追溯到"十三经"。

---

① 李学勤:《经史总说·十三经说略》,北京燕山出版社,2002。

清代编有《十三经注疏》,即十三部儒家经典的注疏,共416卷。此书不仅保留了十三经的原文,也注有出处。《周易》用魏王弼、晋韩康伯注、唐孔颖达等"正义",《尚书》用伪孔安国传、孔颖达等"正义",《毛诗》用汉毛亨传、汉郑玄笺、孔颖达等"正义",《周礼》《仪礼》都用郑玄注、唐贾公彦疏,《礼记》用郑玄注、孔颖达等"正义",《左氏春秋》用晋杜预注、孔颖达等"正义",《春秋公羊传》用汉何休注、唐徐彦疏,《春秋谷梁传》用晋范宁注、唐杨士勋疏,《论语》用魏何晏等注、宋邢昺疏,《尔雅》用晋郭璞注、邢昺疏,《孟子》用汉赵岐注、旧题宋孙奭疏。南宋以后开始合刻,明嘉靖、万历年间都曾刊行;清乾隆初有武英殿本。其后阮元据宋本重刻,并撰有《十三经注疏校勘记》。

《十三经索引》是一本工具书,叶圣陶于1923—1934年间编订,系将"十三经"摘成单句,以每句首字笔画顺序排列,注明语句所在原书和篇目名称的简称。可供查找某一古语或名物是否出自"十三经",如果出自"十三经",又在哪一部著作、哪一篇中,检查相当方便。1934年上海开明书店出版发行,1957年中华书局曾重印出版,重订本1983年由中华书局出版发行。

《十三经注疏》查找资料举例:现有"禁原蚕"三字,不知出处和原意。由《十三经索引》可以查到出典在《周礼·夏官》的马质篇中,然后查《周礼注疏》,参见孙诒让《周礼正义》为最详,一查《周礼正义》,可得一大批有关古代养蚕的史料,再由《周礼正义》所引的原书逐一查对,了解哪些史料有用、哪些史料可供参考,而且从原著中又可以触类旁通,掌握史料,这是查文献的一个连环套方法。前人所做的工作,一定要很好地利用起来。

一、易类

易类列经部之首,也是经部一个庞大的著作群。据有人初步统计,易类著作约有五六千种,仅《四库全书》就收有158部1 757卷,附录8部12卷;《四库全书存目》收有318部2 372卷,其实都是研究《周易》而成的著作,真是著述如林。下面从科技史料价值角度考虑,只介绍其原始著作《周易》。

《周易》,简称《易》,汉代称为《易经》(包括《易传》)。^①关于《周易》的编纂者,至今尚无定论。汉司马迁、班固等认为伏羲画八卦,文王"重易六爻作上下篇";汉王充、马融等认为文王演卦辞,周公作爻辞。唐孔颖达、宋朱熹从之。《周易》的成书年代亦有争议,有殷末周初说、春秋中期说、战国说或秦汉说。现在("五四"以来)认为《周易》非出于一时一人之作,而是几代人的集体创作。

《周易》一书的最早记载见于《春秋左传》,但只有筮例而不见书之全貌。秦焚书,《周易》尚存。汉代有今文《易》与古文《易》两种本子流传,不过内容大同小异,现存最

---

① 《易传》包括7种文辞,有上彖、下彖、上象、下象、上系、下系、文言、说卦、序卦、杂卦等10篇,称《十翼》,统称《易传》,旧传孔子所作,据近人研究,大抵是战国或秦汉之际的儒家作品。

早、最完整的本子是1973年湖南长沙马王堆三号汉墓出土的帛书《周易》,该书抄自汉文帝初年。此外唐开成石经本和《十三经注疏本》等都是较好的版本。关于《周易》书名的解释主要有两种:郑玄等释"周"为"周普",释"易"为日月阴阳变化之理;"易"含简易(执简驭繁)、变易(穷究事物变化)和不易(永恒不变)三义。故"《周易》者,言易道周普,无所不备"。孔颖达、朱熹等人训"周"为周代,"周易"称"周",取岐阳地名,"易"为书名,因此《周易》与《周书》《周礼》类似为周书。

《周易》分为上、下两篇,5 000多字,共64卦384爻。每一卦大致由三部分组成:① 卦画(又称卦象),由"- -"和"—"两种符号组成,六爻组成一卦("兼三才而两之,故易六画而成卦");② 卦辞,是附在卦象之后解说一卦之意的文辞;③ 爻辞,是附在爻象之后解说一爻之义的文辞。卦辞64条,爻辞384条,加上《乾》卦用九,《坤》卦用六,共450条,总称筮辞。筮辞取材广泛,涉猎自然、社会的方方面面。从结构上看,《周易》前半部分大致为取象,即取某种自然现象或社会中某种事件说明道理;后半部分则根据前面的取象比拟人事,下一个"吉""凶""悔""吝"之类的结论或断语。

《周易》原为一部占筮的书,但它所反映的道理却博大精深:"《易》之为书也,广大悉备。有天道焉,有人道焉,有地道焉。"因此,它不仅用于占筮,预测未来,而且广泛地运用于社会生活的各个层面,成为人们道德修养、开物成务的指南:"以言者尚其辞,以动者尚其变,以制器者尚其象,以卜筮者尚其占。"从汉代起,《周易》与《易传》合一,被尊奉为儒家经典,被汉儒班固誉为大道之"原",汉扬雄亦说:"六经之大莫如《易》",等等。其实,道家包括道教也深受易理影响,《周易·参同契》称:"《火记》不虚作,演《易》以明之。"《周易·参同契》更借助《周易》理论阐发炼丹术。可见《周易》并非儒家所独有。

就《周易》与科技的关系而言,它以一阴一阳组成八卦,象征天、地、雷、风、水、火、山、泽8种自然现象,推测自然和社会的变化,认为阴阳两种势力的相互作用是产生万物的根源,提出"刚柔相推,变在其中焉"等富有辩证法的朴素思想,是研究中国科学思想史的重要资料,其中"范围天地之化而不过,曲成万物而不遗"的易道观,"生生不已"的自然观和"承天时运"的天人观,以及"取象运数"的科学方法在古代产生过深远的影响。就具体学科而言,中医学素有"医易同源"之说,《黄帝内经》可以说是以《周易》理论为基础建立的最早、最系统的中医学说的巨著,已有专门著作讨论医易同源问题。另外,中国古代的其他学科都受到《周易》不同程度的影响,正如《四库全书总目提要》所言:"易道广大,无所不包,旁及天文、地理、乐律、兵法、韵学、算术以逮方外之炉火,皆可援《易》以为说。"

近年来,国内外掀起了研究《周易》的热潮,总体来看是良莠并出,而偏离轨道者民间居多;学者中也有牵强附会的,企图利用《周易》解决当代前沿科学问题。初学者不可不察,应该区别真伪,择善而从。我们认为:《周易》的价值在"学",不在"术"。"学"是将《周易》经传视为儒家经学的一部分,用来解释和阐发其中的哲理;"术"则视《周易》为算命方术,为人占卜吉凶祸福。当然《周易》原为占筮之书,而《易传》在阐发易理时又往往与占筮之术联在一起,因此在易学研究中,了解一点占术是有用处的。但如果由此把

"学"和"术"混淆起来,甚或颠倒了二者的关系,而将之归为算命术或以此预测未来,便偏离了易学研究的轨道。

易经的价值在"学",不在"术"。不懂术,则无法理解学,但看懂术,容易入迷,甚至会"走火入魔"。

有些学者认为《周易》里蕴含着相对论、量子力学、遗传密码等重大科学发现,甚或要用《周易》来指导当今前沿科学研究,所谓推演出第十大行星,甚至第十四大行星,也有用《周易》来预测气象灾害的,等等。作为自由探索或"百家争鸣",我们不想说三道四,但迄今尚无令人信服的成果,若以此作为研究生论文,则要特别慎重。

同样,那种认为"《周易》的思维方式没有推演法,缺乏逻辑性,而天人合一的观念,把自然与人的和谐机械地、简单地对应,从而成为近代科技在中国萌芽的障碍"[①]的观点,也未免太苛求古人了,也是没有说服力的。

下面我们来看看《周易》的科技史及其价值。

丰卦六二爻辞"日中见斗",九三爻辞"丰其沛,日中见沫",九四爻辞"丰其蔀,日中见斗",是指一种太阳黑子现象。黑子难于观测,西方在公元807年方始看到,却又不承认是太阳变化所致,而误以为是水星凌日。直到1610年,伽利略用望远镜观察到这一现象,才确认是太阳黑子。[②] 垢卦九五爻辞"有陨自天",是指陨石现象;豫卦卦辞《象传》"天地以顺动",这是纬书中地动思想的经典依据;复卦卦辞"观乎天文,以察时变",这是"天文"二字最早出现之处,意思是观测天上的星象变化来推知季节的推移;剥卦卦辞《象传》"顺而止之,观象也。君子尚消息盈虚,天行也",说明古人当时已知天体的运动是有消息盈虚,即不是始终均匀的;丰卦卦辞《象传》"月盈则食",说明当时对月食发生在望(即农历十五前后)已有所认识;革卦卦辞《象传》"天地革而四时成""革,君子以治历明时",明确提出天地有规律地变化而成四季,而君子则研究历法来推知四时(季)。至于复卦卦辞所说"反复其道,七日来复,利有攸往",《象传》进一步说"反复其道,七日来复,天行也",这显然是以七日为一周期的现象,其本源当是四分月相周或四分恒星月,但是否受到巴比伦星期的影响,有待进一步研究。需要特别指出的是,《系辞传》是一篇把《易经》与天文系统地联系起来的篇章,是后世将《易经》神秘化和神化的源头。《系辞传》认为读《易》就能通天地的规律,有关天人感应、天地感应,有关宇宙的数字神秘主义说法等也可在该篇中找到源头。《系辞传》作者认为,天地结构是天上地下的因果关系,还有五岁再闰的闰周,至于从太极形成八卦的说法被后世认为是一种宇宙演化思想。[③] 这些均可作为一种文化现象来研究。

另外,《易传·乾文言》中的"同声相应,同气相求",可视为解释声学共振现象的源头,并对此后元气说的感应论产生了深远的影响;《易传》中的排列组合思想和奇偶数思

---

① 王静:《用质疑和辩证论表达敬佩和尊重》,《人民日报》(海外版)2004年10月27日。

② 袁运开等主编《中国科学思想史》(上),安徽科学技术出版社,1998,第508页。

③ 薄树人:《易经中的天文学知识——敬以此文恭祝钱临照先生九十金诞》,1996。

想,以及组合数学思想,也是值得重视的;至于《易经》是否有二进位值制的问题,我们认为证据尚嫌不足,至少要到宋代邵雍的易学著作中方可见到二进位值制的端倪。《易经》中还有地理学、气象学、生物学等史料,不再赘述。

二、书类

　　书类是研究《尚书》的著作群。《四库全书》收有56部651卷,附录2部11卷;存目78部430卷,附录1部4卷。其实这些著作都由《尚书》研发而来。

　　《尚书》,亦称《书》《书经》,至汉代尊奉为"五经"之首。"尚"即上,意为上古以来之书。《尚书》为中国上古历史文件和部分追述古代事迹著作的汇编,相传原为百篇,由孔子编选而成,事实上有些篇章如《尧典》《皋陶谟》《禹贡》《洪范》等是孔子以后儒家补充进去的。西汉初仅有原秦博士济南伏胜所传28篇,计有虞夏书4篇,商书5篇,周书19篇,分为典、谟、训、诰、誓、命6种文体,因用汉代隶书写成,称《今文尚书》;汉景帝末年,据说在孔子宅壁内发现先秦古文写本,称《古文尚书》。西晋永嘉之乱后皆佚而不传。东晋梅赜奉献并立于学宫的《古文尚书》孔氏传59篇,包括由今文离析而成的33篇,新出的《古文尚书》序1篇,后被宋人称为伪《古文尚书》。但唐太宗颁布孔颖达编定的《五经正义》中的《书》,仍以伪孔传本为宗,历五代迄宋,科举取士亦以此本为准。现今通行的《十三经注疏》本中的《尚书》就是《今文尚书》与伪《古文尚书》的合编。在研究《尚书》的各种注本中以唐孔颖达《尚书正义》(见《十三经注疏》本)和清孙星衍《尚书今古文注疏》(有《四部备要》《丛书集成》)等为优。

　　《尚书》蕴含了中国上古时期丰富的政治、伦理、哲学和法律思想,而且不乏科技史料,是研究夏商周史事的一部重要文献。其中《尧典》是研究商族起源的重要文献;而《大诰》《康诰》《酒诰》《梓材》《召诰》《洛诰》《多士》《多方》等八诰是研究周初史事的可靠史料;《禹贡》不但是记载夏史较详的最早典籍,而且是中国最早的一篇地理著作。《禹贡》用自然分区的方法,记述当时我国的地理状况,把全国分为九州,假托为夏禹治水以后的政区制度,对黄河流域的山川、薮泽、土壤、物产、贡赋、交通等,记述较详,对长江、淮河流域的记载则相对粗略;其把治水传说发展成为一篇珍贵的古代地理记载,是我国最早一部科学价值很高的地理著作。后世研究、校释《禹贡》的著作很多,宋代是研究《尚书》成果丰硕的时代。其中与科学史有关的名著有:宋程大昌《禹贡论》和《禹贡山川地理图》,傅寅《禹贡说断》,它们代表了当时有关《禹贡》研究的最高水平。清代对《尚书》的研究更多,涉及科学技术史者,在自然地理和历史地理方面的著作有朱鹤龄《禹贡长笺》、徐文靖《禹贡会笺》、蒋廷锡《尚书地理今释》等。

　　清代以来,《尚书》其他篇章中的科技史料也逐渐被重视,如《洪范》篇是保存五行资料最古老的文献之一,其中对某些自然现象的解释,含有相当的唯物主义因素;又如《尧典》中的"四仲中星"是古代天文学史的重要资料,假如将此与《夏小正》中相关记载进行比较,时间和观测对象完全相同的只有一条:"五月初昏,大火中",甲骨文中也有"贞,唯火,五月";《左传·襄公九年》明确地说:"心为大火",而"火纪时焉"等。这使人们想起埃及的年代学问题。如果通过现代计算机模拟手段对古文献中的天体位置进行计算,看看在中原地区什么时代、什么时间,它在什么方位上,并与文献记载加以比较分析,或许对解决夏商周年代学问题有所裨益;另外,《胤征》篇中的"仲康日食",虽然在国内外学术界有争议,但仍然值得重视,应设法研究,给出结论;《吕刑》篇更是研究中国早期刑法史不可或缺的文献,其中包括要求技术水平很高的宫刑,最好要结合甲骨文等文献来进行研究。

总体来看,《尚书》的研究,应该说是比较充分的,但正如王金夫先生所说:至今尚未形成运用多学科的理论和方法对《尚书》做综合和整体研究格局。[①] 这种认识是颇有见地的。同样,科技史专业也不能仅限于对某条具体资料的分析,《尚书》中科技史料的价值,可以作一篇综合性的论文。

三、诗类

诗类著作较多,仅《四库全书》中就收有62部941篇,附录1部10卷,另有存目84部913卷。皆源于西周初至春秋末的诗歌305篇,原称《诗》(又名《诗三百》或《三百篇》),汉代被列为五经之一,才出现《诗经》之名。据《汉书·艺文志》著录,汉代传诗者有齐、鲁、韩、毛4家,后来只有毛亨所传的《诗》被完整地保存下来。1977年,安徽阜阳出土《诗经》汉简170多枚,据考证不合于《毛诗》序列,可能是另外3家《诗》的遗物。[②]

关于《诗》的编选者,说法不一,大多数学者认为是由周王朝各个时期的乐官或乐师编纂,孔子可能对《诗》做过重新校订工作。

《诗经》是中国第一部诗歌总集,编于春秋时代,收集了西周初年到春秋中期约500年间的诗歌305篇(另有6篇"笙诗"有目无辞,未记在内),有7 200余句,34 500多字。其结构分"风""雅""颂"三部分。"风"有十五国风,包括周南、召南、邶风、鄘风、卫风、王风、郑风、齐风、魏风、唐风、秦风、陈风、桧风、曹风、豳风,共160篇,大都是各地民间歌谣,不少篇章揭露了当时的政治黑暗和混乱,以及贵族统治集团对人民的压迫和剥削,对劳动和爱情也有所反映;"雅"有《大雅》《小雅》共105篇;"颂"有《周颂》《鲁颂》《商颂》共40篇。"雅""颂"部分出于统治阶级及其文人之手,内容有些是宴会的歌,也有不少暴露时政的作品,表现了对周室趋于衰落的不安和忧虑;还有一些祀神祭祖的诗,客观上提供了有关周的兴起、周初经济制度和生产情况的重要资料,但是主旨在于歌功颂德,

---

① 陈述等主编《中华名著要籍精诠》,中国广播电视出版社,1994,第351页。
② 胡平生:《阜阳汉简诗经研究》,上海古籍出版社,1988。

宣扬统治者承天受命的思想。长期以来,《诗经》一直受到很高的评价。梁启超在《要籍解题及其读法》中说:"现存先秦古籍,真赝杂糅,几乎无一书无问题;其真金美玉,字字可信者,《诗经》其首也。"因此《诗经》中反映的周代典章制度、风俗习惯、语言文化以及科学技术等方面的丰富资料,是相当真实可靠的。它不但对中国2000多年的文学发展有深刻影响,而且对哲学、考古学、语言文字和科学技术史的研究等都有重要价值。

《诗经》在科技史上的价值是不容忽视的。诗中引用的动植物名称、天文、地理、气象等词语,都是反映我国先秦科技水平的重要信息。由于诗句朴实无华,相当真实,可作为当时的科技信史,因此历来受到学术界的重视。晋陆机从《诗经》中挑选了动植物250多种,其中植物146种、动物109种(包括鸟类42种、兽类25种、虫类22种、鱼类20种),撰成《毛诗草木鸟兽虫鱼疏》,成为我国古代第一部生物学著作,就是明证。此外还有《诗经地理考》以及今人夏纬瑛的《〈诗经〉中有关农事章句的解释》等,都是很好的说明,可资参考、利用。被各种科技史著作引用的《诗经》资料更多,如"十月之交"中的日月食、"七月流火"中的农事和物候,更是不胜枚举。

下面再着重举几条《诗经》中与技术史有关的史料。

1. 关于青铜器有200多条资料

涉及青铜器品种可分为7类:鼎彝等器、钟鼓等器、和鸾等器、刀铲等工具、尊爵等酒器、戈矛等兵器、杂器等,反映了当时青铜器的广泛应用,并得到了考古发掘实物的证实。如果利用科技考古技术进行分析,结合《考工记》中的"六齐"进行研究,可望解决当时青铜成分的配比规律问题。

另外,还有人认为当时对青铜的认识,已包括选择冶炼和防锈措施。如《卫风·淇奥》中"有匪君子,如金如锡",意思是说:有一个君子,他受过陶冶锻炼,有着美好的品格,就像提炼出来的铜和锡那样纯洁;《秦风·小戎》中"厹矛鋈錞",意思是长矛柄尾的铜錞上浇灌了一层锡,目的是防锈,这在当时确实是一个重要的防腐措施。

2. 关于酒大约有100条资料

酒名就有8种之多:酒、醴、鬯、黄流、旨酒、春酒、清酒、醑等;酒器有12种:瓶、罍、尊、卣、斝、爵、角、觥、斗、觚、觯等;而且认识到了"丰年,多黍多稌,亦有高廪,万亿及秭,为酒为醴,蒸畀祖妣"(意思是丰收的年成,黍稷是多么地多啊,还有那高大的粮仓囤积着很多粮食,可用它来酿酒制醴,奉祀先祖先妣)。这种把丰收、余粮与酿酒联系起来,无疑是酿酒史上的珍贵史料。

3. 关于颜料和染色的记载

《诗经》中反映的颜色包括红、黄、蓝、绿、青、黑等,除了用植物颜料茹藘(茜草)、蓝、绿等外,可能还有矿物颜料。《唐风·山有枢》中"山有漆"与《鄘风·定之方中》中"树之榛栗,椅桐梓漆",反映了当时对漆树的认识。当时流传至今的文献又很有限,这部诗歌总集就显得格外重要了。当今科学史界在研究许多重要问题的起源时,往往总要先去查找《诗经》,有时确能找到有关问题的最早记载,值得进一步发掘。

四、礼类

（一）《礼记》

《礼记》有《大戴礼记》和《小戴礼记》。汉代戴德与其侄戴圣同学《礼》于后苍。戴德将后苍所传之《礼》删定为85篇，编成《大戴礼记》，今残，《夏小正》是其第47篇。戴圣又将《大戴礼记》删削一次，《夏小正》则被删去，世称《小戴礼记》或《小戴记》，是秦汉以前各种礼仪论著的选集。今存东汉郑玄注本，有《曲礼》《檀弓》《王制》《月令》《礼运》《学记》《乐记》《中庸》《大学》等49篇。大多为孔子弟子及其再传、三传弟子所记，也有讲礼的古书，是研究我国古代社会情况、儒家学说、文物制度的参考书。

《礼记》中有一些重要的科学知识。如《大戴礼记·曾子天圆》中载有曾子对"天圆地方"的怀疑："如诚天圆而地方，则是四角之不揜也"；又说"圣人慎守日月之数，以察星辰之行，以序四时之顺逆，谓之历"，是对天文历法工作的讨论概括。

《礼记》中最重要的文献——《大戴礼记》中的《夏小正》篇和《小戴礼记》中的《月令》篇，是古代科学名著，可视为先秦时期的农家历书。有人认为其与夏文化有关，内容方面特别突出的是关于物候与天象的关系，反映了古代人民的高度智慧，值得重视。有宋张虙《月令解》12卷，宋傅崧卿《夏小正戴氏传》4卷，元吴澄《月令七十二候集解》，明黄道周《月令明义》4卷，清徐世溥《夏小正解》1卷，黄叔林《夏小正注》1卷，诸锦《夏小正诂》1卷；此外，清代有一本《礼记天算释》，介绍《大戴礼记》中的天文学和数学。《月令》篇被近人广为引用。今人陈久金认为《夏小正》是十月历，存疑，有待进一步研究。

（二）《周礼》

《周礼》亦称《周官》或《周官经》，是搜集周王室官制和战国时代各国制度，添附儒学思想，增减排比而成的汇编。古文经学家认为是周公所作；今文经学家认为出于战国；也有人认为是西汉末年刘歆伪造；近人多认为是战国时代的作品。全书共有《天官冢宰》《地官司徒》《春官宗伯》《夏官司马》《秋官司寇》《冬官司空》6篇。《冬官司空》早佚，西汉时河间献王刘德取《考工记》代之。《周礼》书中不乏科技史料，如夏纬瑛著有《〈周礼〉书中有关农业条文解释》。尤其是《考工记》更是先秦古籍中重要的科技著作。《考工记》作者不详，据考证，是春秋末年齐国人记录手工技术的官书。其主要记述了百工之事，包括简单的机械、兵工、冶炼、交通工具、乐器制造等技术，并确定了若干当时的技术标准，还有其他科学知识，是研究我国古代科技的重要文献。清程瑶田有《考工创物小记》，值得参考。

《考工记》历来受到重视,特别是乾嘉学派的戴震、程瑶田、孙诒让等学者,分别有《考工记图注》《考工创物小记》《周礼正义》,都对《考工记》加以考释和探讨。

《考工记》的科技内涵极为丰富。如关于车辆,所记一套较完整的官制车工艺规范,兼及车舆材料的选择和连接方法,车辕、车架和车轮工艺的十项准则,足见古代制车工艺之高;"金有六齐"被公认为是世界上最早记载的合金配制法则;"慌氏涑丝"载有"以栏为灰,渥淳其帛""昼暴诸日",为灰水脱胶、日光脱胶漂白的最早记载;"磬氏为磬"有"已上则摩其旁,已下则摩其耑"的调音方法;"轮人""车人"条下不仅叙述的器物形制可与出土实物相印证,而且广泛涉及力学、数学、声学等学科知识,详实地反映了当时的科学水平。《考工记》在中国和世界文化史上都占有极其重要的地位。

（三）《仪礼》

《仪礼》简称《礼》,亦称《礼经》或《士礼》,17篇。成书于战国初期至中叶间。1959年在甘肃武威发现《礼》汉简篇,可供校订。

五、春秋类

《春秋》是一部编年体史书,相传是孔子据鲁史官所编《春秋》加以整理修订而成的,时间起于鲁隐公元年(前722年),终于鲁哀公十四年(前481年),共242年,为后代编年史之滥觞。《四库全书》收有春秋类著作114部1 818卷,存目118部。

《春秋》对年月日记载有条不紊,所记载的史实是研究我国春秋时期历史的最好材料。其中记录了许多罕见的自然现象,因有准确时间,一向为后人所引用。最有影响的解释《春秋》的书有左丘明的《左传》、公羊高的《公羊传》、谷梁赤的《谷梁传》,其中以《左传》最为有名。晋范宁评"春秋三传"的特色时说:"《左氏》艳而富,其失也巫(指多叙鬼神之事——引注);《谷梁》清而婉,其失也短;《公羊》辩而裁,其失也俗。"当然,这只是一家之言。

清程廷祚《春秋识小录》9卷,包括《春秋职官考略》3卷、《春秋地名辨异》3卷、《左传人名辨异》3卷,清吴守一《春秋日食质疑》1卷,江永《春秋地理考实》4卷,陈厚耀《春秋长历》10卷,可资参考。

六、孝类

《孝经》,儒家经典之一,18章,论述封建孝道,宣传宗法思想。

七、四书类

《四书》是《论语》《大学》《中庸》《孟子》的全称。其中《论语》是孔子弟子及再传弟子记载孔子及其部分弟子言行的书。《大学》《中庸》原是《礼记》中的两篇,《大学》据传是曾参学生记述其言行的;《中庸》相传由孔子弟子子思所作。《孟子》是孟子及其弟子的著作。南宋朱熹将这4部书辑录在一起,并加注释,题称《四书章句集注》。朱熹的自然观,可从集注和《朱子语类》中反映出来。

《四书》中科技类的知识不多,但有一些科学思想、科学方法的内容,其治学之道中也含有科技内容。如:

《中庸》:"好学近乎智,力行近乎仁,知耻近乎勇,知斯三者,则知所以修身。"

《论语》:"君子周而不比,小人比而不周。"周,合群;比,勾结。

《孟子》的科技含量略高,该书唐代时未列入十三经,它的崛起是在宋代理学繁荣以后。

《孟子》中有许多民主思想,如"君视臣如手足,则臣视君为腹心;君视臣如犬马,则臣视君如国人;君视臣如土芥,则臣视君为寇仇"。明太祖朱元璋的思想与孟子有许多合拍之处,但有的话朱元璋不认同,如上述三句话。他认为以上三句话未端正君臣之道,故将孟子排除在孔庙之外,删《孟子》第五十八章,使《孟子》只剩下节本;至明嘉靖九年(1530年),又将《孟子》列入十三经。

清戴震对《孟子》的哲学思想有专门研究,著有《孟子字义疏正》。

八、五经总义类

五经总义类著作,就是综合讨论五经意义的著作。这类著作始自西汉宣帝时石渠阁会议的总结性文献《石渠五经杂义》,后散佚。东汉以降,学者们从自己的学术见解出发,著成一些总义类著作。许慎、郑玄两位大家对五经总义展开论辩,并形成了《五经异义》《驳许慎五经异义》及《六艺论》,全本已散佚,今仅存辑佚之章节,如清陈寿祺《五经异义疏证》、皮锡瑞《驳五经异义疏证》。[①]

这类著作中与科学史有关的有:

(1)《五经算术》,作者是北周甄鸾,共2卷。书中对《易经》《诗经》《尚书》《周礼》《仪礼》《礼记》《论语》《左传》等儒家经典及其古注中与数字有关的内容详加注释,但就数学内容而言,其价值有限。现传本出自《永乐大典》和《算经十书》。

(2)《五经通考》,宋代诗人秦观二十六代孙秦蕙田于乾隆年间著成,共262卷。其中关于天文、数学的内容尤其值得注意。作者用西方传入的天文、数学知识解释中国古代的天文、数学知识。

九、乐类

前已述及,《乐经》早佚。有关秦汉以前的乐律文献,在《礼记·乐记》《国语·周语》《管子·地员篇》《吕氏春秋·古乐篇》《淮南子·天文训》等书中有零星的记载,后世多有辑录。这里需要强调的是"三分损益法"首见于《管子》,又见于《吕氏春秋》,但只有理论和方法,而无具体的计算数值。《淮南子·天文训》最早以数领律,规定了各律之间的关系,并给出了各律的具体长度数值。值得注意的是,这些数值与《管子》中所记三分损益法计算出来的理论值并非完全相同。相传唐武则天敕撰,元万顷等参修的《乐书要录》10卷,约成书于公元700年前后,国内也早已不存,后来在日本发现了该书的活字本,仅存第五、六、七卷,余皆散佚。该书征引古籍,甚为罕见,其中所论管弦三分损益法、左右旋宫法和后附"十二律相生图"等均为研究古代乐律理论的重要参考资料。现有《佚存丛书》本和《佚存丛书初编》本。

中国古代物理学专著甚少,而与物理学史中的声学史关系密切的音律学著作,在宋元以后,尤其是明清时期甚多,形成了庞大的系列,内容涉及音乐、琴谱和舞谱等。另外,正史"律历志"中的"律志"或"音乐志"中,也保存了音律学发展过程中许多宝贵的资料。应该将这些结合起来研究。

《四库全书》经部共收宋以后乐类著作22种483卷,存目42部291卷,包括律吕、乐书、瑟谱、琴旨和舞谱等内容。其中音律学著作与声学史关系最为密切,也是中国古代与数学关系最为密切的少数学科之一。因此,下文以音律学为主线,做简单介绍。

宋阮逸、胡瑗等奉敕撰《皇祐新乐图记》3卷。"上卷具载律吕黍尺,四量权衡之法,

---

① 唐元:《许慎、郑玄的五经总义类著作及其意义》,《辽东学院学报》(社会科学版)2013年第15卷第3期。——整理者

皆以横黍起度";中下两卷考定钟声,"考定钟磬、晋鼓及三牲鼎、鸾刀制度,则精核可取"。① 而宋陈旸撰《乐书》200卷,可谓中国音乐史上现存最早的音乐百科性质的著作。全书可分为两大部分,前半部为"训义",即前半部(95卷)摘"三礼"、《诗》、《书》、《易》、《孝经》、《论语》、《孟子》诸书中有关音乐的文字,为之训义;后半部(105卷)为"乐图论",论述十二律、五声、八音以及历代乐章、乐舞、杂乐、百戏等。全书对雅乐、俗乐、胡乐及乐器等均有详尽说明,并附有图,所载乐器名称多达451种517幅,多取自现已散佚且少见于他书的唐、宋乐书,插图虽欠精确,但有所据,可资参考。② 宋蔡元定《律吕新书》2卷,卷1为律吕本原,卷2为律吕证辨。朱熹称"其律书法度甚精,近世诸儒皆莫能及"。③《四库全书总目提要》对其有所评论,还有待进一步研究。有元一代音律学著作最稀少,而且基本上遵循宋儒所述,如元刘瑾撰《律吕成书》2卷。

明代乐学著作渐多,主要有韩邦奇辑《乐律举要》1卷和《苑洛志乐》20卷、倪复《钟律通考》6卷、朱载堉(1536—1611年)《乐律全书》47卷、李文利《大乐律吕元声》6卷附《律吕考注》4卷、黄佐《乐典》36卷等20多种。其中朱载堉《乐律全书》最为著名。该书由15种著作汇刊而成(《四库全书》本为42卷,凡书11种),包括《律吕新说》《乐学新说》《算学新说》《历学新说》《律吕精义》《圣寿万年历》《万年历备考》《律历融通》等以及7种乐谱和舞谱等,内容涉及物理学(声学)、数学、历法、音律和舞谱等。其中十二平均律理论最早见于1584年成书的《律吕新说》,后来写《律吕精义》时又做了进一步阐述;关于十二平均律的数学演算,更详细地记载在他的《嘉量算经》中。朱载堉用等比级数的方法平均分配倍频程的距离,取公比为$\sqrt[12]{2}$,使得十二律相邻两律间的频差完全相等,所以称为"十二平均律"。十二平均律的发明在音乐史上是一次革命性的变革,相邻各律间的等程性彻底解决了旋宫转调的问题,有利于曲调的创作和乐器的制造,有很高的科学性和实用价值,现代的乐器制造都是用十二平均律来定音的。朱载堉的这项发明比德国音乐理论家梅尔塞恩(M.Mersenne,1588—1648)于1636年发表的十二平均律约早半个世纪,并受到19世纪著名物理学家亥姆霍兹(H.L.Helmholz,1821—1894年)的高度评价。李约瑟博士称朱载堉是"文艺复兴时代的人",并称"第一个使平均律数学上公式化的荣誉确实应当归之于中国",等等。

清代乐类著作明显增多。康熙五十二年(1713年),清圣祖御定《御制律吕正义》5卷和乾隆十一年(1746年)成书的《御制律吕正义后编》120卷,可谓皇皇之巨著。前者包括上、下、续三编:上编为"正律审音",下编为"和声定乐",各2卷,详论康熙所定十四律及管弦乐器制造等;续编1卷为"协均度曲",记西洋传入之五线谱及音阶、唱名等。后者为乾隆帝再敕撰写的"后编"120卷,详记清宫乐谱、舞谱和乐器图,所记丹陛大乐、清乐、饶歌大乐、蒙古族筲吹乐、番部合奏乐谱及其部分乐器图,尤为珍贵。清代个人撰著乐类著作很多,如应㧑谦撰《古乐书》2卷,上卷论律吕本原,大致以宋蔡元定《律吕新书》为指

---

① 《四库全书总目提要》经部·乐类。
② 陈述等主编《中华名著要籍精诠》,中国广播电视出版社,1994,第994页。
③ 《四库全书总目提要》经部·乐类。

归,下卷论述乐器制度,按八音分类,包括金(如钟、镈)、石(如罄)、丝(如琴瑟)、竹(如很箫笛)、匏(如笙、竽)、土(如缶、埙)、革(如鼓)、木(如柷、敔),并有附图,是了解古代乐器的重要资料。

值得注意的是,明代朱载堉发明的十二平均律,长期受到冷遇,甚至遭到朝廷的攻击,但在清朝除陈沛、李振之等受其影响外,徽州学者江永可谓是朱载堉发明的十二平均律的第一位真正的知音,当他77岁(1757年)第一次读到《乐律全书》时,欣喜若狂,拍案称奇:"余读之,则悚然惊,跃然喜","愚一见即诧为奇书。盖愚于律学研思讨论者五六十年,疑而释,释而未融者已数四,于方圆幂积之理几达一间,犹逊载堉一等,是以一见而屈服也"。之后,江永在不到一年的时间内就完成了《律吕阐微》10卷,该书以朱载堉《乐律全书》为宗。他不仅在"序言"中为朱载堉的发明于早期受到冷遇和攻击鸣冤,而且在音乐理论方面以蕤宾倍律之率生夹钟一法(补原书之所未备),以回敬乾隆帝对朱载堉十二平均律"并无次求夹钟之法"的攻击;又以祖冲之密率($\pi = 3.14159265$)代替了朱载堉使用的所谓周公率($\pi = 3.1426968$),显然更为精确。江永此前已有《律吕新论》2卷,另外,李光地有《古乐经》5卷,毛奇龄有《圣谕乐本解说》2卷、《皇言定声录》8卷、《竟山乐录》4卷,李塨有《李氏学乐录》2卷,胡彦升有《乐律表微》8卷,等等,值得进一步研究。值得注意的是,乐律问题是古代的重要礼制,历来受到朝廷的重视,研究乐律问题,切勿忽视出土文物中的古乐器,如贾湖骨笛以及各地出土的钟、镈、甬等有关乐器的出土文物。

十、小学类

先秦六艺都属于小学类,汉代称文字学为小学,因儿童入小学先学文字故名。隋唐以后范围扩大,成为文字学、训诂学、音韵学的总称。至清末,章炳麟认为小学之名不确切,主张改为语言文字之学。

(一)训诂

训诂即训故,解释古书中词句的意义,用当代话解释古代词语,或用普遍通行的话解释方言,包括尔雅、方言、译文。

1. 中国最早的解释词义专著《尔雅》

刘熙《释名》说:"尔雅。尔,昵也;昵,近也。雅,义也;义,正也。五方之言不同,皆以近正为主也。"《尔雅》并不是一般意义上的经书,而是我国古代最早解释经书词义的专著,实为训诂学的资料汇编,在唐代才被列为十二经之一,与刻石《十二经》并列于太学.《尔雅》的作者和成书年代,旧有三种说法:西周周公所作;孔子或其门人所作,成书在东周;汉儒所著。现代学者一般认为它不是一时一人之作,而是杂采几代多家训诂材料,编汇起来的。初具规模大约在公元前400—前300年的战国时期;汉代又经过一度增补润色而成今天的样子。《尔雅》全书19篇,即《释诂》《释言》《释训》《释亲》《释宫》《释器》《释乐》《释天》《释地》《释丘》《释山》《释水》《释草》《释木》《释虫》《释鱼》《释鸟》《释兽》《释畜》。

《尔雅》中有丰富的自然科学知识,据笔者研究,涉及天文、地理、动物、植物、牲畜、建筑、土木、农业、印染、纺织、制陶、铸造、冶金、机械等方面的知识点达2 000多处,而且分类合理,是研究先秦科技史和考古必备的参考书。

《尔雅》中的知识具有相当的深度和科学性。例如,对泉水已有上升泉、下降泉、裂隙泉等之分。更可贵的是其进行了相当系统的分类,如《释宫篇》下分4大类、21小类、87个目,构成了篇—大类—小类—目四级分级系统。《尔雅》主要成书于战国晚期,是中国学术史上最早的科学知识分类著作,与现流传的西方最早的亚里士多德分类基本同时,但亚氏分类是后人为他总结的,他本人没有留下分类著作。因而,《尔雅》也是世界上现存最早的分类学著作。

一类名词的分类是中国传统文化的薄弱环节。中国有明确定义的一类名词不多。如中国古人对"虫"的分类最乱。昆虫、爬行动物、软体动物,甚至老虎都称"虫"。

《尔雅》中也有一些高明的定义,如"二足而羽谓之禽","四足而毛谓之兽"。这种定义非常严谨。"禽",这样定义以后,分类就很少有错了。如蝙蝠,根据"禽"的定义就不能说它是"禽"了;当然其中也有不足之处,如"兽"定义中未指出其哺乳、胎生的特点。分类学在生物学上意义重大,但中国古代有如此严格定义的名词不多。

后来形成了专门研究《尔雅》的学问——雅学。如:

《尔雅注》,晋郭璞撰。《十三经注疏》中的《尔雅注疏》,采用的是郭璞《尔雅注》和北宋邢昺《尔雅疏》。宋郑樵《尔雅注》3卷亦为善本。清人研究《尔雅》的著作不下20种,其中最著名的是邵晋涵《尔雅正义》和郝懿行《尔雅义疏》。今人注有徐朝华的《尔雅今注》,文字深入浅出、简明扼要,并附有笔画索引,最利于翻检、学习。

《广雅》(《博雅》),魏张辑撰,自谓分上、中、下3卷,唐以来析为10卷,增广《尔雅》未备故名,为研究古代词汇和训诂的重要资料。

《埤雅》20卷,宋陆佃撰,又名《物性门类》,后改今名,取辅佐《尔雅》之意。分释鱼、释兽、释鸟、释虫、释马、释木、释草、释天八门,解释名物,大抵略于形状而详于名义。因名物以求训诂,因而旁通经义,探求得名之由来。但引文不注出处,且多穿凿附会之说。

《尔雅翼》32卷,宋罗愿撰。分草、木、鸟、兽、虫、鱼6卷,引据精确,持论谨严,胜于《埤雅》。

此外,还有《算雅》《石药尔雅》《经雅》等。

2. 方言

汉扬雄《方言》13卷,全称《輶轩使者绝代语释别国方言》。扬雄撰此书历经27年,似尚未完成,体例仿《尔雅》,类集古今各地同义词语,大部分注明通行范围,材料来源有古典籍,有直接调查,从中可以看出汉代语言分布情况,为研究古词汇重要材料。晋郭璞撰《方言注》,清戴震《方言疏正》,钱绎《方言浅疏》等,对于此书有整理阐发之功,可资参考。

研究方言是考证古代科技名词的方法之一,例如"茶",今皖南泾县柳桥一带,仍有称喝茶为"吃茶"的,可证"茶"为茶,对同物异名的研究,很有价值。

3. 译文

包括少数民族文字的翻译著作和外国文字的翻译著作。

有关外国文字的翻译著作有:南宋《翻译名义集》是印度梵文的佛教名词汉文辞典,明《华夷译语》中包括东南亚国家的语言的汉译,明末《西儒耳目资》则是中拉文对照。

(二)字书

(1)《说文解字》30卷,东汉许慎撰。原14篇,含目为15篇,宋徐铉等重校,使每卷各分为二,成30卷。收字9 353个,重字1 163个,按字体及偏旁构造分列540部,首创部首编排法。字体以小篆为主,又有古文、籀文等异体字列为重文,每字下的解释大抵先说字义,再说形体构造及读音。它是我国第一部系统的分析字形和考察字源的字书,也是世界最古老的字书之一。

(2)梁代的《玉篇》30卷,梁顾野王撰,唐孙强增加,宋陈彭年、吴锐、丘雍等重修,体例仿《说文解字》。

(3)《康熙字典》,清张玉书、陈廷敬等编,收字47 035个(另有重字1 995个),为20世纪前我国最大的字典,原名《字典》,是我国以"字典"二字作字书名称之始。该字典用子、丑、寅、卯等十二地支分为12集,每集分上、中、下3卷,按214部首编排,所引古书例名大多为最早出处。

汉字偏旁很有科学性,应很好地利用。另外,利用字书还可以分析某项发明的大致时期。如"刨"字始于何时的问题,东汉《说文解字》不载,梁《玉篇》释为"平木器也",可见东汉刨子使用尚不普遍,至迟在南北朝时已经使用刨子了。

(三)音韵

隋陆法言撰《切韵》5卷,已佚。近几十年发现几种唐写本韵,从而定切韵分139韵:平声、上声51,去声56,入声32,为唐宋韵书之始祖,但部首次序不及《广韵》。宋陈彭年等奉诏重修《广韵》5卷,原为增广《切韵》(全称《大宋重修广韵》),除增字加注外,部首也略有增订,收字 26 000 多个。研究古语言,大都以此为重要依据,后来韵书逐渐增多。借助音韵著作可以帮助查找某些科技名词的由来,译名更是如此。如唐代"郁车宫"不知来历,从唐音上查考得知是印度白羊宫(梵文)译出。此外还有很多其他的例证。

十一、纬书

"纬"是对于"经"而言的,"纬与经,名虽相辅,实各自为书"[①]。《汉书·李寻传》有"五经六纬,尊术显士"之说,学术界对纬书的产生年代虽有不同看法,但认为纬书的出现不会早于汉成帝年间。西汉哀平之际,纬与谶合流成为一种社会思潮(谶,验也,有征验之书,河洛所出书曰谶),东汉时达到极盛阶段。晋武帝泰始三年(267年)始禁纬学,北魏多次禁绝纬书,却屡禁不止。及至隋炀帝即位,"乃发使四出,搜天下书籍,与谶纬相涉者皆焚之,为吏所纠者至死。自是无复其学,秘府之内,亦多散亡"[②]。现在只能见到辑佚本,《四库全书》五经总义类附录了一部《古微书》36卷。

(1)《古微书》,是明孙瑴据《十三经注疏》《玉海》《通典》《通考》《通志》诸书,摘引纬书佚文,加以编排而成,以见原书之梗概。凡《尚书纬》12种,《春秋纬》15种,《易纬》8种,《礼纬》3种,《诗纬》3种,《论语纬》5种,《孝经纬》7种,《河图》10种,《洛书》5种。作者自序称"所遇图纬诸家,虽细录也,虽伪收也,虽断章者亦取焉"。所以搜集尚为丰富,然多遗漏;又摘伏胜《尚书大传》中《洪范五行传》1篇,指为大禹所作,实乃杜撰。

(2)《玉函山房辑佚书》中保存纬书的一些辑佚内容,可资查考。此外,清乔松年《纬捃》较为完备(山西文献委印本)。

(3)日本安居香山、中村璋八合编有《纬书集成》(有汉译本),收录七经纬、《河图》、《洛书》佚文 5 146 条(不包括《易纬》8 种),可资参考。

纬书的内容比较复杂,既有荒诞不经的内容,又有天文学、宇宙观、历法、物候等知识,就科学知识占纬书的比重而言,显然比经书要多得多。日本安居香山和中村璋八合编的《纬书集成》中收录的七经纬、《河图》、《洛书》佚文 5 146 条,其中有关天文学、宇宙观、历法、天文占的内容就有 2 898 条,占56.3%。当然有些认识比较浮浅,但也有一些真知灼见,最著名的是关于地动说及其证明。"地动"一词,最早见于《春秋纬·运斗枢》:"地动则见星象";《尚书纬·考灵曜》不仅用大地的运动位置不同来解释四季交变,而且明确指出:"地恒动不止,而人不知,譬如人在大舟中,闭牖而坐,舟行而人不觉也。"无论是结论,还是论证方法,在伽利略之前西方任何一位学者似乎都未达到这一认识水平。

《玉函山房辑佚书》中保留了纬书的一些片断,除去其中的迷信内容,在天文、历法

---

①《四库全书总目·古微书》。
②《隋书·经籍志》。

和地理等方面,也包含着某些科学史的资料。

《七纬》是《诗》《书》《礼》《乐》《易》《春秋》和《孝经》七经的纬书之总称,如《诗纬·含神雾》《书纬·帝命验》《礼纬·含文嘉》《乐纬·动声仪》《易纬·乾凿度》《春秋纬·元命苞》《孝纬·援神契》等。

第二章　史部科技文献的分布及其价值

史部,亦称"乙部",为我国古代图书四部分类法中第二大类的名称,收各种体裁之历史著作。《隋书·经籍志》分为正史、古史、杂史、霸史、起居注、旧事、职官、仪注、刑法、杂传、地理、谱系、簿录13类,清《四库全书》分为正史、编年史、纪事本末、别史、杂史、诏令奏议、传记、史钞、载记、时令、地理、职官、政书、目录、史评等15类。在《四库全书》中收了566种。下面分别作一简介。

一、正史

"正史"之名始于梁阮孝绪《正史削繁》。以人物传记为中心的史书体裁,创始于西汉司马迁。司马迁在《史记》中以"本纪"叙述帝王,兼以统理众事;以"世家"记述王侯封国;以"表"排比大事;以"书"详述典章制度之原委;以"列传"记人物。历代所修"正史"多以此为典范。《隋书·经籍志》以《史记》《汉书》等纪传书列为"正史";但《明史·艺文志》又以纪传和编年二体史书并称为正史;清《四库全书》确定以纪传体史书为正史,并规定凡未经"宸断"者不得列入,曾诏定从《史记》到《明史》的二十四史为正史。可见正史是要经过严格"选择"的,并不是所有的纪传体史书都可以入正史。1921年,北洋政府又增加《新元史》,合称二十五史;1927年,增加《清史稿》,则合称二十六史(关于二十六史的作者、卷数及书志沿革见表2-1)。另有一部《清史列传》全为传记,与《清史稿》比有不少优点。现在,《清史》和《民国史》[①]正在编写中。

表2-1　二十六史作者、卷数及书志沿革表

史记	130卷汉司马迁撰史官私撰	礼书	乐书	律书	历书	天官书	封禅书	河渠书	平准书						

---

① 2011年《中华民国史》刊齐。——整理者

汉书	100卷 后汉班 固撰 史官私 撰	礼乐志		律历志	天文志	郊祀志	沟洫志	食货志	刑法志	五行志	地理志	艺文志							
后汉书	120卷 宋范晔 撰 私撰	礼仪志		律历志	天文志	祭祀志			五行志	郡国志		百官志	舆服志						
三国志	65卷晋 陈寿撰 私撰																		
晋书	130卷 唐房玄 龄撰 官撰	礼志	乐志	律历志	天文志			食货志	刑法志	五行志	地理志	职官志	舆服志						
宋书	100卷 梁沈约 撰 奉敕 私撰	礼志	乐志	律历志	天文志					五行志	州郡志	百官志	符瑞志						
南齐书	60卷 梁萧子 显撰 私撰	礼志	乐志		天文志					五行志	州郡志	百官志	舆服志	祥瑞志					

		礼志	乐志	律历志	天象志		食货志	刑罚志	地形志	官氏志	灵征志	释老志				
梁书	56卷唐姚思廉撰奉敕私撰															
陈书	36卷唐姚思廉撰奉敕私撰															
魏书	114卷北齐魏收撰奉敕私撰	礼志	乐志	律历志	天象志		食货志	刑罚志	地形志	官氏志	灵征志	释老志				
北齐书	50卷唐李百药撰奉敕私撰															
周书	50卷唐令狐德棻撰奉敕私撰															
南史	80卷唐李延寿撰私撰															

书名	卷数·撰者	礼	乐	历	天文	河渠	食货	刑法	五行	地理	艺文/经籍	百官/职官	舆服	仪卫	选举	兵
北史	100卷唐李延寿撰私撰															
隋书	85卷唐魏徵等官修	礼仪志	音乐志	律历志	天文志		食货志	刑法志	五行志	地理志	经籍志	百官志				
旧唐书	200卷后晋刘昫等官修	礼仪志	音乐志	历志	天文志		食货志	刑法志	五行志	地理志	经籍志	职官志	舆服志			
新唐书	225卷宋欧阳修、宋祁撰官督私撰	礼乐志		历志	天文志		食货志	刑法志	五行志	地理志	艺文志	百官志	车服志	仪卫志	选举志	兵志
旧五代史	150卷宋薛居正撰官修	礼志	乐志	历志	天文志		食货志	刑法志	五行志	郡县志		职官志			选举志	
新五代史	74卷宋欧阳修撰私撰				司天考							职方考				
宋史	496卷元托克托等官修	礼志	乐志	律历志	天文志	河渠志	食货志	刑法志	五行志	地理志	艺文志	职官志	舆服志	仪卫志	选举志	兵志

朝代	卷数、纂修者	礼志	乐志	历志	天文志	祭祀志	河渠志	食货志	刑法志	五行志	地理志	艺文志	百官志	舆服志	仪卫志	选举志	兵志	营卫志	交通志	邦交志
辽史	116卷元托克托等官修	礼志	乐志	历象志				食货志	刑法志		地理志		百官志		仪卫志		兵卫志	营卫志		
金史	135卷元托克托等官修	礼志	乐志	历志	天文志		河渠志	食货志	刑志	五行志	地理志		百官志	舆服志	仪卫志	选举志	兵志			
元史	210卷明宋濂等官修	礼乐志		历志	天文志	祭祀志	河渠志	食货志	刑法志	五行志	地理志	艺文志	百官志	舆服志	仪卫志	选举志	兵志			
新元史	257卷民国柯劭忞撰私撰	礼志	乐志	历志	天文志		河渠志	食货志	刑法志	五行志	地理志		百官志	舆服志		选举志	兵志			
明史	332卷清张廷玉撰官修	礼志	乐志	历志	天文志		河渠志	食货志	刑法志	五行志	地理志	艺文志	职官志	舆服志	仪卫志	选举志	兵志			
清史稿	529卷清遗臣赵尔巽等官修	礼志	乐志	时宪志	天文志		河渠志	食货志	刑法志	灾异志	地理志	艺文志	职官志	舆服志		选举志	兵志		交通志	邦交志

正史的优点是便于考见各类人物活动情况,兼能分门别类叙述典章制度,但偏于叙述个人在历史上的作用,常无法照顾时间顺序和事件的相互联系。正史比较可信。中国修史者具有两条优良的传统:一是非常有史德,做到秉笔直书;二是隔代修史,以免受当代的影响而"隐恶扬善"。当然,读史时应注意统治阶级的偏见。

现在"二十四史"有校点本和缩印本两种,校点本字大,有标点;缩印本字小,无标点。看"二十四史"《明史》前部分,可以看校点本。但不能完全迷信这些标点。

同一事件,可有不同的记载,如司马迁(其父为史官)受李陵之祸,要查司马迁、李陵(传),才能查到司马迁受宫刑之事的全貌。

《史记》《前汉书》《后汉书》《三国志》四大史作者均遭不幸。

"四史"(《史记》《前汉书》《后汉书》《三国志》)中的《史记》"集解"和"索隐"以及其他3部史书的注中都有价值很高的史料;因《三国志》中有《魏书》,所以又把南北朝的《魏书》称为《后魏书》。《新唐书》和《旧唐书》各有优缺点,可互为参照,例如《旧唐书》只写到大衍历,《新唐书》还有大衍历后的各历;可是《新唐书》不为一行立传,在科技史料方面,则比《旧唐书》差了。

正史有官修和私撰之分,体例也不尽相同。司马迁创立的体例,自班固以后有所改动,《汉书》有纪、表、志、传,去掉了"世家",并将《史记》的八书改为十志,列传只称传。《汉书》以后体例大同小异,现将本纪、表、志、传与科技史的关系介绍如下。

(一) 纪

纪又称"本纪",为历代帝王传记。在纪传体史书中因略见一代历史概要,为各正史纲领。它按年、月排比大事,可查到准确时间。在本纪中可查到某帝王的科技政策及其措施。如过去史书中常称元朝对农业的破坏极大,但在《元史·本纪》中可以看出元世祖忽必烈放弃游牧生活方式后,采取了以农桑为急务的一系列政策和措施,不但可以纠正过去史书中的大汉族主义的影响,而且对元代农书超过以前任何一个朝代也是一个很好的说明。元代农书水平较高的原因也迎刃而解了,如果元代真的不重视农业甚至破坏农业,这些事情就无法解释了。

当然,使用过程中应注意"本纪"中的天命观,所谓"命攸归"是荒谬之论。如经常有帝王出生其母梦龙的说法、特大灾异出现有帝王驾崩的说法,都是荒谬的。

(二) 表

表又称"史表",始于《史记》,其他各史或有或无。以表排比大事,可使读者一目了然。凡以年系国事者曰年表,如《史记》中的"六国年表"。另有"古今人表"(《前汉书》)、"百官公卿表"等称"人表"。在表的部分,应重视科技政策和科技人物的大事。

(三) 志

志是正史中科技史料最集中的部分。

《史记》中称"书",《前汉书》中称"志",后史相因,多数称志,亦有称"考",也有不立志者。各史列志种类也不尽相同,与科技史关系极为密切的有以下几种志。

(1) 天文志:记天文,观星变。涉及古代天体学说、天象记录、恒星知识、天文仪器。

(2) 律历志:记历法。涉及天文、数学、音律等内容。

(3) 地理志:记地理沿革、行政区划、物产等。

(4) 河渠志:记水利工程、江河变迁、益害得失等。

(5) 食货志:记农业、工商制度、经济、政策沿革变化等。

(6) 五行志:记自然界奇异现象、自然灾害。其中有不少迷信说教。

(7) 艺文志(或经籍志):记书目。注意其中的科技书目。其中《汉书·艺文志》是我国现存最早的一篇图书目录,著录了西汉时期所存的书籍目录。

(8) 职官志:记官吏品秩、职权范围。注意其中有关天文、数学、医学及技术方面的官制。

(9) 刑法志:记法律制度。注意度量衡、仪器制造、医疗等法制规定。

(10) 兵志:记军事制度。注意兵器制造。

(11) 礼仪志:记国家典礼仪式。注意其中与科学有关的祭天地,仪仗车队中的车、服饰等。

(12) 乐志:记音乐、乐器。

(13) 符瑞志(或祥瑞志):记灾害符瑞与人事的关系。多宣扬封建迷信,但也有自然史方面的资料,如《宋书》记载了元嘉十六年(439年)宣城柞蚕成茧,"大如雉卵,弥漫林谷,年年转盛"等。

燕京大学引得编纂处有《食货志十五种综合引得》。[①]

此外,《汉书》《后汉书》《宋书》等关于天象资料集中在"五行志"中,而非"天文志"中。

上面对13种志作了内容提示。科技史工作者如果要研究某代某个问题,可在该代正史的相应"志"中查找资料;也可以就正史的某一种志从古代至今加以综合比较研究,从而得出某学科或某领域的发展梗概,甚或可以得出重要的结论。天文历法是中国四大传统学科之一,历代"天文志"和"律历志"是研究天文、历法史不可或缺的史料来源之一。下面以"天文志"和"律历志"为例,作进一步介绍,以供参考。

1. 天文志

(1) 是历代天文观测的汇编,包括交食、凌犯、客星、彗星、流星、太阳黑子、日晕、月晕等。但每部正史情况不尽相同,如《汉书》《后汉书》《宋书》等关于天象的资料集中在《五行志》中。

(2) 可查历代星宿体系和有关恒星测量等方面的记录。如《史记·天官书》就是现存最早的一部完整的星官著作,记录了司马迁总结的周天星官体系。从各史所记星官数目可反映观测水平的提高,如《汉书·天文志》比《史记·天官书》多了28官,283颗恒星;

---

① 原作"二十五种",可能是笔误。——整理者

《晋书》《隋书》中的"天文志"中记载了由陈卓汇总占家星官而建立的283官1 464颗星的系统(《史记》仅91官,402颗星),为后世所遵从;新旧《唐书》、《宋史》、《明史》中的"天文志",除记各代周天星官记录外,还有二十八宿的测量数据。

(3)《晋书》《宋书》《隋书》中的"天文志"中较集中地记录了当时人们对天地结构问题的讨论情况;新旧《唐书》"天文志"中的《大衍历议·日晷仪》记录了关于南宫说日影差的测量结果及相应的讨论,其中包括对"千里差一寸"观点的批判,为研究古代天地结构学说的发展提供了重要参考资料。

(4)是了解历代天文仪器制造和改革情况的重要窗口之一。《宋书》《晋书》中的"天文志"已出现对前代仪象发展情况的追述和考证。《隋书·天文志》中还可见到对汉代以来浑仪、浑象、盖图及刻漏等发展情况的简要总结。

2. 律历志

律指音律,历指历法。仅就历法而言,各代重要历法的基本常数和具体内容在历志部分都有详略不等的记载。自汉至明,见于其中的古历,至少有39部,是研究古代历法最重要资料的来源。舍此,中国历法研究几乎无法进行。此外,各代历法改革中一些代表人物的改历思想及其与对立派的争论情况也有所保存,如一行的《大衍历议》和郭守敬的《授时历议》等重要著作,是考察古代历法改革不可或缺的材料。

志对了解某一时期的国家财政、行政制度非常重要。如《明史·食货志》将食货分22项,如茶法、坑冶、会计、盐法、商税,可称国家财政制度。又如《地理志》中,记载的城镇地址的变化,对考古工作者来说很重要。考古工作者一定要清楚历朝历代的某城镇位置所在。

(四) 列传

列传是正史的一项重要内容。"传"起初是传授经旨的一种形式,如《左传》等。自《史记》以后,专以记人物,成为纪传体史籍的主要组成部分。传有单传、合传、类传(汇传)、附传几种。凡公卿、大夫、将帅、勋业卓著者或国之大奸大恶皆立单传;合传多见于《史记》,如《廉颇蔺相如列传》《孟荀列传》;类传(汇传)记同一类群体,多者可达数十人,甚至数百人;附传,则是多人同事或同一家族的人往往用的附传式记载,以一主要人物标题,余皆附之于后。

诸史列传都有鲜明的阶级性和思想性,在封建社会里很多科技发明家都不能列入正史列传,但这绝对不是说所有的科学家都没列入。《史记》有《扁鹊仓公列传》,《汉书》有《赵过传》,《后汉书》有《蔡伦传》《张衡传》,《三国志》有《华佗传》《马钧传》(见裴松之注),《晋书》有《葛洪传》,《旧唐书》有《孙思邈传》《李淳风传》《一行传》,《宋史》有《燕肃传》《沈括传》《庞安时传》《钱乙传》,《元史》有《郭守敬传》,《明史》有《李时珍传》《徐光启传》,《清史》有《明安图传》《李善兰传》等。此外还有大量科技人物,虽不以科学家名,而以官职或诸侯列传者更多,如程大昌、朱载堉、朱橚等。因此,研究中国古代科学家应首先查正史是否有传,可根据相关对照表中的有关传目到正史中查找。方技、文苑、隐逸等传中科学家传记较多且集中。

科技人物,许多不是因为其科技成就,而是因其职官列传;也有人在"艺文志"中,只有人名与著作,而无内容。有些传记中可以查到科技史料(许多是最早的科技史料)。此外,也有人没有单独的传记,但在其父、其祖父之传后有附传。

正史辅助参考书有:

(1)《二十五史补编》;

(2)《二十五史纪传人名索引》;

(3) 清姚振宗《汉书艺文志条理》《隋书经籍志考证》;

(4)《二十四史人名索引》(按二十四史中引用人名顺序编,中华书局,1998年)。

二、编年史类

《四库全书》收入38部,《续四库总目提要》著录115种。

编年史是按年、月、日顺序编写史书的体裁,以年月为经,以事为纬。优点是可见同一时期的整个形势,缺点是记事前后割裂,首尾不连贯,历史人物之生平与典章制度不详其原委。《竹书纪年》《春秋》《左传》《汉纪》《后汉纪》均属此类。下面介绍几部主要的编年史。

(1) 北宋司马光撰《资治通鉴》294卷,目录30卷,考异30卷,是一部极具价值的编年史。从周威烈王二十三年(前403年)至后周显德六年(959年)止,共记1 362年的史事,是我国编年史中包含时间最长的一部巨著。《资治通鉴》史料丰富,除十七史中的史料按年月顺序编排、文字简明外,还有很多官私藏书中的史料,今天已是存佚参半,如果不是该书收入,则早已烟消云散了。唐五代110卷,资料尤可贵。有关五代事多取自《旧五代史》,而今本《旧五代史》只是辑佚本,可以作为第一手资料。南宋朱熹有《通鉴纲目》59卷,无史料价值,仅比较简明,正统观念更强而已。元胡三省注的《资治通鉴》亦很有名,对官制、地理方面的考证精详。

(2) 南宋李焘(1115—1184年)《续资治通鉴长编》原书980卷,现存520卷(从《永乐大典》中辑出),是一部记载北宋九朝史事的杰出编年体史书。该书资料多取自政府档案、实录、杂史、文集等,编撰历时40余年,史料相当丰富,可补《宋史》之缺者甚多,科技史料也不少。

(3) 清毕沅《续资治通鉴》220卷,初名《宋元编年》,毕沅续作未善,因延请当时学者严长明等协力,另著此编。记事上接《资治通鉴》,始于北宋建隆元年(960年),终于元至正三十年(1370年)。全书以徐乾学《资治通鉴后编》为底本,并博采宋、辽、金、元四大史,李焘《续资治通鉴长编》、李心传《建炎以来系年要录》、叶隆礼《契丹国志》及文集、说部110余种,予以剪裁充实。皆直录史文之旧,无所改写,有叙事而无论断。凡有歧义,则附以考异,辨其真伪。其材料之丰富,诠叙之条理,均高出此前诸家之续作。宋纪部分,叙事以辽、金、夏并重,对辽、金和宋末史事增补甚多,最称精详,为通贯宋元基本史实较好的史书。唯元代部分稍流于简略。

三、纪事本末类

《四库全书》收入22部,《续四库全书总目提要》著录109种。

"纪事本末"这一体裁,在中国历史上出现得比较晚。自南宋始有"纪事本末"一体,以事件为主,不以年代和人物为主,史体遂备。主要有南宋袁枢撰《通鉴纪事本末》42卷,是我国第一部纪事本末体史书,可作检阅《资治通鉴》的工具书,不能作为原始资料。后来又有宋彭百川《太平治迹统类》;明陈邦瞻《宋史纪事本末》《元史纪事本末》;清谷应泰《明史纪事本末》、李铭汉《续通鉴纪事本末》、高士奇《左传纪事本末》,以及张鉴《西夏纪事本末》、李有棠《辽史纪事本末》《金史纪事本末》和杨陆荣《三藩纪事本末》等。

纪事本末体裁是将重要史事分别列目,独立成篇,各篇又按年月顺序编写。其优点是首尾经过一目了然,可补编年体、纪传体之不足;缺点是对同一时期各事件之间的联系往往不能照应。这类书对科学史研究工作者而言,除了可作为阅读有关著作的工具书外,也有不少内容可资参考。如《元史纪事本末》中对推步之法、科举学校之制以及漕运、河渠诸政的记载极详,颇有参考价值。

还有一种断代史(只有《史记》是通史,除此之外的二十三史均为断代史)。现代写"中国科技史"基本上也是断代史,即分历史时段进行叙述。但无论哪种,均用纪事本末体裁来写(到年)。首先确定用哪种体(通史、编年、纪事本末、断代史),若无法下手,可先写概论,再写每学科的发展,如中国古代地理学史、中国古代生物学史。

四、别史类

《四库全书》收入20部,《续四库全书总目提要》著录57种。

自南宋陈振孙《直斋书录解题》始立"别史",后志相沿不变。"别史"乃"正史"之别支,明黄虞稷《千顷堂书目》称:"非编年,非纪传,杂记历代或一代之事实者,曰别史。"《四库全书》共收入别史20部1 614卷,另有存目36部1 306卷。清张之洞《书目答问·别史类》著录有蜀汉谯周《古史考》、宋罗泌《路史》、明薛虞畿《春秋别典》等20种。下面介绍几种与科学史关系较大的别史。

(1)《东观汉记》,是东汉国史。有些史料价值胜于《后汉书》,如关于蔡伦造纸一事,刘宋范晔《后汉书·蔡伦传》有其用树皮、破布、破鱼网造纸(称蔡侯纸)的内容。但有人认为范氏与蔡伦相距300年,所以不一定可信。而《东观汉纪》是由当时著名学者班固、蔡邕等分为几个阶段纂修的,据刘知幾《史通》的说法,其中《蔡伦传》等114篇则是崔寔、曹寿、延笃3人于元嘉元年(公元151年)所写,那时距蔡伦献纸的年代不过46年,离蔡伦之死仅30年,应是比较可信的,也是至今所见到的第一手资料:"蔡伦字敬仲,桂阳人也……造意用树肤、麻头及敝布、鱼网以为纸,元兴元年,奏上之。帝善其能,自是莫不用焉,故天下咸称'蔡侯纸'。"[①]

(2)《华阳国志》,讲三国时代西南地区的历史,可与《三国志》互补。该书与地理学史、矿冶史、茶叶史等密切相关。有我国,甚至是世界上最早的镍白铜记载。

(3)《大金国志》40卷,为当代人撰写,比元人所编《金史》内容详细。

(4)《明史稿》,共310卷,比《明史》详细真实得多。因作者为明代遗民,对清统治者早期活动直言不讳,因此该书在清代被列为禁书。

五、诏令与奏议

《四库全书》收入29部,另著录40种,《续四库全书总目提要》著录56种。

诏令为皇帝命令,奏议为大臣奏章。《新唐书·艺文志》初设"诏令"为子目;《文献通考》始以"奏议"为一门。《四库全书总目·史部·诏令奏议》叙曰:"记言记功,二史分司。起居注,右史事也,左史所录蔑闻焉。王言所敷,惟诏令耳。"共收诏令奏议29部726卷。奏议、诏令可补正史之不足,科学史工作者应注意其中的科技政策及其措施。如《唐大诏令集》130卷(北宋宋敏求辑)、《宋大诏令集》等有颁历的诏令,为正史所缺,还有很多纺织业等手工业的资料等;还有宋范仲淹《政府奏议》、唐陆贽《陆宣公奏议》、宋包拯《包孝肃奏议》等;尤其是明潘季驯《潘司空奏疏》7卷、《两河经略》4卷,是研究水利学家潘季驯及其治水思想的重要典籍;清《李煦奏折》(1976年中华书局出版)有单株选择的御稻推广的详细记录。

六、杂史类

《四库全书》收入26部,《续四库全书总目提要》著录395种。

---

① 《东观汉纪》卷20,《永乐大典》辑本。

《隋书·经籍志》始立此目,并在"杂史叙"中说:"灵、献之世,天下大乱,史官失其常守,博达之士,愍其废绝,各记闻见,以备遗亡。是后群才景慕,作者甚众。又自后汉以来,学者多钞撮旧史,自为一书。或起自人皇,或断之近代,亦各其志,而体制不经。又有委巷之说,迂怪妄诞,真虚莫测。然其大抵皆帝王之事,通人君子,必博采广览,以酌其要,故备而存之,谓之'杂史'。"后来目录学家把大体只记一事始末和记一时见闻,或只是一家私记,带有掌故性质的史书归于此类。明焦竑对杂史论述尤为深刻:"前志有杂史,盖出纪传、编年之外,而野史者流也。古者天子诸侯,皆有史官。自秦汉罢黜封建,独天子之史存。然或屈而阿世,与贪而曲笔,虚美隐恶,失其常守者有之!于是岩处奇士,偏部短记,随时有作,冀以信己志而矫史官之失者多矣。夫良史如迁,不废群籍,后有作者,以资采拾,奚而不可。但其体制不醇,根据疏浅,甚有收摭鄙细而通于小说者,在择善之而已矣。"① 可见杂史能成为正史之补充(或矫正某些曲笔阿世、虚美隐恶之词),有重要参考价值;至于杂史中的糟粕,当然要分辨而弃之也。

《书目答问》将杂史分为如下三类。

(1) 事实之属:如唐许嵩《建康实录》、温大雅《大唐创业起居注》、吴兢《贞观政要》等27种,小字书名16种。《大唐创业起居注》是现存最早的一部中国起居注,记李渊父子建唐经过及事件,所叙真切翔实,较新旧《唐书》、《资治通鉴》可信。《贞观政要》是唐代史学家吴兢著的一部政论性史书,全书10卷40篇,分类编辑了唐太宗在位的23年中,与魏徵、房玄龄、杜如晦等大臣在治政上的问题,以及大臣们的争议、劝谏、奏议等,以规范君臣思想道德和治国军政思想,此外也记载了一些政治、经济上的重大措施等,总结贞观之治的历史经验,较为系统,对唐太宗的政绩及其晚年的衰腐直言不讳。

(2) 掌故之属:有唐王定保《唐摭言》、宋李上交《近事会元》等20种。

(3) 琐记之属:有唐杜宝《大业杂记》、宋张齐贤《洛阳搢绅旧闻记》等22种,小字书名5种。这类书籍,科学史研究中也经常用到,但应谨慎,做到择善而从是也。

七、传记类

此类含传记、年谱和谱牒、家谱及族谱等。

(一) 传记

传记是以人物为主的历史记载。根据中国史学发展看,司马迁的《史记》已经成熟,后世纪传体史籍多设"列传"一门,大致不出《史记》范围,唯人物生卒年及历官次序较详

---

① 焦竑:《国史经籍志》卷三,丛书集成本。

而已。①《四库全书总目·传记类》称："传记者,总名也。类而别之,则叙一人之始末者为传之属,叙一事之始末者为记之属。以上所录皆叙事之文,其类不一,故曰'杂'焉。"

这类著作,有按人物不同类型编纂的,如晋皇甫谧《高士传》、元辛文房《唐才子传》、明解缙等《古今列女传》等。有按同一时代编纂的,如宋朱熹撰《名臣言行录》前后集,凡24卷,还有后人的续集、别集、外集51卷。从唐至清,至少有285种传记资料的文献(见本书末表A-1—表A-5);元苏天爵《元朝名臣事略》15卷,以及宋杜大珪《名臣碑传琬琰集》、清李桓辑《国朝耆献类征》等。也有按同地区编纂的,如宋袁韶撰《钱塘先贤传赞》,无名氏《京口耆旧传》,明宋濂撰《浦阳人物记》等;还有个人专传,如《华佗别传》《郑玄别传》《孔子年谱》《郗侯家传》等。

科学史研究可根据研究对象的身份、籍贯等到有关别类去寻找资料。应特别重视的是:

(1)《畴人传》,清阮元挂名,李锐等编撰,实际是我国古代天文家、数学家列传。除正史中的内容外,还有天文、数学著作的序、跋原文,并有传论,反映作者当时的数学、天文学思想观点。后来又有人作续传、三传、四传(华世芳的《近代畴人著述记》附于三传后),写了280人的传记,加上之后仍有人续,共写了865人。

(2)《医史》,明李濂撰,共10卷。此书《医史》为名,实为以人物传记为主的著作。凡历代名医史传所载者自《左传》医和以下,迄元代李杲,共55人,谨备录于前5卷;散见各家文集者自宋代张扩以下,迄于张养正,计10人,亦录之备遗,俱于后5卷。另有张机、王叔和、王冰、王履、戴原礼、葛应雷6人,李濂为之补传。此书为充实中医学史内容,研究张仲景等人的学术思想,提供了可靠的文献资料;对史书记载不详的医家也采集其他资料加以补充,如《元史》对李东垣记载较简,李濂则录用砚坚著的《东垣老人传》予以补之,使东垣史料更为详细。传记之后,还有评议。此书成书于1513—1526年,资料来源可靠性强,大多为第一手资料,是第一部医史专著,对了解历代医家生平传略和主要医学成就都有十分重要的参考价值。

(3)《历代名医蒙求》(1220年成书)2卷,南宋周守忠著。此书是一部歌诀韵体书,上自三皇,下迄宋代医林医事200余项,署为100联,计202人。以姓氏枚举,韵语珠连,易读易记。资料来源于历代史书、医籍及其他杂著传说,搜罗丰富。有上古时代神农尝百草、伏羲制九针等神话传说;有历代名医如扁鹊、淳于意、华佗、陶弘景、郭玉、徐文伯、马嗣明、孙思邈、张仲景、董奉、梁革、宠安常、王纂、俞跗、深师、涪翁、范汪、杜信、居达等医林佳话;有柳太后中风之汤熏和张苗蒸桃等疗法;有民间医生"草泽笔头""异人治疽"等故事;有记述药名和书名传说的"何首乌"和《刘涓子鬼遗方》;有进行改革,端正学医动机的"赵言沈羞";有贬责李醯因嫉妒而杀死扁鹊的史实;有针对病人思想,结合用药的"靖公治意";有暴露统治者残暴的"宣父触讳"和剖孕妇腹以验证徐文伯脉诊正误等。但因历史条件限制,书中也渗有迷信荒诞的内容,如"秋夫鬼针""玄景柱木""法程极愆"

① 中国医籍提要编写组:《中国医籍提要》(上),吉林人民出版社,1984,第625-626页。

"张敦梦神"等。书中韵律流畅,文字简练,但故事传说多,资料可靠性差。①

(4)《碑传集》,清钱仪吉编,160卷,又首末各1卷,是清代人物传记汇编,为检阅清代人物生平的参考资料。从清初到嘉庆收宗室、文武官员、学者、文人、方技1 680余人,又妇女300余人。传文多采自方技书、文集凡500余家。其后缪荃孙有《续碑传集》;闵尔昌又作《碑传集补》共收800余人,以清末人物为主,兼及道光、咸丰以前于《碑传集》《续碑传集》所遗漏者。

若研究某科学家传记,尤其是涉及封建社会末期和近代科学家,最好先查《碑传集》及《续碑传集》和《碑传集补》。

(5)《历代人物年里碑传综表》,姜亮夫纂定,陶秋英校(中华书局1959年出版)。此书收录春秋战国至1919年的历代人物12 000余人,包括了姓名、字号、籍贯、岁数、生卒年和传记资料出处,以表格形式著录,按所收人物的生年顺序编排,生年无考者,以卒年排列,书后附笔画检字索引。

(6)《印人传》,清周亮工撰,3卷。此书为篆刻家传记,记录作者珍藏的宋、明旧印;对明文彭至清初篆刻家59人作传。清乾隆时汪启淑撰有《飞鸿堂印人传》8卷、《续印人传》8卷,载周书未载的篆刻家129人,附有名无传者61人;近人叶为铭汇集以上二书,增编为《广印人传》16卷,补遗1卷,共录篆刻家1 800余人。

此外,还有《哲匠录》,可查历代建筑师传记。

(7)传记类工具书。

傅璇琮等《唐五代人物传记资料综合索引》83种;燕京大学引得编纂处编有传记综合引得4种:《四十七种宋代传记》《辽金元传记三十种综合引得》《八十九种明代传记综合引得》《三十三种清代传记》,共列199种传记,计收80 000余人。唐五代加上宋代共有传记285种,而且时间上是衔接的,自唐宋至清(618—1911年)1 293年间的重要历史人物,绝大部分可以从中查找线索,其中包括一些重要的科技人物。尤其是该引得将传主的散见于各种书籍的传记汇集在一起,可以一目了然,并注明卷次、页数、版本,利用起来相当方便。

国家图书馆收藏有清曹溶辑《明人小传》和清佚名撰《明季烈臣传》,清抄本两种,且为孤本。

《明人小传》是洪武至崇祯年间的集传,收入传者3 000余人,如此众多的人物传记在整部《明史·列传》中恐也不及。我们在《明人小传》中找到不少罕见的明人传记资料。

曹溶,字秋岳,一字洁躬,亦作鉴躬,晚号倦圃、锄菜翁,浙江秀水(今浙江嘉兴)人。崇祯十年(1637年)进士,做过明清两朝御史。顺治时归清,授广东布政使,著作有《曹秋岳先生尺牍》《崇祯五十年宰相传》等书。曹溶藏书甚富,还多方觅购,终续成《学海类编》。

《明季烈臣传》收天顺至南明永历间烈臣近千人。南明按皇朝统属于明,清朝政府

---

① 中国医籍提要编写组:《中国医籍提要》(上),吉林人民出版社,1984,第625-626页。

不予承认,因此南明史料就更显得特殊了。

以上两书已于2003年由全国图书文献缩微中心影印出版,两书共收人物4 000余人。

值得注意的是"台湾图书馆"编纂出版的《明人传记资料索引》,是一部收明代人物最多的工具书,也是当时出版的几种明人传记资料索引中较完备的一种。1955年初版,1978年再版。

补:《宋人传记资料索引》,昌彼得等编,台北鼎文书局1973—1974年出版,收录人物15 000人;《元人传记资料索引》,王德毅等编,台北新文丰出版公司1969年出版,收录人物16 000人。

下面将燕京大学所编的4种传记书目举例附表于后(表2-2—表2-5),并以科技人物传记为例予以说明。

检索举例:根据传主姓名或字号笔画、拼音、四角号码等可查得宋代到清代主要的科学家传记如表2-2—表2-5。

表2-2 宋代科学家传记引得(《四十七种宋代传记综合引得》)

沈括(存中)传记引得[1]	
1/331/12a	24/1/14a
2/109/6b	42/63(3)
3/86/3b	47/495
宋慈(惠父,法医学)传记引得	
8/22/17b	43/59,62
沈立(立之,水利专家)传记引得	
1/333/3b	30/7a
2/110/10a	42/82(3),87(2),91(2)
程大昌(泰之、文简)传记见于	
1/433/8a	38/7/5b,12b
2/164/12a	8/7b
4/35/2a	39/9/9b
63/2a	41/5a
屠本畯传记见于	
2/388/44b	64/庚28/1b
24/4/32a	84/丁下/51a
40/62/3a	86/17/29a

[1] 表中第一层数字为本书附录所列表A-2中书籍数码,如"1"表示宋史列传之部;第二层数字为该书卷次,如331表示卷331;第三层数字为页码,a表示该页上部,b表示该页下部,如12a表示12页上部。

表2-3 辽金元科学家传记举例(《辽金元传记三十种综合引得》)

朱世杰(汉卿、松庭)传记见于

22/171/3a	25/95/8a

朱震亨(彦修、丹溪、丹溪先生)传记见于

21/189/8b	24/53/1b
22/242/10a	25/88/6b
23/35/34b	

马可波罗(马可保罗、谟可博罗)传记见于

22/154/19b	26/117/3b
25/48/7b	

表2-4 明代科学家传记举例(《八十九种明代传记综合引得》)

朱载堉(东垣)东垣端清王

1/119/3b	40/1 下/15a
3/110/9a	86/1/18a
24/1/9b	

朱橚(周定王)传记见于

1/116/9b	61/86/9b
2/152/19a	64/甲 2/2a
3/108/12a	65/1/1b
5/1/17a	80/×/4b
24/1/3b	86/1/11a
40/1 下/1a	

李时珍(东璧)

1/299/19a	3/28/23b

夏之臣传记见于

21/20/38b	

王锡阐(寅旭、昭冥、号晓庵,又号天同一生。)

24/4/149b	64/辛 16/9b
40/79/11a	86/22/12a
59/54/11a	

方于鲁(初名大澂,字于鲁,以字为名,后改字建元)传记见于

24/4/52b	43/5/4a
40/64/24b	86/18/16a

方以智(密之、弘智、僧名无可、药地和尚等)传记见于	
2/361/7b	14/8a
24/4/83a	43/6/9a
36/15/3a	59/24/8a
40/69/5a	64/辛17/8b
41/3/29b	86/19/21a
4/41b	

贝琳(宗器、竹溪)传记见于	
5/79/7a	

左光斗(遗直、忠毅、共之、沧屿先生、浮丘生)传记见于	
1/244/11a	64/庚6/1b
2/351/11b	24/4/10b
2/231/8b	30/2/28a
4/13/43a	31/×/3a
8/81/10a	2/×
39/3/3a	82/1/4a
40/60/5b	87/2/10b
61/109/15b	

潘季驯(时良、印川、惟良)传记引得	
1/223/7b	21/17/24b
2/314/4a	24/3/26b
3/206/5a	32/46/29a
5/59/95a	40/44/5上a
8/65/××	86/13/7a
16/94/36a	

汪应蛟(潜夫)传记引得	
1/241/9b	8/79/9a
2/343/13b	39/16/19a
3/226/8a	

利玛窦(西泰,意大利人,传教士)传记引得	
2/397/14a	

耿荫楼(旋极、振垣、璇极、《国脉民天》作者)传记引得	
1/267/1b	54/6/36a
3/251/7b	55/6/7a

表2-5 清代科学家传记查寻举例(《三十三种清代传记综合引得》)

王贞仪(王锡琛女,詹枚妻)	
1/513/18a	21/5/20b
6/59/18b	
王清任	
1/507/11a	
王锡阐(见明代部分)	
24/4/149b	64/辛16/9b
40/79/11a	86/22/12a
59/547/11a	
包世臣(《安吴四种》作者)	
2/73/20a	26/3/24b
5/79/1a	29/8/11b
吴其濬	
1/387/8a	3/204/10a
2/38/26b	
吴汝伦(节本《天演论》作者)	
1/491/20b	5/81/15a
戴震	
1/487/19b	7/35/5a
2/68/51a	13/5/10a
3/131/1a	16/14/30a
4/50/13b	17/8/19a
周学海(医家)	
1/507/3b	
俞正燮	
1/491/9b	6/49/1a
2/69/47a	
方中通	
1/511/7b	7/32/9a
3/417/48a	17/6/74a
4/132/14b	2/68/5b
方以智	
1/505/19b/10b	26/1/12b
2/68/5b	27/14/5b
19/甲上/30a	29/11/15a

齐彦槐（天文仪器）	
1/491/7a	5/77/17b
2/73/21a	26/3/7a
詹天佑	
6/未/2b	
华衡芳	
1/512/24b	6/43/18b
周佩兰（华衡芳妻）	
21/10/13b	
李善兰	
1/512/24a	6/43/3b
2/69/72b	
汪莱	
1/512/2b	3/260/1a
4/135/10a	13/6/10a
7/35/15b	2/69/25b
汪昂	
1/502/3a	4/143/11a
3/379/31a	
江永	
1/487/14b	7/34/2a
2/68/36b	13/5/1a
3/410/13a	16/5/16a
4/133/13a	17/5/42a
姚莹	
1/390/4b	5/35/2b
2/73/9b	7/43/4b
韩梦周（《养蚕成法》作者）	
1/486/19b	14/1/13b
2/67/36b	16/5/32a
3/238/30a	17/3/48b
7/31/14a	
檀萃	
2/72/22a	3/239/56a
梅文鼎	

续表

1/511/8a	15/4/25b
2/68/10b	16/12/25b
3/417/1a	17/3/59a
7/33/1a	
梅毅成	
1/511/14a	9/20/27a
2/17/5a	12/25/23b
3/73/1a	17/3/62b
7/33/3b	
刘湘煃	
1/511/20a	15/4/25b
2/71/53a	17/3/63b
3/417/28b	
明安图（蒙古正白旗人，钦天监监正）	
1/511/18a	2/71/52b

1982年，中华书局出版了傅璇琮等编纂的《唐五代人物传记资料综合索引》，征引图书（包括续集）83种，收录各类人物近30 000人，内有姓名索引和字号索引，检索十分方便，填补了唐五代人物索引方面的空白。索引中所列各书有编号、简称；后面的数码有三层者，第一层是册数，第二层是卷数，第三层是页数；而有两层者，前者为卷数，后者为页数；A和B代表线装书每页的上下部分。利用该索引，可以迅速查到某科技人物传记资料分布在哪些书中、何卷、何页等。现将83种引用书目表转录于表2-6，并举例如下：

表2-6　唐五代科学家传记举例（唐五代人物传记资料综合索引）

李淳风	
1. 旧唐书 8/79/2717	新志 5/59/1545
2. 新唐书 18/204/5798	新志 5/59/1547
6. 旧志 6/47/2036	新志 5/59/1551
旧志 6/47/2037	新志 5/59/1557
旧志 6/47/2038	新志 5/59/1562
旧志 6/47/2039	新志 5/59/1570
	新志 5/59/1622
旧志 6/47/2041	8. 全文 159/12B
	9. 拾遗 16/3B
旧志 6/47/2043	27. 郡斋 2 上/4B
旧志 6/47/2044	郡斋 3 下/17A

续表

7. 新志 5/58/1456	郡斋 3 下/17B
新志 5/58/1457	
新志 5/59/1520	28. 直斋 12/16B
新志 5/59/1521	直斋 12/17B
新志 5/59/1538	直斋 12/29A
新志 5/59/1544	直斋 12/32A
孙思邈	
1. 旧唐 16/191/5094	新志 5/59/1571
2. 新唐 18/196/5596	8. 全文 158/1A
6. 旧志 6/47/2044	11. 全诗 12/860/9717
7. 新志 5/59/1518	19. 姓纂 4/11A
新志 5/59/1522	28. 直斋 6/22B
新志 5/59/1538	直斋 12/3A
新志 5/59/1557	直斋 13/5A
	39. 书史 5/25A
李诚	
1. 旧唐 12/150 /4045	
2. 新唐 12/82/3626	

如遇别名、字号等不能对号的,可参考以下著作:

① 林德芸《古今人物别名索引》,民国二十六年(1937年),商务印书馆广州分馆、徽州分馆;

② 杨廷福等《明人室名别称字号索引》,上海古籍出版社,2002年;

③ 杨廷福等《清人室名别称字号索引》上、下册,上海古籍出版社,1988年;

④《四库全书传记资料索引》(附字讳索引),台湾商务印书馆,1979年;

⑤《四库全书文集篇名分类索引——传记文之部》,台湾商务印书馆,1979年;

⑥ 李灵年等编《清人别集总目》,安徽教育出版社。此书收录人物众多,前面已有简单介绍。共收 19 500余人别集(书名),书凡数万部;各书作者,凡知见者,均附小传,其内容包括生卒年、字号、籍贯、科举、仕履、亲友、师承、封谥等,并附录传记资料索引,内有与科技史相关的内容,可资参考。

中国古人有几个名字,如名、字、号、别号、道号等,如何知道? 查以上6本书便可知。

研究科学史的人不能只依靠正史,因为正史有可能不全,如陆羽之传,正史中仅有其前半生。因此不能忽略利用传记。

（二）家谱、族谱、谱牒

这类著作记世族、叙昭穆、辨亲疏，井然有序，"若其本支，百世垂条布叶，燕翼蝉联，虽游宦化居，不常厥所，而溯流寻源，莫不厘厌可考"。①

修家谱的起源可追溯到先秦，至魏晋南北朝时期而兴盛，它与当时的门阀制度有关；经宋代欧阳修、苏轼的倡导，特别是程朱理学的强调，修谱之风大兴；明清时期可谓修谱的黄金时代。一般20—30年修一次，三世不修，即为不孝。

家谱，一般有序文、凡例、目录、世系表、像赞、宗派源流、族规、家训、义田、义庄、祖坟和有关记事等。而本族名人（包括科学家）记载尤详，它提供材料之广泛具体，不但让正史望尘莫及，甚至可补方志之不足。例如北宋著名的《桐谱》作者陈翥，一向被认为是"生平不详"，甚至对他的籍贯也是靠书中文字推测出来的，但我们在《五松陈氏宗谱》中却查到了北宋以下许多显贵文豪对陈翥生前颂扬的诗文，并有陈翥木刻遗容一尊，为研究陈翥及其著作，提供了珍贵的史料；明代程大位的名字不见正史，但在《率口程氏家谱》中却说他"善数算"；宣城《梅氏宗谱》为辨认清代数学家梅文鼎墓碑上破损不清的碑文解决了大问题；泾县小岑《曹氏宗谱》，为解决泾县宣纸的起源提供了可靠资料。但应该注意的是家谱常隐"恶"扬"善"，但也有的例外，如罗愿写的《罗氏家谱》。使用这类著作也要注意同名问题，同姓亦有地名、堂号不同。

> 族之有谱，犹国之有史也。国无史不立，族无谱不立。

《浸铜要略》是我国北宋时期一部胆水炼铜的著作，该书早已不存。最早在《星源甲道张氏宗谱》中发现了《浸铜要略·序》，这是非常重要的发现。黄山学院孙承平同志的文章经笔者②修改后，发表于《自然科学史研究》。此外，该谱中还有一篇《耕湄新制铜仪记》也很重要。清道光年间，张耕湄制作了模拟天体运转的铜仪③。

朱熹为罗愿撰写的《呈坎罗氏宗谱序说》，不仅写了许多激励罗家后人积极向上的溢美之词，还写了许多振聋发聩的逆耳忠言："予惟好恶对峙，而不相蒙。然好者稍惰，则为恶之渐；恶者之惩，则为好之端。要之所极，则互相反焉。"继而讲到"盖富贵者，自恃而不恤己；势焰盛者，自肆而不恤人。以不恤己之恃，而行其不恤人之情，流而不反，失其本心，非但族属、昭穆之不顾，宗祖根源之不思，且其家庭之间，偏爱私藏，以至暴戾。分门割户，患惹贼仇。下慢下暴，老者失其安之，少都失其怀之，朋友失其信之，舟中皆敌国"。这是家族兴衰的一面镜子，也是当时国家由盛至衰落的一面镜子。

---

① 清金焘:《金氏家谱·叙文》。
② 指张秉伦先生。——整理者
③ 孙承平的相关文章发表在《内蒙古大学学报》上。——整理者

（三）年谱

年谱是我国历史著作的一种重要形式,也是传统文化中富有特色的一项宝贵遗产,谱主一般是政治家、学者或其他名人。一般认为年谱始于北宋吕大防《杜工部年谱》和《韩吏部文公集年谱》,至南宋始盛,而清代极盛,述作如林,蔚为大观。年谱在早期一般只为了阅读谱主著作之便,次第其出处之岁月而略见其为文之时,内容简单,大都附入别集,继而逐渐加详,作为"一人之史",离开谱主诗文而别出。后来反映面更广,不仅是一人之史,同时还体现了跟谱主有关的人物、事业、学术以及时代背景的概况[①],因而也就和科技史研究有一定关系,而在科学技术上有一定贡献的历史人物年谱尤其值得重视。如《戴东原年谱》中可见戴震编纂《算经十书》及校勘《水经注》之经过。年谱中的史料比较可靠,但恭维之词较多,应加以分析引用。今人撰写科学家年谱渐多,钱宝琮先生撰《梅勿庵先生年谱》[②]等;梁家勉编著的《徐光启年谱》(1981年上海古籍出版社)更是一部20多万字的专谱,广征博引,治学严谨;任道斌编著的《方以智年谱》(1983年安徽科学技术出版社)甚详,资料工作扎实,然缺方以智科技活动的记载,甚憾。还有以下年谱值得注意。

(1) 北京图书馆影印《隋唐五代名人年谱》收入年谱60种,撰成年代自宋至民国,谱主29人,著名人物如杜甫的年谱12种,韩愈的9种,李商隐的5种。资料翔实,有些年谱版本极罕见,有较高的文献价值。

2004年,北京图书馆出版社出版了《先秦诸子年谱》(全5册),共收30余种,除孔子外,其余诸子都有考证、推断,严谨、粗疏不等,论断不尽相同,仅供参考。北京图书馆出版社还出版了《汉晋名人年谱》(全3册),共收23位谱主的44种年谱。

(2) 2005年,北京图书馆出版社影印出版了《宋明理学家年谱》(全12册),收录了宋明理学家27人,46种年谱。

(3) 北京图书馆出版社还影印出版了《辽金元名人年谱》(全3册),收辽金元年谱30多种,内有契丹国主、元好问、许衡、耶律楚材等20多位历史文化名人的年谱。

(4) 张爱芳《历代妇女名人年谱》(全3册),收录自汉至清有代表性的年谱23种,值得注意的是内有3对夫妇合谱,这是梁启超曾经提倡的合谱;另外《崇德志老人自编年谱》有插图14幅,为谱主生活写照,对研究我国女性服饰史、发型史有重要价值,可供参考,也可为清和近代戏曲、舞蹈、电影、电视等提供样式。

(5) 张爱芳编,北京图书馆出版社出版的《中国古代史学家年谱》(全8册),共收年谱40种,谱主27人,即司马迁、班固、魏徵、刘知幾、沈括、欧阳修、司马光、袁枢、黄宗羲、顾炎武、王夫之、万斯同、查继佐、张廷玉、全祖望、赵翼、钱大昕、毕沅、章学诚、邵晋涵、崔述、徐松、姚莹、黄遵宪、魏源、梁启超、刘师培等著名史学家。该书力求所收史学家年

---

① 梁家勉:《徐光启年谱》,上海古籍出版社,1981,第1页。

② 见《国立浙江大学科学报告》,1932年1月;或见《钱宝琮科学史论文选集》,科学出版社,1983年。

谱齐全,一些著名人物,如司马迁的年谱有3种,顾炎武7种,欧阳修3种。有些年谱的版本较为稀见,特别是其中的抄本、油印本,更具有极高的文献价值。

(6) 清李清《历代不知姓名录》(北京图书馆藏)是一部十分独特的人物资料辑录,此书亦有文献著录为《正史摘奇》《外史摘奇》。编者取二十一史以及诸多稗官野史所记载无姓名者事迹汇编成一册,每条皆注出处,取之有据。全书10卷54类,实存8卷37类(缺9、10两卷17类,有存目无内容),计1 200余条。尽管如此,今日读此书,仍不能不感叹编者用心之良苦:有名有姓者事迹能千古流传的又有几多? 遑论不知姓名者! 不知姓名,并非无名无姓,只是因其位卑言轻,诸正史、外史操笔者便以"张三之友""李四之父""救某某人者"指称,一笔带过。然其言行事迹,足令后人警醒,令后人发思古之幽情者正多,至少可使今人饱览古来世间百态,实不可因种种情事为不知姓名者所为而小视之。

如要研究一个人,可做其年谱。年谱往往可以成为传世之作。可以参考《徐光启年谱》和《方以智年谱》。

年谱种类很多,可参见杭州大学《中国历史人物年谱集目》。

八、史钞类

《四库全书》收录3部,《四库全书总目提要》著录存目40部。

摘钞一史或合钞众史的书籍。《宋史·艺文志》始立"史钞"一门。专钞一史者,有如《汉书钞》《晋书钞》之类;合钞众史者,有《新旧唐书合钞》之类。宋代以后,史钞的内容渐繁,至明而此风大盛。但体制和内容的芜滥,也以明为盛。此类史书"博取约存",对读者有一定的方便之处,但从科技史料价值来看,当然不如原著。

主要著作有:《两汉博闻》12卷,《通鉴总类》20卷,《南史识小录》8卷,《史记法语》8卷,《南朝史精语》10卷,《十七史详节》273卷,《诸史提要》15卷,《汉隽》10卷,《两晋南北奇谈》6卷等。

九、载记类

《四库全书》收入21部380卷,附录2部4卷。

又称"霸史""伪史"。《隋书·经籍志》始立"霸史",叙曰:"自晋永嘉之乱,皇纲失驭,九州君长,据有中原者甚众,或推奉正朔,或假名窃号……而当时臣子,亦各记录。后魏克平诸国,据有嵩华,始命司徒崔浩博采旧闻,缀述国史,诸国记注,尽集秘阁。尔朱之乱,并皆散亡。今举其见在,谓之霸史。"可见"霸史"是指独立于中央政权之外的割据政权的历史;梁阮孝绪《七录》始称"伪史"。《崇文总目》也立伪史类;然《四库全书总目》认为这类史籍属于"僭撰"者,"久已无存,存于今者,大抵后人追记而已,曰霸,曰伪,皆非其实也。"因而效法《后汉书·班固传》《东观汉记》等,设法载记类目,著录《吴越春秋》以下,记各时代僭乱遗迹之史籍21部380卷,附录2部9卷。这类书籍对研究地方科技史和少数民族科技史的重要性不容忽视。如南唐樊绰撰《蛮书》10卷(《永乐大典》本),是樊绰于咸通中为岭南西道节度使蔡袭从事,故纂述六诏始末,以成此书。于部族之分合、山川道里之险易及叛服征讨之始末,言之最悉,书中有关于冶炼的记载,是矿冶史的重要资料;宋马令撰《南唐书》30卷、陆游撰《南唐书》是研究长江下游和江南经济文化的重要史料,尤其是杂艺方士和文房四宝的材料更值得重视;元黎崱撰《安南志略》,崱为安南人,所述安南事迹真实,与《元史》列传多有异同,当以崱所目击为准;《朝鲜史略》(无名氏)12卷,明代朝鲜人所作,所记始于檀君,终于高丽王王瑶,自新罗朴氏以前稍略,自高丽王建后,则编年记载,事迹颇详;晋常璩撰《华阳国志》,讲三国时代西南的历史,可与《三国志》互补,该书有关于地理学史、矿冶史、茶叶史等方面的重要资料。

十、时令类

《四库全书》收入2种,《四库全书总目》存目11种,《续四库全书总目提要》著录182种。

"时令"犹"月令","其本天道之宜,以立人事之节者,则有时令诸事"(《四库全书总目》),其内容"大抵农家日用,间阎风俗为多,与《礼经》所载小异"。吴澄曰:"时令,随时之政令"。古时按节气制定关于农事等政令,后改岁时节令为月令。

做生物史、农学史要关注此类。

(1) 宋陈元靓《岁时广记》4卷,书中摭《月令》《孝经纬》《三统历》诸事为纲,而以杂书所记关于节气者,按月份记之。凡春令46条,夏令50条,秋令32条,冬令38条。大抵为启札应用而设,故于稗官说部多有证据。而《尔雅》《淮南子》诸书所载足资考证者,反多遗阙,未可作善本,特其于所引典故皆备录原文,详记所出,未失前人遗意,可资参考。

(2) 明冯应京《月令广义》25卷。

(3) 清康熙五十四年(1715年)《御定月令辑要》24卷,图说1卷。清康熙五十四年初,明冯应京与戴任共辑《月令广义》25卷,体例粗备;是年,康熙命儒臣在其基础上删除无稽之论,增补未备之文,各援引图籍,注明出典,俱有根据。

(4) 明瞿佑《四时宜忌》1卷,此书从正月至十二月,依次录述,所宜所忌,历引《孝经纬》《荆楚岁时记》《玉烛宝典》而兼及《济世仁术》等,道家符禄皆亦载入,征引虽博,究不免伤于芜杂。

（5）明李泰《四时气候集解》4卷,大旨以《月令》诸书记载时物,然篇幅太隘,仅得其大略。

（6）明卢翰《月令通考》16卷,以一岁十二月,按月杂采故事,兼及流俗旧闻,首记天道,次为治法、地利、民用、摄生、涓吉、占候、迹往、考言、扩闻,谓之10例。颇为庞杂。

（7）明戴羲《养余月令》29卷。其书分纪岁序而附以蚕、鱼、竹、牡丹、芍药、兰菊诸谱,抄撮旧籍,无所发明,出典不注,注者亦多所错乱。

（8）明陈堦《日涉编》12卷,每月一卷,先叙月令节候,而三十日以次列之,皆以故实居前,诗歌居后,采摭颇为芜杂。

（9）明王勋撰《广月令》3卷,其子璞补后2卷。王勋,安徽黟县人,其书采缀传记,欲为《月令通考》诸家广所未备,而好取新奇,转成浅陋。

（10）清董谷士、董炳文《古今类传岁时部》4卷。

（11）清孔尚任《节序同风录》,仿《荆楚岁时记》为之,以十二月为纲,而以佳辰、令节分列为目,记其风俗事宜于下,颇为详备。然人事今古不同、方隅各异,尚任不分其时其地,比而同之,又不注所出,未免失之涫杂。

（12）清朱濂《时令汇纪》16卷、《余日事文》4卷,是书皆四时十二月事实诗赋,全用《艺文类聚》之体,只分节候而无日次,故更作《余日事文》4卷,每月三十日,皆摭拾事实,诗赋补之。

十一、地理类

地理类可分为10类:宫殿疏之属,总志之属,都会郡县之属,河渠之属,边防之属,山水之属,古迹之属,杂记之属,游记之属,外纪之属。

地理之书,源远流长。《尚书·禹贡》是中国最早的地理著作,其后《山海经》《水经注》《畿服经》(佚)相继问世。《七录》初设土地部,《隋书·经籍志》以后史书均立地理类,《四库全书》共设150部4 799卷,分为10个子目,前所未有。但不立方志是一缺陷。尤其是《四库全书总目·地理类》"叙"中对王士祯《汉中府志》载"木牛流马法"、《武功县志》载"织锦璇玑图"进行指责,是毫无道理的。下面介绍几类地理著作的代表作。

（一）总志

（1）唐李吉甫《元和郡县志》,原称"图志",至宋代图亡志存,40卷,今本实存34卷

（缺19卷、20卷、23卷、24卷、35卷、36卷），此外，18卷、25卷也不全。全国总志传于今者，唯此书为最古，其体例亦为最善，后来虽递相损益，无能出其范围。从此书中不仅可知天下州县沿革，还可考户籍增减、物产多寡、道里远近等。李吉甫久任宰相，熟悉当时图籍，记载详赡，为后世研究唐代地理留下了宝贵的资料。

（2）宋乐史《太平寰宇记》199卷，后来方志必列人物、艺文者，其体皆始于此书。此书材料丰富，比《元和郡县志》做得好，新增风俗、人物两项。

（3）宋王存等撰《元丰九域志》10卷，详今略古，检阅极为简便，贡物额数，往往为诸史所未详，足资参考；《宋史·地理志》谬误不少，本书可补其不足也。此书是研究地方史不可或缺的资料。

（4）南宋王象之《舆地纪胜》200卷，引文丰富且多佚本，可补史志之阙甚多。

（5）南宋祝穆撰《方舆胜览》70卷，主要记载南宋临安府及其所辖的浙西路、浙东路、江东路、江西路等17路所属府州等地（限于南渡后领域）郡名、风俗、形胜、土产、山川等，内容十分丰富、全面。此书略于建置沿革、疆域道里，而详于名胜古迹、诗赋叙记。虽考订较疏，但采摭颇富，不失为记载南宋地理的重要著作。

（6）元有《大元一统志》1 300卷，系官修各地方志的总志，惜多散佚，今仅残存15卷。

（7）元朱思本的《舆地图》则是科学总结与实地调查有机结合的产物，图中的黄河源已反映了元初都实奉命勘察黄河源在星宿海的重要收获。此图的精确度达到了较高的水平，成为我国明清两代舆图的重要范本。

（8）明李贤等奉敕撰《明一统志》90卷。

（9）清有《大清一统志》，康熙本342卷，乾隆续修本500卷，嘉庆重修，由穆彰阿撰《大清一统志》560卷。

（二）地方志

隋唐以来的图经，到了宋代已向地方志过渡，并逐步形成了统一的格式和体裁。据《宋史·艺文志》记载，宋代共有地方志一百几十种，但今存仅37种；明清两代地方志更是汗牛充栋。据1979年统计，全国现存地方志9 000多种，明清两代保存下来的约占90％以上。明永乐年间颁布了《纂修志书凡例》，为各地修志书规定了常规类目，要求方志包括建置沿革、分野、疆域、城池、山川、坊郭镇市、土产贡赋、风俗、户口、学校、军卫、郡县廨舍、寺观、祠庙、桥梁、古迹、宦迹、人物、仙释、杂志、诗文等21类。反映了明朝对方志事业的重视及对纂修方志有明确的要求，这对方志纂修正常化、规范化具有重要影响。

正如明万历《善化县志》"序"曰："今天下自国史外，郡邑莫不有志。"省有通志，府有府志，县有县志，介于通志和府志之间也有志，如《南畿志》（今苏皖一带），介于府、县之间还有州志，以至小到乡志、镇志（如浙江《乌吉镇志》《菱湖镇志》，歙县《岩镇志》等），还有山、水、海塘、古迹、道卫、庙宇等志。其中县志是数量最多的一种。

安徽现存《新安志》。志与史不同,史可有史论,如"太史公曰……"即为史论。而志则不同,写志者不能随意发挥或评论。

地方志大多记述疆域、建置、山川、名胜、水利、物产、赋税、职官、人物、风俗、艺文、祥异等,可以说是介绍一定地区基本情况的综合性著作。地方志虽不是科技著作,但其中有许多珍贵的科技史料。主要包括:在自然地理方面,有山、川、湖、海、地形、气候、地震、潮汐等记载;在经济地理方面,有人口、物产、矿冶、桑蚕、优良品种的引进和栽培等;在地方史方面,有吏官姓名、籍贯、政绩、当地举人(进士)名榜、知名人物传记(包括科技名人传记)、历代当地人著述(注意科技书目)、地方八景诗文等。总之,地方志中有关天文、地学、水利工程、古矿冶以及科技人物生平等史料十分丰富,可补正史之不足(古代科技人物多为官员)。

例1:元代农学家鲁明善,《元史》无传,过去仅根据其传世著作《农桑衣食撮要》张序,知其"于延祐甲寅(元年)(1314年)出监寿郡,始撰是书,且锓诸梓"。而在康熙《太平府志》中却保留了一篇元人陈公允撰写的"太平路鲁总管德政碑"文,方知他在安丰路任满后转太平路总管,颇有政绩,并"复葺农桑为书以教人",三年满,转监池州路。再结合元人虞集《道园类稿》中的"靖州路达鲁花赤公神道碑"文,对元代这位维吾尔族农学家的生平,便有了详细的了解。类似的例子是不胜枚举的。如果要系统收集古代异常自然现象的记载,地方志更是不容忽视的一个重要方面。

例2:天象异常,往往具有局部区域可见性,因而地方志中的记载就更可贵了,如日月食、太阳黑子、彗星、新星、超新星、流星雨、极光等,不少地方志中都有记录,可与正史相比较。它的重要性在于:

(1)比正史详细。如1361年5月5日的一次日食,元史仅记"日有食之",而民国《上海县志续》收入了元人陶宗仪《南村辍耕录》中对这次日食的详细记录:"至正辛丑四月朔日,日未没三四竿许,忽然无光,渐渐作蕉叶样,天皆昏黑如夜,星斗粲然,饭顷方复旧,天再开,星斗亦隐,又少时乃没。"

(2)补正史和其他史书之缺。如乾隆《顺德县志》记载:"明嘉靖四十五年正月初十日,日中有黑子,大如卵,摩荡五日乃灭。"又道光手抄本《龙江乡志》记这次"黑子掩日,自初十至十五日乃来"。如果不查地方志,就无法得到这条资料。

(3)与正史相辅相成,能更好地说明问题。如1363年4月6日出现的极光,除《元史》和《续文献通考》中记有"大同路夜有赤气亘天,中侵北斗"之外,《怀来县志》和《宣府镇志》的记载都与"正史"完全相同。地方志的记载,为这次的极光可见区域留下了确切的纬度范围(北纬40度以北)。又1533年10月出现的一次举世闻名的流星雨,除《明史》记载外,在河北、福建、广东以及内蒙古等十几省区的100多个府志县志中都有记载,其中有的志书中还增加了光、声和方向等内容,为研究这次不常出现的流星雨提供了更多的珍贵史料。

中国天文史整理研究小组在这方面做了很好的整理工作,把全国各地收集的资料整理编辑,内部刻印了八大本资料,为研究工作提供了条件。

补充:① 咸丰《青州府志》卷32载,康熙初年曾从山西请工匠以坩埚炼铁;②《嘉庆芜湖县志》卷1,详述芜湖苏钢的冶炼工艺、冶坑建造和流传情况;③《乾隆佛山忠义乡志》卷5,述及铁缆的制作。这些都是冶金史的重要资料。

此外,《中国地震资料年表》《中国地震分布图》和《我国近五百年旱涝史料》《旱涝等级分布图》(中央气象局主编,1975—1978)、章鸿钊的《古矿录》、旅大图书馆的《全国地方志目录及物产提要》(油印本)等都利用了大量的地方志中的资料。只要善于寻找地方志中的资料,一定会给科学史研究提供珍贵的史料。

地方志中资料的主要问题是大都没有出处。当然也有注明出处的引用,如对《梦溪笔谈》中关于红光验尸记载的引用,《洗冤录》中也记载了这条资料。

《新安志》和《剡录》对印刷史极有参考价值。

(三)水道(河渠)

(1)《水经》及其注释本:东汉有桑钦的《水经》(作者有争议),原文极简,共记137条水流,各条往往不过简短的一两句话。北魏郦道元作《水经注》40卷,则以《水经》为纲,详细介绍各地河流计1 252条,注文共30万字左右,约20倍于原文,因此名为注释,实乃一部全面系统的水文地理著作。此书以水道流经记山川、都邑、冢墓、祠庙、第室、石刻、名胜、典故、歌谣、怪异并及动植物,内容极为丰富,如《漯水注》中关于平城西南的火山和温泉的记载,简直像一幅图画展现在我们面前;湖南《涟水注》中的鱼化石资料也相当珍贵等。此书对于考证河道变迁、城市位置沿革和聚落的兴衰大有补益,凡正史所不详者,此书亦往往可解决。

清代研究《水经注》的学者颇多,成就也很突出,全祖望、赵一清、戴震3家最为有名,他们分别有《校水经注》《水经注释》《戴校水经注》。清末王先谦曾合校诸家钞刻本成《合校水经注》,汇清代研究水经注的主要成就,使用最为方便。此外,还有杨守敬及其弟子熊会贞作《水经注疏》,绘成《水经注图》8卷。

(2)《水道提纲》与《西域水道记》:清齐召南撰《水道提纲》28卷,首列海水,次及各省诸水,再次西藏、漠北诸水,塞北漠南及西域诸水,均以巨川为纲,所会诸流为目,层次清楚。

清徐松撰《西域水道记》4卷,专述西北地区水文地理。它以甘肃以西至新疆周围的罗布淖尔(罗布泊)、哈喇淖尔(今敦煌西北)等内陆湖泊为纲,分述此地水文地理形势,并附之以图。

以上两书,尤其是后者对研究我国古代边疆水文地理和历史地理情况极富参考价值。

(3)水利著作:宋有单锷《吴中水利书》(不分卷);魏岘《四明它山水利备览》2卷,上卷记鄞县它山水源流规制及修筑始末,下卷为碑记及题咏。元有沙克什《河防通议》2卷,凡物料、功程、丁夫、输运以及安椿、下络、叠埽、修堤之法,一一咸备,其中"算法"第六章列有治河土方工程27题,"开渠河"一题已用到天元术。此书是根据宋沈立汴本和金都水监本汇合编成的。明有姚文灏《浙西水利书》3卷,潘季驯《河防一览》14卷,归有光《三吴水利录》4卷,谢肇淛《北河纪》8卷,张内蕴等《三吴水考》16卷,张国维《吴中水利全书》28卷等。其中《河防一览》内有《敕谕图说》《河议辨惑》《河防险要》《修守事宜》《河源河决考》《前人文章之关系河务及诸臣奏议》,潘书大力主张束水攻沙。清有乾隆四十七年(1782年)纪昀等奉敕撰《河源纪略》36卷,万斯同《昆仑河源考》(不分卷),薛凤祚《两河清汇》8卷,张伯行《居济一得》8卷,靳辅《治河奏绩书》4卷,陈仪《直隶河渠志》(不分卷),傅泽洪《行水金鉴》175卷,翟均廉《海塘录》26卷。其中《行水金鉴》总括古今,敷陈利病,上下数千年中,地形之变迁、人事之得失,一一条析分明,可结合《续行水金鉴》查阅。

(四)边防、外记

记载边疆和外国地理的著作。南北朝法显撰《佛国记》(不分卷)(仅存万余字),价值很高,是研究公元4世纪末至5世纪中国与印度等国交通和笈多王朝时代印度历史的重要史料,故外文译本甚多。

唐玄奘述、辩机撰《大唐西域记》12卷,10万多字。此书追述了玄奘西行亲历110个城邦、地区和国家的情况(另有28个属传闻),涉及山川、地形、城邑、关防、交通、道路、风俗、物产、气候、文化、政治等内容。地区范围从新疆西抵伊朗、地中海东岸,南达印度和印尼、斯里兰卡,北至中亚、阿富汗,使9世纪中亚、南亚各国概况跃然纸上,而这一带历史资料留传下来的又极少,因而显得更为重要。该书19世纪初有德译本,后又有其他译本。书中"波谜罗"是史籍中最早提到的"帕米尔"。

宋徐兢撰《宣和奉使高丽图经》40卷(图佚);赵汝适撰《诸蕃志》,多言海外之事,东至日本,西至北非,详风土物产,可与《宋史》互补,然海南自汉以来隶属中国版图,不应在诸蕃之列。

元周达观撰《真腊风土记》(不分卷);汪大渊撰《岛夷志略》(不分卷),在中国地理学中占有显著地位,尤其从该书可知台湾和澎湖早在元朝就是中国版图的一部分,隶属泉州晋江县,十分重要。

明张燮撰《东西洋考》12卷;传教士艾儒略撰《职方外纪》5卷;跟随郑和下西洋的使者会稽人马欢、太仓人费信、应天人巩珍归后分别撰有《瀛涯胜览》1卷、《星槎胜览》4卷、《西洋番国志》1卷,三书是研究郑和下西洋、中西交流和印度洋地理的重要资料,其中《瀛涯胜览》学术价值最高。又明代海患严重,朝廷为抵御倭寇入侵,在沿海大都会设官加强防御,战争需要地图,因此在明代出现了一种划海御寇的地理著作——海防图籍,著名的有胡宗宪的《海防图论》、《筹海图编》13卷,是明代论海防御寇的较好的图籍,影响颇大。其他还有范涞《两浙海防类考续编》、蔡逢时《温处海防图略》等。

清《异域录》2卷,图理琛撰;陈伦炯撰《海国闻见录》2卷等。《海国闻见录》所记沿海岛屿颇详,很有价值,其中"万里长沙""七洋洲"即分别记我国西沙群岛、中沙群岛一带和南海、西沙附近海域,所记与《诸蕃志》《岛夷志略》相同。光绪三十四年(1908年)日本商人西泽占沙岛(此岛在粤东惠来、海丰之间),有人据此书找出沙岛属我国领土的确证,日本人无以言对,遂将此岛归还我国,于此可见此书之重要。

国家图书馆有关琉球历史和中琉关系史的稀见典籍17种,是研究中琉关系、日琉关系、琉球历史的珍贵资料(内有郑若曾的《琉球图说》,康熙三十七年(1698年)郑志远刻)。

(五)游记

宋张礼与其友陈微明游长安城南,访求古迹,张礼撰《游城南记》1卷。

元纳新于至正三年(1343年)北游,作《河朔访古记》16卷,今存永乐大典本2卷,分别记真宝路、河南路所见;丘处机有《长春真人西游记》,是关于中亚细亚的纪实,书中有一次日食记录,引人注目。

明徐宏祖撰《徐霞客游记》12卷,最为有名,内有丰富的岩溶地形和地热资料。他详细考察过100多个洞穴,大都记有方向、高深、宽窄等数字。对溶洞、钟乳石、石笋等成因的解释,都基本上符合科学原理;纠正了古书中"岷山导江"的错误,正确指出金沙江是长江的上源;在比较福建的建溪与宁洋溪(九龙江)时,推论二溪分水岭高度相等,而流程与流速的关系是"程愈近而流愈急",对河流的侵蚀作用、因高度和纬度的不同而产生气候差异及其对动植物生态和分布的影响等都有很好的记述。所以李约瑟说:"他的游记读来并不像17世纪学者所写的东西,倒像是一位20世纪的野外勘测家所写的考察记录。"[①]

此外,地理类还有杂记之属,也不乏科学名著,如《南方草木状》3卷、《桂林风土记》(不分卷)、《岭表录异》3卷、《岭外代答》10卷、《闽中海错疏》4卷等。

十二、职官类

职官一类,自《七录》始立,后世相袭不改。记官制之书,以《周官》为最早。汉有《汉官解诂》1卷、《汉官仪》1卷,唐有《唐六典》《翰林志》,均为研究官制的名著。以后代代著录,仅《四库全书》就收入21部382卷,系因这类书籍对训练儆戒封建官吏、巩固封建统治有积极作用。

科技史研究者可从中查出科技人物在某具体时间担任何职。如明安图(1692—1765年),这位蒙古族科学家曾在钦天监担任"五官正",负责推算日月五星的运行和编

---

① 李约瑟:《中国科学技术史》(中译本)第5卷第1分册,科学出版社,2018,第62页。

历书,长达30多年,乾隆年间又两次负责测绘新疆西部的地图,乾隆二十五年(1760年)升为钦天监监正等,这些信息就是在这类书籍中查出的(清梁国治《国子监志》62卷)。西洋传教士中有些人的情况也可在这类书中查出。

华同旭在《职官分野》中发现了有关称漏的重要资料,精确地考证了称漏的原理和结构,进行了复原并做了实验,证明其精度昼夜误差小于30秒。

(1)《唐六典》30卷,亦称《大唐六典》,旧题唐玄宗撰,李林甫等注,实则先后由陆坚、张说、萧嵩、张九龄、李林甫主修,正文与注文同时编辑。开元二十六年(738年)成书。以玄宗原拟理(治)、教、礼、政、刑、事为"六典"书名,记唐官制,凡唐初至开元官制建置及其渊源,均详于此书。另外书中间或涉及户籍、科差、绢布、贡赋、职田、屯田、公廨田、马骑等,与科技史有一定关系。其版本甚多。

(2)唐李肇《翰林志》(不分卷),实为笔记。《四库全书》收入职官类,成书于元和十四年(819年),记唐初至永贞间翰林院渊源、建置与沿革诸事,凡有厅堂苑宇、学士掌职、仪则、饮膳、唱和等十三则。其记载赅备,本末粲然,于一代词官职掌等最为详晰。有《翰院群书》本、《百川学海》本和《历代小史》本。

(3)宋周必大《玉堂杂记》3卷,实为笔记。《四库全书》收入职官类。此书皆记翰林故事,凡銮坡制度沿革,及一时宣召奏对之事,随笔记录,集为此编(今已收入《历代笔记小说大观》)。

(4)《礼部志稿》110卷,明俞汝楫纂修(官修)。有圣训6卷,建官建署1卷,总职掌1卷,仪司职掌16卷,祠司职掌16卷,事例9卷,客司职掌10卷及司务职掌2卷,历官表4卷,奏疏5卷,列传8卷,仪司事例21卷,总事例7卷,叙述详赡,首尾连贯,颇为可观。

(5)《国子监志》62卷,其中礼乐诸器图说、金石5卷,冠以《钦颁彝器图说》,艺文、碑文等对科技史、考古工作者有参考价值。

此外还有《州县提纲》4卷,《官箴》(不分卷)(其中有居官格言33则,书首揭清、慎、勤三字,以为当官之法,其言千古不可易,词简义精,官者之龟鉴也),《百官箴》6卷,《三事忠告》4卷(元张养浩为县令时著《牧民忠告》2卷,为御史时著《风宪忠告》1卷,入中书时著《庙堂忠告》1卷,三书合为《三事忠告》)。宋费枢《廉吏传》及明黄汝亨的增补本,共221卷(春秋至唐114卷,唐至五代前33卷,宋元64卷),被认为是"综核大致,其议论去取,犹可谓不诬不隐者矣"。清汪辉祖《佐治药言》1卷,后又补作《续佐治药言》1卷及《学治臆说》等,是幕僚奉劝官员的书,非常有特点。与之相类似的还有王又槐《办案要略》、万维翰《幕学举要》等。

十三、政书类

"政书"是古代所修的各种经济制度和政治制度的汇编,名称始于《四库全书总目》。

《四库全书》收入57种4 245卷，分通制、仪制、邦计、军政、法令、考工6属。下面介绍与科技史研究有关的主要著作。

（一）通制之属

通制之属，《四库全书》19种，《四库全书存目》7种。

1. "十通"

唐杜佑撰《通典》200卷，南宋郑樵撰《通志》200卷，元马端临撰《文献通考》348卷，世称"三通"，有合刻本。

《通典》记载了从上古传说的唐虞时代至唐玄宗天宝末年的历代典章制度沿革，其中有关唐代材料最详，是我国第一部政书；分为食货、选举、职官、礼、乐、兵、刑（含甲兵、五刑）、州郡、边防8门（实为9门），每门又分若干子目。内不乏科技史料，尤其是食货门中的田制、水利、屯田、版籍、赋税、钱币、漕运、盐铁等与科学史研究关系密切。

《通志》上起传说中的三皇，下迄隋唐，是继《史记》以后又一部纪传体通史，分本纪、世家、年谱、列传和二十略等部分。其中本纪、列传取自旧籍，无新内容，而二十略为《通志》之精华。天文、地理、都邑、食货、艺文、图谱、金石、灾祥、草木昆虫等，相当于正史中的"志"，与科技史研究更密切。尤其是《草木昆虫略》为他史所无，且水平相当高。

《文献通考》，记载上古到宋宁宗各代典章制度沿革，资料较《通典》为详（宋代史料尤为详备），共分田赋、钱币、土贡、兵、刑、经籍、物异、舆地等24考，每考之下再分若干细目。宋代篇幅占全书过半，内容较《宋史》诸志远为详赡，最有参考价值；中唐以下内容可与《资治通鉴》参补。

清乾隆年间仿三通体例有"续三通"：嵇璜等撰《续通典》144卷，记载唐肃宗至明末典章制度，其中以明代史料为多；嵇璜等撰《续通志》640卷，覆盖唐初至元末，分本纪、列传和二十略，缺世家和年谱；清代官修《续文献通考》250卷，记宋宁宗至明末政治经济制度沿革。

此外，还有"清三通"，即《清通典》《清通志》《清文献通考》，"清三通"材料皆取自档案，很有价值。

以上"三通""续三通"和"清三通"合称"九通"，有合刻本。民国初年刘锦藻又撰《皇朝续文献通考》320卷，所述自乾隆至光绪，很有用。以上便是"十通"，如下图所示：

"三通"	"续三通"	"清三通"	
① 通典（唐）——	续通典 ——	清通典	
② 通志（南宋）——	续通志 ——	清通志	
③ 文献通考(元) ——	续文献通考 ——	清文献通考 ——	皇朝续清文献通考

商务印书馆1935—1936年出版"十通"，并编印《十通索引》，包括主题索引与分类索引，极为便利。

《通志》中的"二十略"是很重要的资料。

2. 会要

会要是中国历代所修的各种经济、政治制度的汇编,创始于唐苏冕所撰九朝《会要》。

(1)《唐会要》。

唐苏冕始撰唐高宗至德宗九朝《会要》40卷。宣宗时,杨纪复续修德宗至宣宗《续会要》亦40卷。宋王溥再续宣宗至唐末,称《唐会要》100卷514目,内容和体例与《通典》相近,其中有新旧《唐书》所不载之史实,尤其是天宝以后,《唐会要》为最早史料。天宝以前可以依《通典》为据,书中所引资料原书多佚,因此价值很高,加之分类编排检索甚便,可作一部很好的工具书用。原书惜已残缺,今存乾隆年间整理重编本。

(2)清徐松辑《宋会要辑稿》366卷。

宋代秘书省专设"会要所",修撰宋代会要,前后共历10次,成稿2 200余卷。仁宗以来"会要所"据日历、实录、档案累朝相续编成,凡10余种,从未刊行。元军灭宋,稿本北运,存于燕京,元修《宋史》(尤其是诸志)取材多据于此。明初该书尚存,故修《永乐大典》时,多整段抄录。但《永乐大典》仅得其中7部(203册),且将有关史事分别采入各部,后来残剩原稿于宣德(1426—1435年)年间在文渊阁大火中遭毁大半,至万历间便不见踪迹。

清嘉庆十四年(1809年),徐松任唐文馆提调兼总纂官,借机将《永乐大典》中之《宋会要》遗文托为"全唐文",授官录出(借抄"全唐文"之名,引录"宋会要"遗文之实。今见影印本中缝还有"全唐文"字样,可见求书之不易,我们应该格外珍惜现存古籍。)约560卷,徐松未及整理而卒。此后辑稿几经易主,归吴兴刘承干,乃延刘富曾等整编为366卷,分初、续两编,然辑文横遭删并,原稿已面目全非。1931年北平图书馆购得此稿,由陈垣主持分编为帝系、后妃、乐礼、舆服、仪制、瑞异、运历、崇儒、职官、选举、食货、刑法、兵、方域、蕃夷、道释等17门200册,凡800万字,是为今本;所记不仅详于宋代典制,当时大政往往随文附见,不少方面超过《文献通考》,含有未见他书记载的珍贵史料甚多。食货门篇幅居全书五分之一,职官门居四分之一,是研究宋代经济、政治最为集中的资料,科技史料价值也很高。

现有1936年北平图书馆原稿影印本。另有刘富曾等辑稿(清本)460卷,系其在编辑原稿时另据他书增添而成,不仅类目离合无端,而且杂引之文不注出处,但其中亦有《永乐大典》辑文而不见于今本《辑稿》者。

(3)元文宗敕编《元经世大典》,原名《皇朝经世大典》,简称《经世大典》,属会要一类,880卷,另有"目录"12卷,"公牍""纂修通议"各1卷,成书于至顺二年(1331年)。《元经世大典》内分帝号、帝训、帝制、帝系、治典、赋典、礼典、政典、宪典、工典等10门。其中元典各系子目,体例仿《唐六典》《宋会要》,取材于元政府机构的档案资料,对元代典制如职官、赋税、礼仪、宗教、年事、刑法、造作诸志,无不详载。明修《元史》诸志及外夷传多取材于此书,明中叶后散失。

现《元文类》卷40—42有《经世大典·序录》,其中政典部分收录"伐征""招捕"等部分内容,《永乐大典》影印残本中还有一小部分遗文,如《大元马政记》《大元画塑记》《大元仓库记》;卷15949—15950有《赋典·漕运·海运》,卷19416—19423有《政典·驿传·站赤》。另外,《广仓学窘丛书》收清徐松、文廷式辑《大元马政记》《大元仓库记》《大元毡罽工物记》《元代画塑记》《元高丽纪事》5编,分别出自该书《政典·马典》《宪典·仓库》《工典·毡罽》《工典·画塑》《政典·伐征·高丽》等篇;《大元官制杂记》系杂抄"治典"有关内容。魏源《海国图志》初印本从《永乐大典》中转刊了该书"西北地"地图。

此外,还有《西汉会要》《东汉会要》《五代会要》《明会要》《大清会典》等,不再赘述。

(二)典礼之属

《四库全书》收24种,《四库全书存目》录48种。

典礼之属,包括通礼、典礼、杂礼、专志等书。专志中又包括纪元、谥法、讳法、科举、校规等内容。

(三)邦计之属

《四库全书》收6种,《四库全书存目》录45种。

邦计包括荒政、货币、盐铁、漕运,营田、赋税也在邦礼之属。《四库全书》收有6部53卷,其实著作很多。与科技史、科技考古关系密切,现分类列目如下。

(1)宋李维《邦纪汇编》1卷,实为《册府元龟》"邦计门"之总序。

(2)救荒方面:宋董煟《救荒活民书》3卷,书前有自序谓上卷,考古以证今;中卷条陈救荒之策;下卷备述本朝名臣贤士之所议论施行可为法戒者。对宋代蠲免优恤之典,能撮其大要者,不过十之二三,然对当时利弊,言之颇悉,实足补《宋志》之阙,而"劝分"更是宋史失载之政令。关于救荒著作,《四库全书》中还有一部《救荒全书》10卷,为清俞森编,成于康熙庚午,辑古人救荒之法,于宋取董煟,于明取林希元、屠隆、周孔教、钟化民、刘世教,于清取魏禧,凡七家之言。又自作常平仓、义仓、社仓三《考》,溯其源,使知所发;复究其弊,使知所戒。没有收入《四库全书》者还有:元欧阳玄《拯荒事略》1卷;明朱熊《救荒活民补遗书》3卷;明周孔教《救荒事宜》1卷;明陈龙正《救荒策会》7卷;明魏纯粹《开荒十二政》等,可资参考。

(3)制盐和盐政之书:《四库全书》中有《熬波图》一书。

《熬波图》(不分卷),是我国最早的一部制盐图谱,元陈椿撰,成书于元统中。陈椿为下场盐司,因前提干旧图而补减。该书自各团灶座,至起运散盐,为图47幅。图各有说,后系以诗。凡晒灰打卤之方,运薪试莲之细,纤悉毕具。诸图绘画颇工,《永乐大典》

所载,已经传摹,尚存矩度。唯原阙五图,世无别本,不可复补。

中国古代有关制盐和盐政的著作还有:明朱臣立《盐政志》10卷,佚名《盐政考》10卷,邱浚《盐政考略》1卷,清莽鹄立《山东盐法志》14卷,明王圻《重修两浙鹾志》24卷,史起蛰《两淮盐法志》12卷,李棨《粤东盐政考》2卷,清黄掌纶等《长芦盐法志》13卷,明汪砢玉《古今鹾略》9卷、《鹾略补》9卷,佚名《盐法》10卷,清胡文学《淮鹾本论》2卷,孙玉庭《盐法隅说》(不分卷),周济《淮鹾问答》1卷,李济《淮鹾备要》10卷,民国胡思静《盐乘》16卷等。

(4) 在钱币方面(与冶铸史有关),有元费聚著《楮币谱》1卷,武祺《宝钞通考》8卷;明邱浚《钱法纂要》,胡我琨《钱通》32卷(专记明代钱法);清邱峻《泉刀汇纂》未分卷,张端木《钱录》12卷。

(四)军政之属

《四库全书》收4种,《四库全书存目》录2种。
主要讲养兵之制,而用兵之制见子部兵家类。

(五)法令之属

《四库全书》收2种,《四库全书存目》录5种。

(六)考工之属

《四库全书》收2种,《四库全书存目》录6种。

十四、目录类

"目录"一词,全称始见于《七略》云"尚书有青丝编目录",是指一本书的目录而言。《汉书·叙传》所说"爰著目录,略序洪烈,述《艺文志》第十"中的目录,则专指群书目录而言。西汉刘向校书时"条其篇目""录而奏之"和"别集众录,谓之别录",是指编次一书目录至编次多书目录的全过程。目录是打开科技史料宝库的钥匙,据汪辟疆《目录学研究》一书统计,从汉至明,计官出目录有60种,私家目录有77种,史家目录有14种,共151种。下面介绍几种经常用到的目录。

（一）《崇文总目》

《崇文总目》原由宋王尧臣、欧阳修等于1041年编成，66卷，收书3 445部30 669卷，分4部45类，每类有序，每书有提要。但元初已无完整本子，明清时仅有简目流传，直至1799年才由钱东垣兄弟等依据前人从《欧阳文忠公文集》《玉海》《文献通考》中辑出辑本，补充新辑与考订，成新版《崇文总目》，现有《丛书集成初编》本、《万有文库》本及《国学基本丛书》本，存虽不足二三，但对考证宋以前文化仍有重要参考价值。

（二）《四库全书总目》

乾隆三十七年（1772年），高宗弘历下令各省搜集历代及清朝人的著作，三十八年成立《四库全书》馆，开始纂修《四库全书》，经10年，于乾隆四十七年完成。最初清抄4部，分藏北京紫禁城文渊阁（现存台北）、圆明园文源阁（八国联军攻占北京时被烧毁）、奉天盛京文溯阁（今存甘肃图书馆）、承德文津阁（现存北京图书馆）4处；后又抄写3部，分藏镇江文宗阁（太平天国时烧毁）、扬州文汇阁（太平天国时烧毁）、杭州文澜阁（太平天国时烧毁一部分，后又抄补，保存比较好，现存浙江省图书馆）。这就是所谓的"四库七阁"。《四库全书》共收书3 461种79 309卷，存目书籍6 793种93 551卷，合计10 254种172 860卷。

弘历纂修《四库全书》的目的一是借此宣扬他的文治盛世；二是借此消除汉人反抗清朝统治的民族思想，凡对清朝不利的著作或销毁，或删节、窜改，以达到"寓禁于征"的目的。据不完全统计，全毁、抽毁将近3 000种书，禁毁书籍总数在10万部以上，这是古籍散佚史上又一大劫。但是《四库全书》的编纂者都是当时一些著名学者，他们所根据的底本有很多是珍贵的善本，不少为宋元刻本和旧抄本，在当时已属罕见，甚至是失传已久，经多方征集而复得，有的则是从古类书中辑录出来的，如从《永乐大典》中辑出的385种书籍，就是《四库全书》中的精华部分，并因此而得以保存下来。总之《四库全书》又起到了整理与保存文化典籍的作用。

在纂修《四库全书》期间，对采入《四库全书》和一些未采入的书籍曾分别撰写了内容提要，后来纪昀等根据弘历旨意，将这些提要汇编成《四库全书总目》（又称《四库全书总目提要》）。收入《四库全书》的古籍3 461种79 309卷；未收入《四库全书》而"存目"的有6 793种93 551卷。这些古籍基本上包括了乾隆以前中国古代的主要著作。每种著作都著录其作者、内容、版本沿革，并有简单评论，按经、史、子、集4部44类、67个子目录编排，各类前均有小序，子目后附有按语，扼要说明该类著作的流传和作用，一目了然。乾隆四十六年（1781年）完成初稿，后经修改补充，于乾隆五十八年（1793年）由武英殿刊版印行。

《四库全书总目》完成后，由于卷帙太繁，翻阅不易，纪昀等又删节提要，不录存目，编成《四库全书简明目录》20卷，最早是乾隆四十九年（1784年）由四库全书馆馆臣赵怀玉录出副本在杭州刊行。鲁迅称《四库全书简明目录》"其实是现有的、较好的书籍之批评，但须注意其批评是'钦定'的"。将《四库全书总目》和《四库全书简明目录》相互参照，对熟悉古籍和查阅古籍是很有帮助的。

从1994年到1997年，由季羡林主编的国家重点古籍整理项目《四库全书存目丛书》全部编印完成，大陆的由齐鲁书社出版，大陆以外的由台湾台南庄严文化事业有限公司出版。本丛书共收录散在国内和欧、美、日等地200余家图书馆的四库存目书4 508种，分首卷（总目），经、史、子、集4部，卷尾有索引。

民国时期编撰的《续修四库全书提要》，全称《续修四库全书总目提要》。其序云：

乾隆以后，国人著作益多，印刷亦益便利，迄今约二百年新出图书固甚多，而清末禁网稍驰，入民国禁书悉数解禁，因而纂修《四库全书》以后之新作与新发现之图书，已足够续修全书之资格……发动之者乃为日本之东方文化事业委员会，而利用日本退还我国之庚款为经费。该委员会从事此举之动机为何，吾人姑置勿论，唯至少有一点与永乐及乾隆纂修巨籍时之事实相似，即谋安抚我国文人是也……东方文化事业委员会成立于1925年，即民国十四年……观其初期所聘我国人士为研究员者，仅限于清朝遗老，其初意图固不难推测。及至一九三四年，即民国二十三年，改由桥川时雄氏主持，对人事方面，积极调整，增聘当时在平津一带的若干学者为研究员，同时并与住在华中、华南以及海外若干学者取得联系……此项修续工作，仅限于撰写提要。

东方文化事业委员会对于选撰提要之图书，定有原则三项……

原则第一项

《四库全书》编纂以前的书籍，而为《四库全书》未收者，括有细节若干如左：

（甲）佛教经典，《四库全书》原收不过数十部，与现存之佛经数相差过远；续修提要则尽量增收注解佛典之书，尤重佛经的史传与有关中国佛教史之著作。

（乙）道教书籍，《四库全书》原收仅二十部，由于道教与中国民族思想及生活均有重大关系，故在续修提要中，选择重要的道藏六百种，一一为撰提要。

（丙）明人著作，在《四库全书》编纂时多被歧视，绝鲜收入。其被收入者，辄经删改，剔除违碍文句，《续修四库全书》中特别注意明人著作，乾隆时之提要有不当之评语，亦酌予改正。

（丁）禁毁书的提要，凡在《四库全书》编纂时被列入禁书之部分图书，皆予撰写提要。

（戊）小说戏曲，在《四库全书》未被收入者，续修提要，对于现存海内外的我国著名古典小说、戏曲皆予撰写提要。

（己）有关生活技能、现实政治之书籍，特予注重。

原则第二项

《四库全书》编纂以后的书籍。

此项原则包括左列数节：

（甲）纂修《四库全书》时，生存人之著作概不收入者，现皆尽量收入。

（乙）纂修《四库全书》之时，原已印成未及发现之书籍。

（丙）纂修《四库全书》以后，迄于民国新撰之书籍。

（丁）后出之方志，为数颇多，皆尽量撰著提要。

原则第三项

虽有《四库全书》原收之书，但以后发现更好更完整之版本时，续修提要皆就原有提要改作。

基于上开三原则……据以撰著提要之图书，括有左列各方面：

（一）该会自行访购之图书据称有一九二五至一九三四年间，其所收购之图书，共费用四十万银元，此项图书当时存放于该会有关的东方文化学院，目前日本京都大学尚存有其目录，其中各州府县志达三千余种，仅次于商务印书馆涵芬楼旧藏之四千余种而全毁于一二八之役者。

（二）北平图书馆藏书。

（三）北平故宫藏书。

（四）北平各公私立学校藏书及辽宁奉天图书馆藏书。

（五）私家如北平傅增湘、天津李盛铎、长沙叶德辉、大连罗振玉、上海刘氏嘉业堂及常熟瞿氏铁琴铜剑楼等之藏书。

（六）日韩两国藏书，如日本之内阁文库等，及朝鲜李王奎章阁所藏。

（七）英法各著名博物馆及图书馆藏书，特指有关敦煌或流传海外之其他珍本。

由于上开丰富的资源……所撰提要之书多至二万部以上，嗣以战时经费不足，部分成稿尚未付油印。战后桥川氏返日，将原稿连同该会自购之书，悉数移交于我国负责接收人沈兼士，以后情形，便无法知悉。

（以上资料，引自日本京都大学人文科学研究所藏油印本）

《续修四库全书总目提要》完稿后，有正本、副本两部，抗日战争胜利后，正本留在北京，副本为日本人撤离时挟带回国。后来，王云五在台湾以副本为基础，主持重编工作。此书于1972年3月由台湾商务印书馆正式出版发行，上海图书馆购得一部。

《续修四库全书总目提要》，共分13巨册。其中第一至第十二册为正文，第十三册为附录。该书和《四库全书总目提要》相比，内容大为增加。《四库全书》原来只有10余种佛经，现将过去遗漏和新发现的佛经，全部补入；道教的书籍，过去所收也少，现增加达600多种。另外，《四库全书》编纂时规定不收当时在世作者的著作、禁书、小说和戏曲等书，也一一作了增补。《续修四库全书总目提要》对原来的内容也有很多更改、修正，如《四库全书》原收的著作，在发现了新的更好版本以后，原有提要都作了改写；明人著作中的原书错误，也多加订正。特别要提出的是，《续修四库全书总目提要》对有关生活技能和现实政治之类的书籍，非常重视，其增补内容来源较广，甚至将现存日本京都大学人文科学研究所的我国部分书目，也影印收入。总之，续编较原书在内容上有很大扩展，其新增部分较《四库全书》多达3倍之数，不失为我国古今图书书目提要之大成。

（三）私藏目录

宋代私人藏书家编制的私家藏书目录，有书目可考者在30种以上，但后来有的散亡了，流传至今最为重要的是晁公武《郡斋读书志》与陈振孙的《直斋书录解题》的辑佚本。

晁公武《郡斋读书志》是我国最早的一部附有提要的私家藏书目录(传本有淳祐九年"衢本"二十卷,淳祐十年的"袁本"四卷)共著录1 937部古籍,分经、史、子、集4部45类(袁本为43类),每类有"总论",每书之下或叙学术源流,或述作者简历,或阐书之要旨,或明学派渊源,或列不同学说并加以考证,为后人了解宋代以前各类古籍提供了方便和依据;尤其是相当数量的散佚著作现在只能凭此来了解了。

陈振孙《直斋书录解题》,是陈振孙根据他在江西、福建、浙江做官时所收购、抄录的藏书编成的,原本56卷,现在通行本是从《永乐大典》中辑录出来的,共22卷,分经、史、子、集4部53类。每书不只记书名,而是在"解题"中寥寥数语,记清古书款式版刻,或说明所得善本之经过;既记印本,亦记抄本、拓本,是该书一大特色。该书共著录古籍51 180卷,全面反映了南宋以前的图书,超过南宋官修目录《中兴馆阁书目》著录总数44 486卷。研究印刷史或考证科技典籍,会经常用到此书。

(四)科技专科书目

数学方面:近代出现了刘铎撰《古今算学书录》、丁福保编的《算学书目提要》,兼收中外数学著作。中国数学史家李俨编有《李俨所藏中国算学书目录》《明代算学书志》《近代中算者述记》等。另外还有梅文鼎《勿庵历算书目》等。

医学目录方面:以丁福保成就最突出,1918年,他编出了《历代医学书目提要》,后又与别人合编《四部总录医药编》(1955年出版)。日本丹波元胤编有《医籍考》,该书有3种译本传入中国,1956年重印改题为《中国医籍考》。《三百种医籍录》为今人贾维城编著,1982年由黑龙江科学技术出版社出版,是古医书的目录学专著,收载300多种古籍,按其名称、作者、卷数、存佚、序跋及有关考证、评论等项进行叙述。中国医科大学图书馆编有《中国医药简要目录》。

农学书目:清末王树兰和英人傅兰雅合作译编了《农务要书简要目录》。后毛雍以金陵大学为基地编写了《中国农书目录汇编》,包括了3 000种农书;陈祖规、万国鼎编写了《农业论文索引》(正、续编)(1858—1934年);北京图书馆参考研究组编有《馆藏古农书目》《馆藏林业书目》;王毓瑚编著了《中国农学书录》,1964年由农业出版社出版。

此外,还有中国科学院自然区划委员会地貌组编《中国地貌文献目录(初编)》,北京图书馆参考研究组编的《有关古建筑资料目录》《馆藏纺织工业书刊目录》,上海图书馆编《水利工程参考资料目录》等。

西学方面:王韬编辑一部传录体的专载翻译西学的书目《泰西著述考》,以92名传教士为目,介绍了自明末利玛窦起至清初诸来华传教士所著译的书210种;梁启超编有《西学书目表》,共列400种西书,"区别门类,识别优劣,笔记百余条,专言西学源流门径,有志经世之学者不可以不读"。《西学书目表》共分"西学"、"政学"、杂类三大类(注意不列宗教),其中"西学"类与科学史(西学东渐史)关系尤为密切,包括算学、重学、电学、化学、声学、光学、汽学、天学、地学、全体学、动植物学、医学、图学等十三目,是研究近代西方科学在中国传播的重要书目(最后附有《读西学书法》)。

1902年梁启超编成《东籍月旦》书目,内有日人著述,西方图书日译本内有中译本者都注明。还有1899年徐惟则的《东西学书录》(1902年顾燮光为此书做过增订);1903年沈兆伟的《新学书目提要》,1905年顾燮光的《译书经眼录》及1909年陈洙的《江南制造局译书提要》等;1935年徐宗泽的《明清间耶稣会士译著提要》等。

查阅书目,要注意科技著作的流传情况;注意未刊稿本和罕见刊本;注意藏书家对所藏珍本书的题跋,如明代贝琳的《七政推步》今存,但贝琳的情况不详,而题跋中则有贝琳的情况。类似的例子有很多。

第三章　子部——中国古代科技文献荟萃之部

　　中国古代子部书籍产生于春秋战国时期。在社会政治、经济和文化急剧变革中，春秋战国时期各派学术思想极其活跃，形成了百家争鸣的局面，许多思想家四方游说、著书立说，逐渐形成了不同的学术思想流派，后世将这些思想流派的代表人物称为"某子"。先秦诸子之书大都是一个学派著作的总集，他们的学说最初是以语录、演说或单篇文章的形式流传于世，后来多经汉代学者编纂整理，才成为"某子"专著的。其中各篇不一定都是"某子"个人作品，而是以"某子"为主的一派学说总结。

　　子部书籍是以先秦各派学说思想体系为主的所谓九流十家组成。魏晋以来，子部书籍的范围不断扩大，数量不断增多。南朝宋王俭编《七志》时，第二项列为诸子类，著录所谓"古今诸子"；梁阮孝绪撰《七录》第三项列"子兵书"，著录子书与兵书。《隋书·经籍志》专列子部成为四部书的重要组成部分，著录诸子合853部6 437卷；新增天文、历数、五行、医方（《汉书·艺文志》有农家），部数如下：

天文	97部	675卷；
历数	100部	263卷；
五行	272部	1 022卷；
医方	256部	4 510卷。

其他各部类情况如下：

儒家	62部	530卷；
道家	78部	525卷；
法家	6部	72卷；
名家	4部	7卷；
墨家	3部	17卷；
纵横家	2部	6卷；
杂家	97部	2 772卷；
农家	5部	19卷；
小说家	25部	158卷；
兵家	133部	612卷。

　　《四库全书》收录子部14类（包括类书类）2 984部；《贩书偶记》及续编收凡3 259种，共计6 243部；《续修四库全书总目提要·子部》收录《续修四库全书》子部儒家、道家、兵家、法家、农家、医家、天文算法、术数、艺术、谱录、杂家、类书、小说家、宗教、西学译著15

类,共计1 640种古籍撰写的图书提要。现存子部书籍正文共37册,索引1册。这是我国古代科技文献(尤其是医农天算各种)荟萃之处,若能驰骋于子部之间,撷其精华,融会贯通,则必将在科学技术史料上获得丰收。

子部共分儒家、兵家、法家、农家、医家、天文算法、术数、艺术、谱录、杂家、类书、小说家、释家、道家等14类,以儒家为首。

一、儒家类

今天我们讲的儒家、法家和"文化大革命"中讲的儒家、法家不同。"文化大革命"中把荀子列为法家,并把凡有科学著作的都称为法家,这是不科学的,实际上荀子为儒家代表。

先秦儒家由孔子肇其端,孟子、荀子接其绪。孔子与孟子著作已列入经部"四书五经"类,而荀子著作列入子部儒家类。这里的子部儒家类与经部的儒家经典不同,经部儒家讲儒家经典,而子部儒家讲儒学或儒家的哲学思想。《四库全书》共收112部1 694卷。

(一)儒学

(1) 先秦唯物主义哲学集大成者荀况所著《荀子》,"大旨在劝学,而其学主于修礼,徒以恐人恃质而废学,故激为性恶之说"。全书共32篇,其中《大略》《宥坐》等最后6篇,或系门人弟子所记。该书总结和发展了先秦哲学思想。阐述自然观的,主要有《天论》。在天道观上,把"天"释为自然界,有其自身规律,不以人的愿望为转移,提出了天人相分、人定胜天的观点。阐述认识论的主要有《解蔽》。在认识上,提出唯物主义的世界可知论,强调"物理可知",即主客观接触才能构成认识。阐述逻辑思想的主要有《正名》。逻辑思想着重演绎推理的运用,反对诡辩学说,强调名实相符。阐述伦理思想的有《性恶》《礼论》《王霸》《王制》等。在人性论问题上,宣扬性恶说,强调礼的"化性"作用,重视社会环境的教育改造作用。《非十二子》是对先秦各学派的一个批判性总结。

《成相》《赋篇》在文学史上有一定地位。

技术史料举例:"刑范正,金锡美,工冶巧,火齐得。"这是较早的铸造工艺记载。

荀况是先秦唯物主义哲学之集大成者。《荀子》版本较多,清王先谦的《荀子集解》,安雅堂刻本是最佳本,还有《诸子集成》本,也好查找。

(2) 汉桓宽《盐铁论》10卷60篇。

"汉昭帝始元六年,郡国举贤良文学之士与桑弘羊等议盐铁榷酤事,所论皆食货之政,而列于儒家者,政事文学皆会面者之能事也。"这是记公元前81年汉昭帝时盐铁会议的文献。既然"问以民所疾苦教化之要",贤良文学从反对盐铁官营、均输、平准开始,对政府的政策进行了全面的批评,并和御史大夫桑弘羊等反复辩论,内容涉及政治、经济、军事、文化等各个方面。《盐铁论》记述了双方的论点,为研究当时社会矛盾、思想斗争和桑弘羊的思想保存了丰富的资料。

从"一杯棬用百人之力,一屏风就万人之功"(《盐铁论·散不足》)可知,汉代漆器制作已有相当细致的分工,并有出土文物所印证。

(3)汉贾谊《新书》10卷,为西汉贾谊(前200—前168年)的政论著作。贾谊继承老子和荀子的唯物主义思想,对"道"多新阐发:"道者无形,平和而神","道若川谷之水,其出无已,其行无止","应变无极";把"道"具体运用于治国,对汉初统治者建议各项治安政策,主张在政治上"去就有序,变化因时",以达"旷日长久而社稷安矣"的目的(《过秦论》)。书中提出"民无不为本""民无不为命"命题,认为"自古至于今,与民为雠者,有迟有速,而民必胜之"(《大政上》)。贾谊否认人格神与造物主,承认天地万物由阴阳二气自然产生,周流不息,变化无穷。

(4)汉扬雄《法言》10卷,模拟《论语》体裁写成,包括《学行》《吾子》《修身》《问道》《问神》《问明》《寡见》《五百》《先知》《重黎》《渊骞》《君子》《孝至》13篇,全书尊圣人、谈王道,以儒家传统思想为中心。认为"老子之言道德,吾有取焉耳;及搥提仁义,绝灭礼学,吾无取焉耳"(《问道》)。但又提出"有生者必有死,有始者必有终,自然之道也",具有无神论倾向。提倡"学以治之,思以精之","多闻则守之以约,多见则守之以卓;寡闻则无约也,寡见则无卓也"(《吾子》),反映了扬雄唯心主义体系中的唯物主义倾向。有宋刻大字本、《刘申述遗书》排印本、《诸子集成》本等。

(5)东汉桓谭《新论》29篇。桓谭(公元前23?—56年),沛国相人,博学多道,精天文,主浑天说,任掌乐大夫、议郎给事中。光武帝信谶纬,桓谭认为谶纬之事是"奇怪虚诞之事",并曾当着光武帝的面"极言谶之非经"。他还指出:"天非故为作也"(《新论·祛蔽篇》),"灾异变怪者,天下所常有,无世而不然"(《新论·谴非篇》),反对天有意志、有目的,反对"天人感应"理论,对流行已久的神学目的论提出了挑战。在哲学上的主要贡献是阐述形神关系,以"烛火喻形神",指出"精神居形体,犹火之然(燃)烛矣,善扶持随火而侧之,可勿灭,而竟烛,烛无,火亦不能独行于虚空";他又认为"生之有长,长之有老,老之有死,若四时之代谢矣"(《新论·形神篇》),把人的生死现象看成一种自然现象,人的主观愿望无法改变之。桓谭的思想对后来的无神论思想有很大的影响。

唐以后,此书遗佚,清严可均辑有《桓子新论》4卷,清湖北黄冈王毓藻刻本,另有《全上古三代秦汉三国六朝文》本。

科技史料举例:书中关于畜力、水力碓的记载很重要,如"因延力借身重以践碓,而力十倍。杵舂又复设机关,用驴、骡、牛、马及役水而舂,其利乃且百倍"。水碓的发明,表明人对自然的利用和机械技术的重大进步。

(6)隋王通(584—618年)《中说》(又名《文中子》)10卷,为其子福郊、福畤记述父亲的语录,文体模拟《论语》,反对"执古御今",强调"知之者不如行之者",但又说"行之者不如安之者"，有保守的一面，崇尚儒家思想；在认识论方面，主张"居近识远，处今知古"。曾提出过儒、佛、道"三教于是乎可一矣"的主张，企图从理论上调和三教。见《四部备要》本。

宋代产生了许多学术思想和哲学著作(理论)，仅宋儒理学就有濂、洛、关、闽四派。

(7) 濂溪周敦颐《周子通书》(为后人所编)，实际著作《太极图说》《通书》等。

周敦颐(1017—1073年)，号濂溪先生，继承《易传》和部分道家以及道教思想，提出一个简单而有系统的宇宙构成论，说"无极而太极"，"太极"一动一静，产生阴阳万物，"万物生生而变化无穷焉，惟人也得其秀而最灵"(《太极图说》)，圣人又模仿"太极"建立"人极"。"人极"即"诚"，"诚"是"纯粹至善"的"五常之本，百行之源也"，是道德的最高境界。只有通过主静无欲，才能达到这一境界。他的学说对后来的理学发展影响很大，"动而无静，静而无动，物也；动而无动，静而无静，神也"，神就是精神性的"太极"。在人性论上提出善、恶、中三种类型。

(8) 洛阳程颢、程颐《二程全书》。他俩都学于周敦颐，同为北宋理学奠基者，提出"天者理也""只心便是天，尽之便知性"命题，认为知识真理的来源，只是内在于人的心中，"当处便认取，更不可外求"(《遗书》卷二上)，为学以"识仁"为主。认为"仁者浑然与物同体，义礼知信皆仁也"，识得此理，便须"以诚敬存之"。后为朱熹继承和发展，对后来的科学技术发展稍有消极作用。在宇宙观上，提出以"理"作为世界万物的本体，它是自然界最高原则，也是社会的最高原则。认为"理"能生万物，又能统辖万物，"理"在"气"先。在认识论上提倡"格物致知"，认为"格物"即穷究物理，但不是明物之理，而是明心之理，反对闻见之知，轻视感性知识，注重内心道德修养。《二程全书》由朱熹编纂而成，有《四部备要》本，中华书局《二程集》本(1981)。

(9) 关中张载《张子全书》。张载提出"太虚即气"的学说，肯定"气"是充塞宇宙的实体，由于"气"的聚散变化，形成事物各种现象。批判了佛、道两家关于"空""无"观点。并说"造化所成，无一物相肖者。以是知万物虽多，其实一物，无无阴阳者；以是知天地变化，二端而已"。猜想到事物对立统一的某些原理。他认为"有反斯有仇，仇必和而解"，倾向于矛盾的调和。他的哲学中的唯物主义部分对明清之际王夫之有很大影响，并为其继承和发展。

(10) 福建朱熹《朱子全书》，继承发展二程学说(理气)，集理学之大成，建立了一个完整的客观唯心主义理学体系，世称程朱学派(理学)。他一方面强调"理"和"气"不能分离，但断言"理在先，气在后"，"有是理便有是气，但理是本"，还指出"天理"和"人欲"的对立，要求人们放弃人欲而服从天理。他吸收了当时的科学成果，提出了对自然界变化的某些见解，如关于阴阳二气的宇宙演化学说，从高山螺蚌壳的残留物中论证海陆变迁等，具有进步意义。

另：南宋陆九渊有《象山先生全集》，明王守仁有《王文成公全集》。

此外，《宋元学案》《明儒学案》以及《清儒学案小识》《汉学师承记》《宋学渊源记》等都有一定的参考价值，可查其师承关系、交游、学说宗旨。明末清初黄宗羲等编《宋元学案》100卷,其子黄百家作注;在张载论天文学一项内,黄百家引用了哥白尼学说,是一项很重要的科技资料,也是不可多得的一项发明。

关于子书汇编有:

《百子全书》收101种,508卷,光绪年间湖北崇文书局刊行。

《诸子集成》收28种,世界书局刊行。

(二) 小学

这里小学与经部小学不同,主要论教育思想、教育方针等。这类书很多,一般来说科技史料不多,但相传为朱熹所著的《象山图书》(经《永乐大典》录出)有科学史料,而此书并未收入《朱子全书》。元程端礼《读书分年日程》3卷,《元史·儒家传》称端礼有"读书工程",国子监尝以颁郡县,可见当时的教育制度和教育计划。

(三) 家训

讲修身齐家、明哲保身的一类书,著名的有:北齐颜之推《颜氏家训》、朱伯庐《治家格言》等,大都是讲封建道德之类内容。

(四) 札记

札记为儒家的零星著作。

二、兵家类

《四库全书》收兵家类20部,153卷。

早期兵家类著作包括两部分,一是战略战术、军事思想;二为兵器部分,至为重要。"大抵生聚训练之术,权谋运用之宜而已",主要是讲战略技术的,但每每涉及天文、地理、计算方面知识。主要有《武经七书》等早期兵书和宋以后的一些著作。

从宋代到明代,战争频繁,许多学者都喜欢谈兵,这是兵书撰辑的鼎盛时期。据陆达节1949年统计,我国历代共撰兵书805部,宋明两代就有372部,几近半数[①],但多数毁于战火和清朝禁书政策。

①《中国兵学现存书目》(1949年),转引自《中国科技史料》1984年第1期。

1.《孙子》

或称《孙子兵法》，周孙武作，3卷，是最古兵家书。《史记·孙子吴起列传》载孙武以兵法见吴王阖闾，阖闾说"子之十三篇，吾尽观之矣"，今存本13篇：始计、作战、谋攻、军形、兵势、虚实、军争、九变、行军、地形、九地、火攻、用间等。总结了春秋末期及其以前的作战经验，揭示了战争的一些重要规律，如"知己知彼，百战不殆"，包括了朴素的唯物论和辩证法，历来被称为"兵经"，深受国内外推崇，早期有曹操、杜佑等11家注本，也有英、日、俄、法、德、捷等译本。

2.《吴子》

吴起与魏文侯、魏武侯论点兵之书，相传原有48篇，今存有图国、料敌、治兵、论将、应变、励士6篇。

3.《司马法》

隋唐《经籍志》误为司马穰苴著，据《史记》称，战国时齐威王命大夫整理古司马兵法，而把穰苴法附其中，定名《司马穰苴兵法》。据《汉书·艺文志》载，《司马法》共150篇，今本仅存5篇：仁本、天子之义、定爵、严位、用众。

4.《尉缭子》

传为战国尉缭撰，《汉书·艺文志》兵形势家有《尉缭》30篇，今本5卷24篇：天官、兵谈、制谈、战威、攻权、守权、十二陵、武议、将理、原官、治本、战权、重刑令、伍制令、分塞令、束伍令、经卒令、勒卒令、将令、踵军令、兵教上、兵教下、兵令上、兵令下。

5.《黄石公三略》

黄石公，又称圯上老人。相传张良刺秦始皇失败后，逃亡下邳（今江苏睢宁北），遇一老人立于圯（桥）上，授张良《太公兵法》，自称："十三年孺子见我济北，谷城山下黄石即我矣。"13年后，张良从汉高祖，过济北，果在谷城山下得黄石。良死，遂与石合葬。见《史记·留侯世家》。后世流传有兵书《黄石公三略》3卷（始见《隋书·经籍志》），有"柔能制刚，弱能制强"之语，或汉武帝援引此书，或此书抄袭汉诏，不详。

6.《六韬》

相传为周代吕望（姜太公）作，经后人研究，有人认为是战国时作品，现存6卷，即文韬、武韬、龙韬、虎韬、豹韬、犬韬。

7.《李卫公问对》

又称《唐李问对》，此书是李靖和唐太宗用兵的问答记录。全书3卷，主要谈奇正、攻守、主客等问题。

以上古称《武经七书》。

8.《太白阴经》

唐李筌著，原为10卷（今本8卷，缺《阴阳总序》《天地无阴阳》），分人谋、杂议、战攻具、预备、阵图、祭文、捷书、药方、杂占、杂式等10门1部,是比较全面的记载军队武器装备状况的兵书。① 从中可以看出当时已按照军队编制单位的级别和作战任务,配备不同规格和数量的装备,如车兵使用的各类战车,步兵使用的矛、戟等格斗兵刃,大楯、拒马等防护、设障器材,飞桥、飞江等济渡器材,反映了当时车战武器装备的内容与特点。该书本于君主昌明、国家富强、内外兼修之旨,论次军事攻守战取之法,颇有朴素唯物论和辩证法因素。其中所记的一定编制的部队和士兵所配备的兵器数量和品种,可使我们了解冷兵器时代的军事工程技术,具有重要的文献价值。有《墨海金壶》本、《守山阁丛书》本。《四库全书》收录8卷本,系为后人合并。

9.《虎钤经》

宋许洞撰,20卷,共210篇。内容主要是发挥《孙子兵法》与《太白阴经》的观点,大部分是汇集旧文,加上他的看法,其中仅前10卷论述实际用兵问题,其余多近于迷信。

10.《武经总要》

北宋官修,曾公亮主编,凡40卷,分前、后集各20卷。前集论述军事组织、军事制度、步骑兵教练、行军、营阵、战略、战术、武器的制造和使用、边防地理。其营阵、武器两部分附有大量插图。后集辑录了历代用兵故事,论述阴阳占候。该书保存了不少军事史资料。《四库全书》本图像失真,文字亦多窜改,前集最好参考中华书局影印的明正德间刊本。

该书在天象中记录了当时由西域传入的黄道十二宫知识,在定向中有指南鱼的发明,还有火药配方、风箱的使用等都可从这部兵书中找到资料。该书全面而系统地记载了军事器材,绘有图形,包括各类冷兵器、军事筑城守城器具、战车战船制作等;书中还记载了我国最早使用的3个完整的火药配方,以及最早用于实战的火器(火球类与火箭类)的制造技术和使用技术。

11.《守城录》

南宋陈规、汤璹著,共4卷。记有抛石机、对楼鹅车、天桥等。

12.《武备志》

明茅元仪辑,240卷。编者广采历代有关军事书籍2 000余种,辑为此书,完成于天启元年(1621年)。共分5部分:

① "兵诀评"18卷,辑《孙子》《吴子》等9家兵书;

② "战略考"33卷,辑历代用兵得失,起自春秋,迄于元代;

③ "阵练制"41卷,辑历代阵图,教练将士、训习刀枪拳棒技艺等法;

④ "军资乘"55卷,辑立营、行军、旌旗、军械、战船、火器、屯田、水利、河漕、海运、医药、马匹等事;

⑤ "占度载"93卷,分为占和度两部分。辑阴阳占卜、记载兵要地志,分方舆、镇戍、

---

① 《太白阴经》现存10卷,分人谋上、人谋下、杂仪类、战具篇、预备、阵图、祭文类、杂占、遁甲及未命名的卷10。——整理者

海防、江防、四夷、航海6类。

各部分均绘有图说,包括军事、体育、交通、科学等史料颇富。如"论航海"部分,闻名于世的《郑和航海图》赫然在焉,一个多世纪以来国内外多少学者都在采用这幅15世纪沟通中外的蓝图。《四库全书》收有明唐顺之《武编》10卷,而无《武备志》,实乃憾事。

13.《练兵实纪》

明戚继光撰,共9卷,《杂集》6卷,为戚继光在苏州、昌平、保定三镇练兵事。《正集》9卷,分练伍法、练胆气、练耳目、练手足、练营阵、练将6篇。《杂集》6卷,分储练通论、将官到任宝鉴、登坛口授、军器解、车步骑营阵解5篇。其法皆于北方边防实用,故称实纪。此书和《纪效新书》都是戚氏练兵和作战实际经验的总结性著作。

14.《百战奇法》

明刘基(1311—1375年)撰。该书收秦至五代散见于史籍的作战史料,依照作战双方的实力,详加论述,并对古代战例史料来源、起因、结果详加注释,囊括古代战略战术史例,是研究古代军事史的重要参考资料,其中步、骑、舟、车、攻、守等专题科技史料较多。

此外还有以下西学传入后的作品。

15.《西法神机》

明孙元化撰,2卷。

16.《火攻挈要》

明汤若望口授,焦勖纂,系统总结了明末火器技术,又引进了西方火器制造的方法,如大型火炮的模铸法,攻、守各铳尺寸比例及铸法,还包括西方的科学知识,如冶铸、机械、化学、力学、射角与射程的关系等。

17.《兵录》

明何汝宾撰。

以上三书已非冷兵器,而是火器了。这几部译作或编译之作的出现与流传,反映了西方科技也在这一时期传入我国,并逐步受到重视。

18.《筹海图编》

明郑若曾辑录,共13卷,其中卷2详述了中日交流的历史,对倭寇入侵的路线、舰船等及海防图的记载非常重要。

19.《揭子兵法》

原名《揭子兵经》《兵经百篇》或《兵法百言》,明揭暄著。

明代在军事技术方面的专著明显增多,尤其是嘉靖以后,这是由当时战争需要所决定的,其中价值较高、流传较广、影响较大的有《筹海图编》《纪效新书》《练兵实纪》《阵纪》《武编》《登坛必究》《神器谱》《兵录》《武备志》等10余种。这些著作详细记载了射远兵器、长杆枪斗兵器、短柄卫体兵器、防护器具、燃烧性火器、爆炸性火器、管形火器、火箭、火炮、枪炮的形制、制法,在大量使用火器装备情况下的军事筑城和战船建造,兵器所用优质钢材的冶炼工艺、火药配制规程等。标志着火器和冷兵器并用时代的军事技术发展至成熟阶段。《武备志》和《百战奇法》是其中的代表作。

清代军事技术相对西方明显落后。《武备志略》《武备辑要》等兵书,基本上是明末军事著作有所选择的复述与翻版,没有多少新的内容。鸦片战争以后,魏源、丁拱辰、龚振麟深感枪械的陈旧与落后,在"师夷之长技以制夷"的口号下,采用新法,取得了一定的成效,所撰著作有《演炮图说辑要》《铸炮铁模图说》《西洋自来火铳制法》《地雷图说》,以上均收入魏源《海国图志》卷84—93;此外,曾国藩、李鸿章、左宗棠等在建立新型军事工业,做西式枪炮舰船的同时,倡导大量翻译西方军事技术新书,有《克虏伯砲图说》《水雷秘要》《兵船汽机》等五六十种;此外还有徐建寅编著的《兵学新书》、聂士成组织人员编写的《淮军武毅各军课程》等。

明以前我国火器和军事技术可见中国科学技术大学李斌、徐新照两人的博士学位论文。

三、法家类

系反映法家思想和法医学思想的著作。

这一类包括法家著作和刑法、刑侦和法医著作,《四库全书》仅收8部94卷,是子部各类书中收书最少的一类,其实还有很多刑法和法医著作未收。

司马迁认为法家是先秦时期主张"不别亲疏,不殊贵贱,一断于法"的学派。这个学派的思想渊源可上溯到春秋时期的管仲、邓析、子产等人;至战国初年,李悝、吴起开始刻意强调法制;稍后,慎到重势,申不害用术,商鞅明法,《管子》学派开始礼法并举。这些指归基本相同的学说,被战国末年的韩非整合成了一个较严密的思想体系。他们的进步之处是以耕作代替祭祀,强调农耕,所谓"国之所以兴者,农战也"。使国家大事从传统的戎马与祭祀转化为耕与战。无论是发展农业生产,还是应对战争,都必须认识自然,研究天地奥妙,沉思天人关系,勤谨行事,治理水土,讲求器械作业等。他们既热衷于社会管理,也不忽视过问自然。因此,与儒家相比,法家则比较注重科学技术。法家所运用的审理事理的方法,也有助于发现前人所未曾发现、思考的问题,作出了一些前所未有的新贡献。然而他们以耕战为准则的价值观,又难免使科学思想受囿一方,也有很大的局限性。

先秦法家著作不多,据《汉书·艺文志》记载,有李悝的《李子》、商鞅的《商君》(即《商君书》)、申不害的《申子》、处子的《处子》、慎到的《慎子》和韩非的《韩非子》6部等。其中《处子》已亡;《李子》亦佚,仅有辑佚本;《商君书》《申子》和《慎子》均残缺不全;完整的仅有《韩非子》以及管仲及其学派的《管子》(相当于众人文集)。

(一)《韩非子》

战国韩非(公元前280？—前233年)著,20卷55篇。

韩非是韩国公子,与李斯同师事荀卿,喜欢刑名法术之学,曾多次上书谏韩王安修明法度,未见行用。然其著作传入秦国,得到秦王赏识,后出使秦国,得见秦王,最后遭姚贾、李斯谗害,入狱自杀。

韩非吸收了管仲、子产、商鞅、申不害、慎到等法家学说,又从"道"和"理"的关系上发展了荀况的观点,提出以法为主,法、术、势三者结合的政治理论,集法家思想之大成。《韩非子》55篇中,以《五蠹》《定法》《显学》《解老》等为代表作。

韩非的法治理论:一是提出了"抱法处势则治",其核心是加强君主集权,造成"事在四方,要在中央,圣人执要,四方来效"的政治局面。二是主张厉行赏罚,并要把握几个要点:① 信赏必罚,"刑过不避大臣,赏善不遗匹夫"(《有度》),"诚有功则虽疏贱必赏,诚有过则虽近爱必诛"(《主道》);② 厚赏重罚,他认为人皆欲利恶害,"赏厚则所欲之得也疾,罚重则所恶之禁也急……是故欲治甚者,其赏必厚矣。其恶乱甚者,其罚必重矣";③ "立可为之赏","设可避之罚"。三是为了富国强兵,必须奖励耕战,凡不利于耕战者都是乱亡之道。要求提高耕战者的社会地位,而把不从事耕战者一律斥之为社会害虫,即"五蠹",并要"除此五蠹之民";还尖锐地指出:"儒以文乱法,而侠以武犯禁",为此必须加强思想统治,定法家于一尊,禁止法家以外的一切学术活动;要求"以法为教""以吏为师",使"境内之民,其言谈者必轨于法"。按此观点,如果法家占统治地位,将会出现类似"罢黜百家、独尊法术"的局面。过于强调法治而忽视德治,是有片面性的,完全按法家思想治国,往往国家是短命的。四是在人才选拔上,主张蠲除私门势力,选拔"法术之士",使"宰相必起于州部,猛将必发于卒伍"(《显学》),以上这些主张基本上被秦始皇和李斯所采。

在认识论上,韩非认为人的认识能力是人类自然属性之一,人的感受和思维必须依赖天生的感觉器官,强调用"参验"的方法来验证人的认识,并把它归结为刑名法术之学;他还注意到事物的矛盾性,强调对立矛盾不可调和,提出"杂反之学不两立而治"。此外,书中还提出"人民众而货财寡"是社会动乱的原因,可看出人口增长过快会引起社会问题。

韩非认为"明君之所以立功成名者四:一曰天时,二曰人心,三曰技能,四曰势位","得势位则不推进而名成",因为"千钧得船则浮,锱铢失船则沉,非千钧轻、锱铢重也,有势之与无势也"。(《功名》)

(二)《管子》中的科技知识

《管子》作者托名管仲,其实并非管仲原著,也非成于一时一人之手,而是战国至西汉一批学者的论文汇编。其中绝大部分是战国时代的作品。其中《牧民》《形势》《权修》

和《乘马》等篇存有管仲遗说,大、中、小匡记有管仲遗事,而《轻重》诸篇则是汉人附益的赝品。《管子》书不但时间跨度大,而且内容广杂。因此对于《管子》学派的归属问题,各学者意见就不统一了。《汉书·艺文志》将它归入道家,《隋书·经籍志》、新旧《唐书·经籍志》将它列入法家,《周氏涉笔》则将它划入杂家。还有学者把这个学派称为"齐法家"。

管仲(? —前645年),名夷吾,字仲,谥曰敬,因此又称管敬仲,春秋时期颍上(今安徽颍上县)人。他相齐达40年(前685—前645),辅佐齐桓公改革内政,发展生产,很快收到"通货积财,富国兵强"(《国语·齐语》)的效果;使齐国"九合诸侯,一匡天下"(《史记》),成为春秋时期第一个霸主。他是春秋时期著名的政治家、军事家、经济家和思想家,为推动齐国的发展,在各领域都有重大的改革和建树。管仲及其学派的思想主要反映在《管子》一书中,内容涉及哲学、政治、法治、伦理、教育、军事、经济乃至科学技术、乐律、民俗等。下面着重介绍与科学技术有关的内容。

1. 奖励科学技术的政策

管仲及其学派的治国思想中,包括"仓廪实则知礼节,衣食足则知荣辱"(《管子·牧民》)的进步观点,认为人们的道德情操决定于人们的物质生活状况,把"富国而粟多"作为立国的根本,十分重视农业和工商业的发展,以及与农业、手工业关系密切的科学技术的发展,明确提出奖励科学技术的政策:"民之能明于农事者""能蓄育六畜者""能树艺者""能树瓜瓠荤菜百果使蕃衰者""能已民疾病者""知时,曰'岁且阸',曰'某谷不登',曰'某谷丰者'""通于蚕桑,使蚕不疾病者",都"置之黄金一斤,直食八石""谨听其言而藏之官,使师旅之事无所与"(《管子·山权数》)。奖励范围包括农业、畜牧业、林业、园艺、医学、蚕桑、岁年丰歉预测等7个方面,奖金为"黄金一斤"或相当于黄金一斤的粮食八石,还要免除他们的兵役,并把他们的经验记录下来由政府保存。像这样全面而具体的奖励科学技术的政策,在我国古代历史上是很罕见的,无疑,对科学技术的发展有着重大的促进作用。

2.《管子》中水为万物本源的思想

关于宇宙本原问题,《管子》中提出了3个范畴,即"道""水""精气",继承了《老子》中"道"的思想,新提出了精气说和水为万物本原的思想。但道、精气、水3个范畴并不是同层次的并列关系,也不是3种宇宙观的杂凑。精气从其本原考查,与"道"是互通的,要遵从道,并归本于道。这里集中讨论水为万物本原的思想。《管子·水地》一开始虽然说到"地者,万物之本原,诸生之根菀也,美恶、贤不肖、愚俊之所生也",但同时又认为"水者,地之血气,如筋脉之通流者也,故曰:'水,具材也'",即认为水是更基本、更重要的东西。而《水地》篇主要是论证水为万物之本原,并明确推出结论:"是故具者何也? 水是也。万物莫不以生,唯知其托者能为之正。具者,水是也,故曰:水者何也? 万物之本原也,诸生之宗室也,美恶、贤不肖、愚俊之所产也。"管仲学派指出的水是万物本原的思想,在先秦乃至整个中国古代自然观中都是颇具特色的。因为中国古人大都是用无形之物作为宇宙本原的,无论是老子的"道",还是"气"等,均为无形之物,这种传统几乎贯穿整个中国古代的自然观,而管仲学派提出的水为万物本原的思想,则用一种具体有形之物去说明宇宙的本原,无疑是一个创造。虽然其中包含不少牵强附会的东西,但毕竟是对宇宙统一性的最初认识,可惜这种宇宙本原的思想在后世没有得到继承和发展。

3.《管子·地员篇》是一篇专门论述土壤与植被关系的论文

管仲学派根据土壤的质地、结构、盐碱度、肥力、植被、水文、地形等多种因素把"九州之土"分成上中下三等18类90种;又把平原、丘陵、山地等特种地域的土壤分成20种,程度不同地叙述了各种土壤所宜种植或养殖的谷物、木草、果品及至渔牧业,并对其自然生产力作了比较,是中国最古老的有关生态植物学的著作。《地员篇》中不但将一个山地按高度不同,从上到下分成5个部分,而且分别列出每个部分所宜生长的两种草类和一种树木的名称,体现了对山地植物垂直分布的最早认识。经研究,这种分布规律与现在华北地区山地植物分布基本相符;而且书中还列举了12种植物与分布环境关系的典型例子:"凡草土之道,各有谷造。或高或下,各有草土。叶下于蘤,蘤下于苋,苋下于蒲,蒲下于苇,苇下于蒮,蒮下于蒌,蒌下于荓,荓下于萧,萧下于薜,薜下于萑,萑下于茅,凡彼草物,有十二衰,各有所归。"据此,可以绘出这12种植物在不同地势中的分布示意图(见图3-1),直观地说明了它们分别属于水生植物、湿生植物、中生植物、旱生植物及其在不同地势环境中的分布特点。这是古人对植物生长与地理环境(包括水分)之间存在关系作了深入观察的结果。

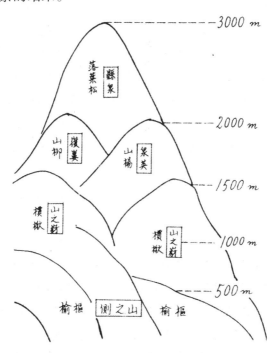

图3-1 《管子·地员篇》关于小地区内植物垂直分布规律示意图
(夏纬瑛《管子地员篇校释》)

4. 找矿经验的总结

我国自古以来就是一个矿业发达的国家,先秦文化典籍中,已明确记载了当时已知的铜、铁、铅、锡、金、银、汞等矿产的分布情况,反映了当时人们已经积累了相当丰富的找矿经验。《管子》就是记载有关这些找矿经验的典籍之一。

《地数篇》说:"出铜之山四百六十七山,出铁之山三千六百九山"。这些数字虽然不一定准确,但也反映了由于铜铁冶炼事业的发展,人们对这两种重要金属地区分布的重视,而且指出了铁矿多于铜矿却是合乎实际的。《山海经·五藏山经》中记载了矿物89种,其中有金属矿、非金属矿、各种玉、怪石和各色垩土等。从大量的找矿实践中,人们总结出了矿苗与矿物之间的共生关系。《地数篇》记载:"山,上有赭者,其下有铁;上有铅者,其下有银";"上有丹砂者下有黄金,上有慈石者下有铜金,上有陵石者下有铅锡赤铜,上有赭者下有铁,此山之见荣者也。"这里的"荣",是"以草木之华喻矿藏之矿苗也"[①]。"山之见荣"就是矿山上矿苗的露头。现代矿物学证实:赭即赭石,多种铁矿石表面风化而成赭石;铅银矿共生现象是常见的;磁铁矿(慈石)与铜矿的上下关系,在某些矿床中是存在的;上有绿石下有铅锡的现象则更为普遍。至于"上有丹砂者下有黄金",这里的"黄金"实指黄铜矿,丹砂和黄铜矿都是硫化矿,可能共生。可见《地数篇》记载的一些矿物共生现象,大体符合现代矿床学的理论,是当时人们在寻矿和采矿实践中的经验总结,对当时找矿具有指导作用。

5. 音律学知识及其他

音律学是研究音阶中每个音的音高规律的科学,是一门包含物理学中的声学、音乐中的音响学和一部分计量学的综合学科。早在西周时期我国的音律知识就非常精致,已经确定了在一个音阶中定出12个标准音,即十二律,再从十二律中选择5个或7个音组成一个音阶的乐制。《管子》在音律学上的主要贡献,在于它第一次明确地说明了求宫(do)、商(re)、角(mi)、徵(sol)、羽(la)五音的方法。《地员篇》说:"凡将起五音,凡首,先立一而三之,四开以合九九,以是生黄钟小素之首以成宫;三分而益之以一,为百有八,为徵;不无有三分而去其乘,适足,以是生商;有三分而复于其所,以是成羽;有三分去其乘,适足,以是成角。"意思是说:定五音音调,先一分为三,经过四次推衍,即1分为3,3分为9,9分为27,27分为81,得出五音之本黄钟宫音的弦(或管)长;81再加它的三分之一,即108为徵音的弦(或管)长;108减去它的三分之一,即72为商音的弦(或管)长;72加它的三分之一,即96为羽音的弦(或管)长;96减去它的三分之一,即64为角音的弦(或管)长。这种以一条被定为基音的弦(或管)的长度为准,把它三等分,然后再减一分或加一分以定另一个音的弦(或管)的长度的方法,就是我国音律学上著名的"三分损益法"。它的出现表明早在春秋战国时期,我国人民已经从实践中总结出乐器的弦(或管)的长短同音高间的反比关系,是我国古代音律学的杰出成就,也是我国古代物理学应用数学计算的最早例证之一。"三分损益法"出现以后,在我国一直沿用了2 000年左右。

除上述各门学科的知识外,《管子》还记载了很多其他的科学知识。例如,在天文方面,《幼官篇》记载了以12天为一节气时段、分全年为30节气的新历法;在地图方面,《地

---

① 郭沫若等:《管子集校》下册,科学出版社,1956,第1147页。

图篇》强调了地图在军事上的重要意义,并反映了当时地图上表示的一系列重要的地形、地物,等等。所有这些,对于我国科学技术的发展,都作出了不同程度的贡献。

四、农家类

中国是世界最早的农业文明古国之一,农学著作极其丰富。早在先秦"六国"时就有《神农》20篇、《野志》17篇,然而在唐之前就失传了。目前所能见到的先秦农业文献主要有三类。一是讲农业技术,《吕氏春秋》中有《上农》《任地》《耕土》《审时》4篇。《上农》论述了重农抑商的重要性及其措施,可视为我国现存最早的农业政策论文;《任地》《耕土》《审时》3篇,可视为我国现存最早的农业技术论文。二是讲土壤,有《尚书·禹贡》和《管子·地员》,一般认为它们分别成书于战国末期。《禹贡》有关于土壤和农业地理的丰富内容,李约瑟称它"可能是世界最古老的土壤学著作"。[①]《地员篇》将土壤分成三等18种90品,叙述了18种土壤的质地、所宜谷物、草木、果品以至渔产、畜产等,并对其自然生产力作了比较,更加明确地指出了不同地势、不同土壤与它的植被之间的关系,是中国最古老的有关生态植物学的著作;此外《管子》中还有《度地篇》,重点总结了有关治水的经验,该篇也属于农学文献的范畴。三是讲农时,有《夏小正》《诗经·豳风·七月》《吕氏春秋·十二纪》《礼记·月令》《逸周书·时则训》等。《夏小正》是我国现存最早的一部物候历,它将物象指时与天象指时相结合,来指导农事等安排,受到了天文学史和农学史界的普遍关注;《十二纪》与《月令》内容基本一致,记录每年12个月中的星象、物候、节气和以农业为主的政事等。《月令》比《夏小正》前进了一大步,不但保存了先秦农业技术和农业制度的珍贵资料,而且汇集了先秦物候学知识,奠定了二十四节气和七十二候的基础,是中国古代重要的农业文献,对后世影响很大。

两汉期间,由于《后汉书》中没有设《艺文志》,也就很难确切知道究竟有多少种农书,但可以肯定,此间出现的农书是很多的,有综合性农书,也有关于畜牧、蚕桑、园艺、种树、养鱼等方面的专著或专篇,但早已失传。目前能见到的只有后人辑佚的《氾胜之书》和崔寔的《四民月令》。《氾胜之书》为综合性农书,辑佚本有3 500多字,但内容十分丰富,反映了汉代农业科技已达到相当高的水平。如果说《吕氏春秋》中的《任地》等篇是作物栽培的通论,那么《氾胜之书》已经包括了作物栽培的通论和各论了。《四民月令》可视为我国最早一部农家历,它既有耕地、催芽、播种、分栽、耘锄、收获、储藏及果树、林木经营等农事安排,又有祭祀、社交、教育、习射、饮食、采药、制药、晒书、晒衣、保藏弓弩衣物等非农业生产活动,可以说是为士大夫地主经济服务的经营手册。

魏晋南北朝时,成于后魏而流传至今的有综合性农书《齐民要术》10卷92篇,约11

---

① 李约瑟等:《中国古代的地植物学》,董恺忱等译,《农业考古》1984年第1期。

万字,该书"起自农耕,终于醯醢,资生之业,靡不毕书",范围很广,综览农、林、副、渔各个方面,既反映了黄河中下游农业生产技术水平,又有南方及其他地区的植物和品种等,堪称中国现存最早和最完善的农学著作,可视为"中国古代农业百科全书"。该书对后世影响深远,在我国和世界农业科技史上占有重要地位。

隋唐五代时期的农书,见于目录或其他文献记载的有:武则天删定《兆人本业》,韦行规《保生月令》,韩鄂《四时纂要》,陆羽《茶经》,陆龟蒙《耒耜经》(现存第一部农具著作),李石主编的《司牧安骥集》,诸葛颖《种植法》,李淳风《演齐人要术》,孙思邈《千金月令》,薛登《四时记》,裴澄《乘舆月令》,鹿门老人《纪历撮要》,王从德《农家事略》,诸葛颖《相马经》,慎温其《耕谱》,孙光宪《蚕书》,以及佚名《王氏四时录》《天经》等40余种。可惜此时期的农书大多散佚了。目前能见到而又比较重要的农学著作有:

(1)《四时纂要》5卷,唐末五代时人韩鄂撰。《郡斋读书志》称:"(鄂)遍阅农书,取《广雅》《尔雅》定土产,取《月令》《家令》叙时宜,采氾胜种树之书,掇崔寔试谷之法,兼删《韦氏月录》《齐民要术》,编成五卷。"宋天禧四年(1020年)政府组织将其与《齐民要术》并刻,以赐劝农使者,但以后就不再有人提到,在国内失传了很长时间。直到1960年,它的明万历十八年(1590年)朝鲜重刻本在日本被发现。1967年,日本山本书店影印出版了该版本。1980年,中国农业出版社出版了缮写影印本《四时纂要校释》,此书的出版,填补了从6世纪《齐民要术》到12世纪《陈旉农书》之间综合性农书的空档。

(2)《茶经》3卷,唐陆羽撰。这是我国也是世界上第一部关于茶的专著。该书系统地总结了唐以前我国人民种茶的经验和作者自己的体会。全书分为10门,主要内容包括茶的起源、种类、特性、制法、烹煎、茶具、水的品质、饮茶风俗、名茶产地以及有关茶的典故和用茶的药方等,反映了当时南方茶树种植生产水平以及繁荣的茶叶贸易。甚至还可从中找到唐时全国名瓷史料,值得重视。

(3)《耒耜经》1卷,唐陆龟蒙撰。《耒耜经》仅600多字,收编于作者所著《笠泽丛书》中,所记农具5种,以犁为主。中国农具之有专书,以此为始;谈江南农事生产的,也似应以陆氏此书为最早,这与唐末江南农业生产的高度发展是有关的。

(4)《司牧安骥集》,唐李石主编,原书应是4卷,在后来刊印过程中又续有增补,共8卷。内容以兽医方剂为主,第一卷辑录了丰富的相马经验。自唐至明代都以此书作为兽医的教材,这是我国现存最古老的一部兽医学专著。

宋元时期,中国农学著作空前增加。仅据王毓瑚《中国农学书录》分析,从春秋战国至五代末的1730年中,著录的农书有75种,而在宋元时期的408年中,著录的农书就有133种(宋105种,元28种),可见宋元400多年比此前1700多年的农书几乎增加了一倍。可惜的是宋代农书约有三分之一今已不存,其中有120卷的邓御夫《农历》,还有贾元道《大农孝经》、何亮《本书》、曾安止《禾谱》、曾之谨《农器谱》等均佚;元代农书散佚的也不少,仅《农桑辑要》所引的就有《务本新书》《蚕桑直说》《蚕经》《士农必用》《种莳直说》《韩氏直说》等,现都已不见于世。

此时期,农学著作的增加有3个特点:第一个特点是动植物谱和专科研究农学著作增加最多。宋代这类农书共有82种,占宋代全部农书105种的78％,而且很多著作都是带有开创性的,具有很高的学术价值。如宋赞宁《笋谱》、欧阳修《洛阳牡丹记》、陈翥《桐谱》、蔡襄《荔枝谱》、周师厚《洛阳茶木记》、赵汝砺《北苑别录》、王灼《糖霜谱》、韩彦直《橘录》、刘蒙《菊谱》、陈仁玉《菌谱》、陈景沂《全芳备祖》等,元娄元礼《田家五行》等。动植物谱录,按四部分类法应属于子部谱录类,但就其内容而言,包括非常珍贵的农学和生物学史料,农学史界一向将其列为农家类,因此,在这里不能不提。

宋元农学著作的另一个特点是出现了很多劝农文和耕织图。这是宋代农学中出现的一种新形式。如朱熹的"漳州劝农文"[①],真德秀的"劝农文"[②],宁国府劝农文、严州劝农文、福建运司劝农文[③]等;楼俦编绘的《耕织图》最为有名,它系统而又具体地描绘了当时农耕和蚕桑及纺织的各个生产环节,图文结合,一目了然;一时朝野传颂几遍,不但在当时是一部很有影响的作品,而且也是我们今天研究900年前我国传统农业最珍贵的形象资料。

宋元农学著作的第三个特点是出现了颇有影响的4部综合性农书,它们是宋陈旉《农书》、元代的《农桑辑要》、《王祯农书》和鲁明善《农桑衣食撮要》。这是我国传统农学中的4部佳作,对宋元时期农业生产的总结和我国农业的发展,都作出过重要的贡献。下面简介这4部综合性农书。

(1)陈旉《农书》3卷,上卷是土地经营与栽培总结的结合,为全书的主体;中卷是牛说,把牛看成事关农业的根本,衣食财用所出的关键之一;下卷论述蚕桑,强调蚕桑是与农耕紧密联系的生产事业。该书是我国历史上第一部论述南方(长江下游)农业生产的著作。它在农学史上的主要贡献是:第一次系统讨论了土地利用问题;叙述了"地力常新壮""用粪如用药"的重要主张,记载了开辟肥源、保存肥料和合理施肥的新创造;书中对水田作业论述相当精要具体;此外对农业生产规律性问题和集约经营等都提出了很好的建议。

(2)《农桑辑要》是元代司农颁的大型农书,至迟在元至元十年(1273年)已经编成。它是我国现存最早的官修农书,元代先后印过10 000多部以应各地农事部门之需。该书体系完备,规模较大,引用典籍繁多且严谨,并一一标明来历,反映了当时黄河中下游地区农业生产的水平。全书7卷,分为典训、耕垦、播种、栽桑、养蚕、瓜菜、果实、竹木、药草、孳畜等10目。所论以耕植栽培为主,兼及禽、畜、蜂、渔,亦倡棉花、苎麻的栽培。主要辑录元代以前农书原文,保存了已佚农书中的资料甚多;间有编辑者论述,皆标"新添"字样,主要是一些引入中原不久的作物或当时较为特异的农业技艺,如麻、棉花、西瓜、胡萝卜、茼蒿、人苋、苕莛、甘蔗、养蜂等。此外书中还对唯风土说进行了批判,有积极意义。

(3)《王祯农书》,元王祯撰,共37卷(现存36卷),约11万字,分为3个部分:①《农桑通诀》,综述前人著述农本观念和天时、地利、人力共同决定农业生产;分述农业历史、

①《朱文公文集》卷99。

② 载《西山先生真文忠公文集》卷40。

③ 载《耻堂存稿》卷5。

耕垦、耙耢、播种、锄治、粪壤、灌溉、收获、植树、畜牧和蚕桑等。②《农器图谱》绘制各种农具和机械图形306幅,并附以文字说明,颇有创新。③《谷谱》,叙述农作物,兼及竹木、瓜果、蔬菜的栽培、收获、贮藏加工等技术和方法。该书是中国农书中的名著,其特点是兼论南北方的农业技术,而对南方农业生产的提水工具、水利设施、水田垦辟、圩田、柜田、涂田、沙田、架田等土地利用,叙述颇详。该书叙述了20门类农器,绘图100余幅,是我国现存最古老的农器图谱,具有划时代意义。此外,书中关于木活字印刷的记载也是极其珍贵的文献。

(4)《农桑衣食撮要》2卷,元鲁明善撰,是一部农家月令体裁的农书,其内容是按月列举应做之农事,包括农作物、蔬菜、水果、竹木之栽培,家畜、蚕、蜂之饲养,农产品贮藏、加工和酿造等。正如作者自序云:"凡天时、地利之宜,种植敛藏之法,纤悉无遗,具在是书。"行文简要,内容明晰,确为该书一大特点。

明清时期是我国农书空前发展的历史时期,据今人不完全统计,有830余种。王毓瑚《中国农学书录》著录历代农书541种,其中明清农书就有329种,相当于明以前的1.5倍,当然这些数据包括谱录类的动植物谱录。下面简介几部重要的农书。

(1)《农政全书》60卷,明徐光启撰,陈子龙整理。全书约50万字,分成12门:农本、田制、农事、水利、农器、树艺、蚕桑、蚕桑广类(棉、麻、葛)、种植(竹木及药用植物)、牧养、制造、荒政(附《救荒本草》《野菜博录》)。其中"农事"中的开垦、水利、荒政用力最勤,篇幅约占全书过半。全书既汇集前人成就,又阐述自己见解。夹注、旁注、评语、圈点皆作者所加。本书作者在大量摘引前人文献的同时,结合自己的实践经验和数理知识,提出了独到的见解。在农学上的主要贡献是,既不一概否定风土说,而又反对僵化的风土说;首次将"数象之学"应用到农业研究上,获得正确的论断,如根据历史资料和亲自观察统计分析,准确地指出了蝗虫为害最甚的季节和滋生的场所等。《农政全书》的科学性和实践意义都超过了其他综合性传统农书,成为我国农业科技史上一部不朽的著作。

(2)《授时通考》78卷,清鄂尔泰奉敕撰,全书内容分为8门:一为"天时",分述农家四季作业;二为"土宜",分列辨方、物土、田制、水利等;三为"谷种",为农作物各论;四为"功用",记述从垦耕到收获、收藏整个农业生产过程中各段情况;五为"劝课",收藏有关重农的政令;六为"蓄聚",论列仓、防荒、赈救等制度;七为"农余",记载大田以外如蔬菜、果树、木树、畜牧等副业;八为"蚕桑",记植桑养蚕各项事宜;最后附有"桑余",搜集棉、麻、葛、蕉、桐等资料。所纂以大田生产为中心,以提供衣食原料为准则。体裁严谨,征引周详,图文并茂。综观全书内容,完全是汇集前人的著述,没有第一手材料,也不见编撰者的见解。它的主要价值在于:第一,汇集和保存了不少珍贵的资料,征引文献达427种之多,比《农政全书》超出了200多种;第二,附有很多精致的插图,内容丰富,文图并茂;第三,将水利附在"土宜"门,将"物土"与"田制"结合,把灌溉与"泰西水法"纳入"功作"门体系中,也不同于其他农书。值得注意,这是我国封建社会最后一部整体性传统农书。

(3)《补农书》(包括《沈氏农书》和《补〈沈氏农书〉》1卷)。上卷为明末沈氏(佚名)撰,下卷为张履祥(1611—1674年)撰。《沈氏农书》记嘉湖地区的农业科技情况,分为5个方面:一是"逐月事宜",是农家月令提纲,分天晴、阴雨、杂作、置备四目;二是"运田地法",讲水田耕耘;三是"蚕务",以蚕为主,兼涉六畜饲养;四是"家常日用",讲日常农业知识(十一条为果蔬加工事宜);五是"区田法"。文字简明易懂,实乃经营土地的家训之书。其学术价值在合理密植、水田"深耕通晒"、水稻品种的合理布局和桑树的栽培整修技术等方面均超过了陈旉的《农书》。后来张履祥在他58岁时又补撰"《沈氏农书》未尽事宜",与《沈氏农书》合在一起,统名《补农书》。张氏在书中补入自己的见解和老农经验,包括补述22条,总论9条,附录8条,共计39条,均言之有物,颇有实用价值。沈张二氏的《补农书》确是一部反映南方水田农业经营较突出的地方性农书。

(4)《元亨疗马集》,明喻仁、喻杰著。全书分春、夏、秋、冬4卷,附录牛、驼经各1卷,共约20万字。[①] 全书以阴阳学说为基础,注重整体观念,强调防重于治,把局部症状与全身症状归纳为表、里、虚、实、寒、热、正、邪八症,辨证施治;每种病症大都有"论"说明病因,有"因"表示症状,有"方"包括针灸法、外治法、内服药方。把阴阳学说贯穿于病理、诊断和治疗等方面,自成体系,颇具独到见解。在诊断方面,"凡察兽病,先以色脉为主,再令其行步听其喘息,观其肥瘦……然后定夺阴阳";在治疗中主张"阴疴阳治阳方疗,阳症阴医阴药施"。《马经》部分,论述了饲养管理、五脏六腑生理病理特点,其中色脉论、八症论、疮黄论、起卧入手论、点痛论、明堂论等医理精深,各具独特见解。《素问碎金四十七论》对一些疑难问题和治疗方法,以精练的文字解释得极为明确;"七十二症"则进一步引经据典详细论述了病源、症状、预后、转归、治疗和调养的方法;理明义精,是指导临床实践的重要部分。至于书中的针灸、烧烙技术、药性摘要和经验良方,更是作者临床实践的精华。

此书实用价值极高,加之作者精通业务,又有较高的文化素养,能够取精用宏,后来居上,成为一部公认的兽医经典,其成就远远超过前代的同类著作。它的问世,使其他同类著作在很大程度上被取代了。

《元亨疗马集》影响很大,版本多达数十种,书名各异,内容有的只附"牛经",有的只附"驼经",有的只录治马部分,等等,其实都出自这一部书,可见此书无论是全部还是其中某一部分都有参考价值。

清郭怀西有《新刻注释马牛驼经大全集》10卷,不但每项内容较《元亨疗马集》更为充实,而且将"牛经"扩展成2卷,专论牛病及其防治;即使在"马经"部分,凡是同时也适用于牛病及其医治者均冠以"马牛"二字。这使得"牛经"的内容更加丰富了。1963年,农业出版社又重新编排出版,并对原著进行标点、校正、改错、补遗,使之臻于完善,取名为《重编校正元亨疗马牛驼经全集》,查阅更为方便。

---

① 经核,《元亨疗马集》,明喻仁著,6卷,均为疗马病治,无附录。卷1为相马,卷2为诊断基础,卷3、卷4、卷5为病症及治疗,卷6为药方,版本为清乾隆李玉书刻本。1957年中华书局出版谢成侠校订《元亨疗马集附中驼经》,为另一版本,此系列有附录。——整理者

五、医学类

中医药学源远流长,内容极为丰富,是中国传统科学技术中延续时间最长,不断得到充实提高,至今仍在为人类健康长寿发挥着巨大作用的一门学科,这在世界传统医学中是罕见的。它也是最具中国特色的理论和临床的医学体系。这个体系在封建社会早期就已形成,《黄帝内经》《伤寒论》《神农本草经》为其代表;金元时期基础理论有重大发展,而药物学在唐宋基础上到明代出现了李时珍《本草纲目》(还有清代赵学敏的《本草纲目拾遗》),可谓集大成时代。

中国医药学体系包括:① 以脏腑经络、气血津液为内容的生理病理学;② 以望闻问切"四诊"进行诊断,以阴阳表里、虚实寒热"八纲"进行治疗的一整套临床诊断、辨证施治的治疗学;③ 以寒热温凉"四气"、酸甘苦辛咸"五味"来概括药物性能的药物学;④ 以"君臣佐使""七情相合"配伍的方剂学;⑤ 以经络、腧穴为主要内容的针灸学,还有推拿、导引、气功等治疗方法。这个医药体系以阴阳五行学说来说明人体的生理病理变化,阐明其间的关系,并将生理、病理、诊断、药物、治疗、预防等各方面联系起来,不是简单的"头痛医头,脚痛医脚",而是以统一的整体观贯彻到方方面面。

《四库全书》收入医学类97种,存目91种。《续修四库全书》著录202种。其实中国医药学著作更多,据1991年由薛清禄主编、中医古籍出版社出版的《全国中医图书联合目录》(新版本)统计,从战国到1949年止,存留于世的中医药图书(包括少数民族有价值的抄本)共计12 124种。这是将全国113个大中图书馆藏书予以综合统计的数字,加上新中国成立后出版的千余种新书,目前中医药图书的数量约有13 500种。

(一)医经和基础理论

这一类主要指《黄帝内经素问》《灵枢经》《难经》,这3部约成书于战国至汉代。《素问》从脏腑、经络、病理机制、诊法、治疗原则、针灸、方药等方面对人体生理活动、病理变化、治疗,运用五行学说作了较为全面系统的论述,从而为我国医学奠定了理论基础,千百年来一直对临床实践起着指导作用。《灵枢经》论述的问题与《素问》相似,在基础理论与临床方面,两书互为补充,各有阐发;在经络、针灸方面,较《素问》丰富翔实,故有"针经"之称,几千年来对中医学术发展起着指导作用。《难经》以问答体例,以阐明《黄帝内经》的内容为主,并有发挥,如独取寸口诊脉法,为后世通行切寸口诊脉之起源;明确奇经八脉在经络中的重大作用,为详细讨论三焦和创立命门学说提供了重要理论依据等。以上三书以阐述中医药、针灸等学科的基础理论为主,兼述临床医学、病症及治法研究等,学术价值很高,堪称中医奠基必读之典籍。后世有不少注本或研究论著。如《黄帝内经素问》,以唐王冰注本、明马莳《素问注证发微》、吴昆《黄帝内经素问吴注》、清张志聪《黄帝内经素问集注》、高士宗《黄帝素问直解》最为著名。有关《黄帝内经》类编、摘编、注释发挥性著作有:隋唐杨上善《黄帝内经太素》、明张介宾《类经》、李念莪《内经知要》、清汪昂《素问灵枢类纂约注》、陈念祖《灵枢素问节要浅注》、金刘完素《素问玄机病原病式》《素问病气宜保命集》《宣明论方》、宋骆龙吉《内经拾遗方论》、明刘裕德《增补内经拾遗方论》、黄元御《素问微蕴》等。《灵枢经》注本以明马莳《灵枢经注证发微》、清张志聪《黄帝内经灵枢经集注》、清黄元御《灵枢悬解》较为著名。《难经》注本,以宋王九思《王翰林集注黄帝八十一难经》、元滑寿《难经本义》、明张世贤《图注八十一难经辨真》、清徐大椿《难经诠解》、丁锦《古本难经阐注》等较为著名,尤以《难经本义》的注文最为精当。

唐代主要有3部医方:孙思邈《备急千金要方》和《千金翼方》30卷。前者包括序例、妇人、少小、七窍、风毒脚气、诸风、伤寒、胆腑、心脏、小肠腑、脾脏、胃脏、肺脏、大肠腑等五脏六腑,以及各种杂病凡232门,合方论5 300首。后者是作者为补充其所撰《千金要方》而编集的,凡189门,合方论2 908首,共载药物800余种;并详细记述200余种药物的采集、炮制等;书中对仲景学说有所发挥,颇为后世伤寒学家所重视。唐王焘《外台秘要》40卷,记述内、外、妇、儿、五官各种病证,以及采药、制药、服石、腧穴、穴法等(因王氏认为"针能杀生人,不能起死人",该书不收所谓针法资料)共分1 104门,先论后方,收载药方6 008首,内容丰富,资料广博,并都注明出处。医学著作中,标明资料来源,以本书为最早。书中保存了不少已遗古籍和名医的治疗方剂及方论。

宋代方书较多,主要介绍以下4种。

(1) 王怀隐等编《太平圣惠方》100卷,分1 670门,载方16 834首,虽为方书,但包括了中医理、法、方、药4个方面,宋淳化三年(992年)成书。明清两代未见重刊,1959年人民卫生出版社据现存4种抄本,互校增补,是目前最完整的本子。

(2)《苏沈良方》,一般认为是宋末所集,刊于宋熙宁八年(1075年),原为15卷,现流行传本10卷。卷1主要论述本草及灸法;卷2至卷5介绍内科疾病及单方。[①] 多数病症附以验案。秋石方中以尿加皂角制法最早见于此书。书中治法简便,有临床参考价值,但苏、沈二家之论,已难细分。

(3) 宋代官府设药局,专掌药材和药物经营,因有成药处方配本《太平惠民和剂局方》共10卷,附"指南总论"3卷。分诸风、伤寒、一切气、痰饮、虚损、痼冷、积热、泻痢、眼目、咽喉口齿、杂病、疮肿伤折、妇人诸疾、小儿诸疾等14门,载方788首,每方后除详列主治症和药物外,对炮制法和药剂修治法均有详细说明。该书流传较广,影响较大。

(4) 宋徽宗时,由朝廷组织人员,征集当时民间和所献医方及内府所藏秘方,整理编汇后成《圣济总录》200卷,作为官定本颁行全国。全书收载医方近20 000首。内容首列

---

① 现常见的有10卷本和8卷本,10卷本更接近15卷本。清文渊阁《四库全书》本为8卷,卷1为丹砂"养生"之法,卷2至卷5为内科病症治法及单方,卷6为治偏头痛、牙痛及其他内科疾病的验方,卷7为外科方,卷8为儿科验方。——整理者

运气、叙例、治法等项,相当于全书叙论。以后自诸风至神仙服饵止,共分66门,每门中介绍若干病证;每一病证先论病因病理,次列方药治疗。全书所载病证包括内、外、妇、儿、五官、针灸各科以及杂治、养生之类,既有理论,又有经验,内容极其丰富,为后世医家所推崇。是一部具有研究价值的医学历史文献,也是临床比较切合实用的参考书。

此外,宋代著名医方著作,还有许叔微《普济本事方》、洪遵《洪氏集验方》、陈言《三因极一病证方论》、严用和《济生方》、日本丹波康赖《医心方》等。明初朱橚领衔编辑《普济方》168卷(《四库全书》改编成426卷),是我国历代以来最大的一部方书,凡1 960论,2 175类,778法,239图,61 739方。有总论、脏腑身形、伤寒杂病、外科、内科、妇科、儿科、针灸等。"是书于一证之下,各列诸方,使学者依类推求,于异同出入之间,得以窥见古人之用意,因而折衷参伍,不至为成方所拘"。该书既有历史价值,更有临床价值。

明代其他较有影响的方书,还有《奇效良方》《摄生众妙方》《医方考》《杂病证治类方》等。清代罗美《古今名医方论》、汪昂《医方集成》、王子接《烽雪园古方选注》、费伯雄《医方论》等也较实用。

此外,涉及中医基础理论而带有通论性质的论著还有旧题汉华佗《中藏经》、南齐褚澄《褚氏医书》、隋巢元方《诸病源候论》、宋陈言《三因极一病证方论》、宋张杲《医说》、金张元素《医学启源》、明孙一奎《医旨叙馀》、赵献可《医贯》、黄元舲《四圣心源》等。涉及病源、病候及临床医学基础理论的医著,当以隋巢元方《诸病源候论》最为著名,全书分57门,载述病证、证候1 720条,对后世医学的发展有很大影响。

(二)伤寒、金匮

这一类主要指东汉张仲景《伤寒杂病论》,被后人整理为《伤寒论》和《金匮要略》及其枚不胜数的注本和研究性著作。《伤寒论》是论述各种急性热病的发病规律和辨证施治的法则,首创六位(太阳、阳明、少阳、太阴、少阴、厥阴)辨证,初具八纲雏形,总结多种治疗方法,被后人总结为"八法",为中医辨证论治及八纲(阴阳表里虚实寒热)、八法(邪在肌表用汗法,邪壅于上用吐法,邪实于里用下法,邪在半表半里用和法,寒症用湿法,热症用清法,虚症用补法,积滞肿块用消法),且注重理、法、方、药的契合,选方又富有实效,故受历代医家推崇。《伤寒论》注本多达400余种,其中以金成无已《注解伤寒论》、明方有执《伤寒论条辨》、张遂辰《张卿子伤寒论》、清喻昌《尚论篇》、柯韵伯《伤寒来苏集》、尤怡《伤寒贯珠集》、吴谦《医宗金鉴·订正伤寒论注》、陈修园《伤寒论浅注》、唐宗海《伤寒论浅注补正》学术影响较大。属于发挥性质的伤寒著作有宋韩祗和《伤寒微旨论》、庞安时《伤寒总病论》、朱肱《伤寒类证活人书》、许叔微《伤寒发微论》、郭雍《伤寒补亡论》、金成无已《伤寒明理论》、刘完素《伤寒直格》、明陶华《伤寒六书》、王肯堂《伤寒证治准绳》、清张璐《伤寒大成》、黄元御《伤寒悬解》等,另有以伤寒为主的方论性著作,如明许宏《金镜内台方议》、清徐大椿《伤寒论类方》、陈念祖《长沙方歌括》《伤寒真方歌括》等。

至于《金匮要略》以论述内科杂病为主,兼以一些妇科、外科病证,提供了辨证论治和方药配伍的一些基本原则,介绍了不少实用有效的方剂,它和《伤寒论》共同奠定了临床医学基础。其中有关妇科的脏躁(癔病)、闭经、漏下、妊娠恶阻、产后病及包括肿瘤在内的腹部肿块等均有详细记载和行之有效的疗法。有关注本颇多,最早有元赵以德《金匮方论衍义》,清代则有徐彬《金匮要略论注》、魏荔彤《金匮要略方论本义》、尤怡《金匮心典》、吴谦《医宗金鉴·订正仲景全书金匮要略注》,等等。其中以《金匮心典》最为著名。

(三)诊法

这类著作主要介绍中医诊断方法,前贤将中医诊断概括为"望闻问切",有所谓"望而知之谓之神,闻而知之谓之圣,问而知之谓之工,切脉而知之谓之巧"。中医古籍中属于综合性论法内容的有宋施发《察病指南》、清林之翰《四诊抉微》等书,较有代表性。但在中医诊断中以脉诊专著出现最早,数量最多。第一部脉学专著是晋王叔和《脉经》,它选取《内经》《太素》《难经》《甲乙经》及张仲景有关论述,联系临床实际以阐明脉经,分阴阳表里、三部九候、八迎气、九神门、二十四脉、十二经、奇经八脉以及伤寒热病、杂病、妇儿病证的脉证治疗。其中24种脉的阐述和寸关尺三部的定位诊断,是书中精华,对后世脉学发展有很大影响。后来有宋崔嘉彦《崔真人脉诀》、元戴起宗《脉诀刊误》、清沈镜《删注脉诀规正》等。在诸家脉学中,又以唐杜光庭《玉函经》、明李时珍《濒湖脉学》、李中梓《诊家正眼》、清张璐《诊宗三昧》、周学霆《三指禅》等较有学术特色。望诊方面的专著有清汪宏《望诊遵经》、周学海《形色外诊简摩》;舌诊著作有元代敖氏原撰、杜本增订《敖氏伤寒金镜录》、清张登《伤寒舌鉴》、梁玉瑜《舌诊辨证》等。

(四)本草、方书

《神农本草经》是现存最早的一部药物学专著,约成书于秦汉时期,该书序例提出了君臣佐使、阴阳配合、七情和合、五味四气等药物学基础理论,书中共收有药物365种,分上、中、下三品。《神农本草经》原著已佚,现存多种辑本。包括主治、性味、产地、采集时间、入药部分和异名等。书中提到主治疾病170多种,包括内、外、妇科以及眼、喉、耳、齿等方面疾病。经过长期临床实践和现代科学研究证明,书中所载药效绝大部分是正确的,如利用水银治疗疥疮、麻黄治喘、常山截疟、黄连止痢、大黄泻下、莨菪治癫、海藻治疗瘿瘤(甲状腺肥大)等,已被现代科学研究证实,至今仍有一定的实用价值。梁陶弘景在此书基础上另撰《本草经集注》,增补药物一倍;明缪希雍《本草注疏》、清张璐《本经逢源》、邹澍《本经疏证》、陈念祖《神农本草经读》均可供研究《神农本草经》的读者参考。

此后,综合性本草著作有唐苏敬《新修本草》,此书是我国第一部具有药典性质的专著。另一本是唐陈藏器《本草拾遗》(原书已佚),内容主要是补《神农本草经》之遗佚,佚文可见于诸种本草;宋代由朝廷组织编写的《开宝本草》,另有掌禹锡《嘉祐本草》《日华子诸家本草》、苏颂《本草图经》等名著;还有唐慎微《经史证类备急本草》(简称《证类本草》)值得重视,该书是总结北宋以前药物成就的名著,共收1 746种药,并将药物分为13类。此后,还有北宋寇宗奭的《本草衍义》、元王好古《汤液本草》、明刘元泰《本草品汇精要》。李时珍《本草纲目》收药1 892种,有丰富的插图和附方,并有较科学的药物分类,是一部享有国际声誉的药物学、博物学名著,学术影响至为深广。清代有赵学敏《本草纲目拾遗》,还有刘若金《本草述》等。

现存最早的方书,是1973—1974年间在长沙马王堆出土的《五十二病方》,全书15 000多字,载药240多种,治疗方剂283首,涉及内、外、妇、儿、五官等100多个病名。方剂多为二味药以上组成的复方,且根据疽病类型调整主药的剂量,如"骨疽倍白敛,肉疽倍黄芪,肾疽倍芍药";剂型方面,提到了丸、饼、曲、酒、油膏、药浆、汤、散等各种剂型。并有煎煮法、服药时间、次数、禁忌等说明。从各首医方的药物配伍、剂型和用法来看,有实践意义的方剂体系已初步形成。在外治方法中,提到了手术、药浴、敷贴、熏蒸、熨、砭、灸、按摩等法。

葛洪《肘后备急方》3卷,所论主要是急性传染病,各脏腑慢性传染病以及外科、儿科、眼科等方面的疾病,同时对各种疾病的病因、症状也都有叙述,特别是对一些传染病和寄生虫病的症状和预防及治疗作了正确的论述,达到了相当高的水平。如对天花如何传入中国和流行情况、发病症状、传染性及预后等都有了相当确切的描述和记载;关于沙虱病的论述和预防措施,始用沙虱幼虫虫屑内服或外敷,以防恙虫病(美国病理学家立克次于19世纪从恙虫体中分离出立克次体,并制备疫苗以防治恙虫病);用狂犬脑外敷被咬伤口,以预防狂犬病发作[1882年,法国巴斯德(Pasteur)从牛脑中分离出狂犬病病毒,制备成防治狂犬病疫苗]等都是免疫史上极其重要的成就。此外常山、青蒿治疟都为实践证实,还为我国研制出高效、速效、低毒的治疟新药提供了线索。经梁陶弘景、金杨用道等增补,曾改名《肘后百一方》。

六、天文算法类

《四库全书》中收录48种。

(一)天文推步

(1)《夏小正》

（2）《石氏星经》

（3）《星经》

（4）《天文气象杂占》　　　　　　　（文物）　　　　　　　　　战国

（5）《五星占》　　　　　　　　　　　（文物）

（6）《三统历》　　　　　　　　　　　——中国第一部完整传世的历法

（7）《周髀算经》

（8）《灵宪》　　　　　　　　　　　　《续汉书·天文志》引录而传世

（9）《浑天仪注》　　　　　　　　　　《续汉书·律历志》引录而传世

（10）《乾象历》　　　　　　　　　　《晋书·天文志》收录而传世

（11）《大明历》　　　　　　　　　　存在于《宋书·天文志》

（12）《乙巳占》　　　　　　　　　　中国最早的综合性星占书之一

（13）《步天歌》　　　　　　　　　　《灵台秘苑》《通志·天文略》为较早版本

（14）《大衍历》　　　　　　　　　　新旧唐《历志》

（15）《开元占经》

（16）《新仪象法要》

（17）《授时历》　　　　　　　　　　《元史·历志》

（18）《铜壶漏箭制度》　　　　　　　《四部总录·天文编》

（19）《浑仪浮漏景三议》　　　　　　《宋史·天文志》

（20）《相雨术》

（21）《革象新书》

（22）《田家五行》　　　　　　　　　太湖流域重要的天气和气候经验之集大成之作

（23）《天元玉历祥异赋》　　　　　　古代以图为主的星占著作

（24）《晓庵遗书》　　　　　　　　　6卷

（25）《历象考成》　　　　　　　　　中国天文学家吸收、消化西洋知识的总结

（26）《历象考成后编》　　　　　　　前书是第谷体系，已过时，于是部分吸收了开普勒
　　　　　　　　　　　　　　　　　　行星运动定律，虽采用日心系椭圆运动和面积定
　　　　　　　　　　　　　　　　　　律，但是颠倒了开普勒第一、二定律，使中国学者
　　　　　　　　　　　　　　　　　　失去接触牛顿力学，学习西方先进天文学的良机

中国古代天文发展分为4个阶段，加上现代共5个阶段：

远古→西周：萌芽

春秋→汉代：成熟

三国→五代：繁荣

宋代→明末：鼎盛到衰弱

鸦片战争→现代：现代阶段

宋元时达到鼎盛；明末至清，西方天文学知识传入，中国天文学开始衰落。

（二）数学

古代称"数"，又称"算数"，两汉后又有"数术"之名。"算术"一词最早见于《周髀算经》陈子答荣方问中。还有"算法""算学"等名称，两宋受象数学之影响，遂有"数学"之名。1935年中国数学会成立，曾决定"算学"和"数学"并用；1939年又确定废止"算学"而用"数学"一词。

数学史界一般认为中国传统数学发展大体上经历了3个阶段：春秋之前为数学萌芽时期；战国至明末为古典数学蓬勃发展和逐渐衰落时期；明末至清末为中西数学的融会贯通时期。其间还可以细分。下面按时代先后述其文献梗概。

春秋以前尚无数学著作，数学知识主要体现在新石器时代的陶器上绘有各种几何图案和刻有少数自然数符号；相传这时人们已经发明了矩和规绘图工具（山东嘉祥县梁武石室有伏羲执矩、女娲执规的画像），也有人认为黄帝时巧人创造了规、矩、准绳；殷墟甲骨卜辞中有13种记数文字（一、二……十和百、千、万）及若干合文（如三十、五百、四千、三万等），表明了位置值制的萌芽。

春秋时期，《老子》云"善数不用筹策"，表明算筹可能产生于春秋以前，最晚在春秋末年算筹已成为主要计算工具；《墨经》中有"一少于二而多于五，说在建住"，以及后世一些著作的记载，[①] 表明已有十进位置值制记数法，它比古巴比伦的六十进位制方便，也比古希腊的十进非位置值制先进，对中国传统数学长于计算发挥了重大而深远的影响。另据《韩诗外传》载有"齐桓公设庭燎"招贤，以"九九薄能"，"而君犹礼之，况贤于九九者"，致使"期月，四方之士相导而至"的故事，说明九九乘法在当时已是人们的常识了。《管子》中保存了部分九九表数学，还有各种分数，说明分数概念及其运算已经形成。《左传》宣公十一年（前598）和昭公三十年（前511年）两次筑城的记载，虽未列出公式，但可想见当时已用到面积、体积计算及简单测望、比例和比例分配运算等数学方法。

战国至两汉时期，奠定了中国古典算数学的框架。春秋战国之交，墨家和名家关于无穷小、无穷大及无穷分割的命题对后世的影响很大；墨家还有关于圆、平、端等十分严谨的数学概念的定义（其中"端"，学术界尚有争论）；《考工记》中已用矩、勾、倨表示直角、锐角、钝角，还有表示具体角度的术语；秦与汉初提出了若干新的算术问题，创造了勾股、重差等新的方法，同时人们注重幸免于秦火的文化典籍收集、整理。作为数学新发展及先秦典籍整理的结晶有：

（1）《算数书》，1984年湖北江陵县张家山出土的竹简算数，大约有200支简，其中180多支简较完整，10余支已残破，约7 000余字，其中一简背面有"算数书"三字，当是书名。据考证，《算数书》是新发现的一部较早的算书。其内容大致也是问题集的形式，其中有些文句与《九章算术》极相似。从整理出的部分60余个小标题来看，包括整数、分数

---

① 《孙子算经》云："凡算之法，先识其位，一纵十横，百立千僵、千十相望、万百相当。"《夏侯阳算经》补充道："满六已上，五在上方，六不积算，五不单张。"这是典型的十进位置值制。

的四则运算,各种比例问题,各类面积、体积的计算,等等。其题目和方法与《九章算术》极其类似,但文字更为古朴,很可能是先秦数学著作,或录自先秦著作。[①]

(2)《周髀算经》,原名《周髀》,它的古老部分可追溯到西周初年,后来经过历代增补,延绵近千年,大约在公元前100年成为现传本的样子。这是一部数理天文学的著作,用数学方法阐述盖天说及其他天文历法知识,唐初李淳风将它列为《算经十书》之一。其数学内容涉及分数乘除法、等差数列和圆周求长法,以及一次内插法的应用、对任意正数的开平方、用分数表示奇零小数、最早引用勾股定理等。

(3)《九章算术》,并非一时一人之作,但最迟在战国时期《九章算术》中的主要方法已基本完备了,具有了数学著作的形态;钱宝琮先生认为它成书于公元1世纪下半叶。据刘徽说,它是西汉张苍(?—前152年)、耿昌寿(1世纪)在秦火遗残的九数遗文基础上删补而成的。张、耿等人的工作,主要是补充了西汉发展起来的方法和题目,分别补缀于衰分、均输、旁要3章,并将旁要改为勾股,对其他部分也作了加工整理,且用"近语"作了改写。全书分9章,246个例题,系统总结了我国先秦至汉的数学成就。"方田章"(38题)提出了世界上最早最完整的分数四则运算法和各种图形的面积公式;"粟米章"(20题)为按等级分配物资和摊派税收的比例分配计算;"少广章"(24题)提出了世界上最早最完整的多位数开平方、开立方程序(开方术后来成为求一元方程正根的方法);"商功章"(28题)给出了各种立体体积公式和工程分配方法;"均输章"(28题)按人口、物价、路途等条件平均摊派税收和徭役的计算;"盈不足章"(20题)解决盈亏问题和用盈不足术解决其他问题;"方程章"(18题)为世界上最早的线性方程组解法,还有正负数加减法则;"勾股章"(24题)给出了勾股定理、解勾股形及若干简单测望问题。全书以计算为中心,有90余条抽象性解法、公式,它的许多成就居世界领先地位,奠定了中国数学领先世界其他国家千余年的基础。《九章算术》的问世,标志着世界数学研究重心从古希腊及其殖民地转移到了中国。

魏晋至唐初是中国古典数学理论体系的建立时期。这一时期的数学著作一是对前代著作的注释,二是出现了一些新的著作。流传至今的著作有:

(1)吴赵爽注《周髀算经》,注释经文,未见特别精辟之见,而赵爽所撰"勾股圆方说",附于《周髀》首章注文中,确是一份价值很高的文献。仅以600余字,精练地概括并证明了两汉时期勾股算术的辉煌成就,不但勾股定理和其他关于勾股弦的恒等获得了严格的证明,并且对二次方程解法提出了新的见解。但文中有错字,附图6张,与赵爽原意不合,似为后人杜撰。

(2)刘徽《九章算术注》10卷,作于魏景元四年(263年),前9卷"析理以辞,解体用图",全面论证了《九章算术》的公式解法,指出并纠正了《九章算术》某些不准确或错误的公式;发展了出入相补原理、齐同原理和率的概念;在圆面积公式和阳马体积($\frac{1}{3}abh$)、鳖臑体积($\frac{1}{6}abh$)公式证明中引入了无穷小分割和极限思想;首创了求圆率的正确方法;

---

① 杜石然:《江陵张家山竹简〈算数书〉新探》,《自然科学史研究》,1988年第3期。

指出了解决球体积的正确途径;创造了解线性方程组的互乘相消法与方程新术;用十进分数逼进无理根求近似值等,贡献卓著。他在证明中主要使用了演绎推理法,同时大量使用了类比和归纳法,对各种算法进行总结分析,认为"事类相推,各有攸归。故枝条虽分而同本干者,知发其一端而已"(自序)。这是数学史上的至理名言,他始终贯彻这个主张,形成了一个完整的理论体系。第十卷原名《重差》,为刘徽自撰自注,后来单行,名曰《海岛算经》。

(3)《海岛算经》1卷,刘徽撰,初名《重差》,附于《九章算术注》。唐初改为单行本,自注现已不存。西汉刘安《淮南子·天文训》已经使用了重差方法,它是在《周髀》陈子答荣方问中提出的测太阳高远的"日高术"基础上发展起来的,但未被纳入《九章算术》。刘徽发展完善了重差理论,除已有的二次测望外,还提出了若干需要三次、四次测望的复杂问题。因第一问为测望一海岛之高远,故名之曰《海岛算经》。全书共9题,第一题之重表法、第三题之连索法、第四题之累矩法,为测高深广远的基本方法;另有"三望"4题,"四望"2题。

(4)《孙子算经》3卷,常被误认为春秋军事家孙武所著,实际是公元400年前后之作品。卷上叙述筹算记数制度和筹算乘除法则等预备知识;卷中举例说明筹算分数算法和开平方法,是考证古代筹算法的绝好材料;卷下选取几个算术难题,其中河上荡杯、鸡兔同笼问题,后来在民间长期流传;物不知数问题(如"今有物不知其数:三三数之剩二,五五数之剩三,七七数之剩二,问物几何?""答曰:二十三")则开一次同余式之先河,提出了符合后来秦九韶大衍求一术的解法,在中国数学史上是一个新课题,被誉为"中国的剩余定理"。

(5)《张丘建算经》3卷,北魏张丘建撰,清避孔丘名讳,改作《张邱建算经》。据钱宝琮考证,成书于466—484年。内容涉及等差级数、二次方程和不定方程。现存本有92题,缺中卷最后几页及下卷前两页。所举问题大多与社会实际相关,如测量、纺织、交换、纳税、冶炼、土木工程、利息等。有些创设的问题和解法超出了《九章算术》之范围,在数学史上有特殊贡献,如该书已有了明确的最小公倍数概念;补充了若干等差级数各元素互求公式;卷下最后一问为百鸡问题,是举世闻名的不定方程问题。

(6)《五经算术》2卷,北周甄鸾撰,是对《尚书》《诗经》《周易》《礼记》《论语》《左传》等经书中有关数学和计算方法的原文加以注释,在数学史上无贡献。

(7)《五曹算经》5卷,北周甄鸾撰,是为地方官员写的一本应用算术书,包括田曹、兵曹、集曹、仓曹、金曹5部分,内容浅显,唯其中有十进小数应用的萌芽,值得重视。

(8)《数术记遗》1卷,传本题东汉徐岳撰,甄鸾注,近人多以为是甄鸾自撰自注,假托徐岳撰。书中记载了9种大数进位制(十进法、万进法、万万进法)和14种算法,反映了当时人们改进计算工具的努力,其中"珠算"虽不同于元明的珠算盘,然"珠算"名称是目前所知最早的记载,此书开珠算之先河,似无疑义。

(9)《缀术》是这一时期中早已失传的一部重要数学著作。《隋书·律历志》论备数节说:祖冲之(429—500年)"所著之书名为《缀术》,学官莫能究其奥,是故废而不理"。由于该书失传,《南齐书》《南史》《隋书·经籍志》《通志》等所记卷数不尽相同,甚至王孝通《缉古算经》称祖冲之《缀术》2卷等。因此难以对《缀术》的作者、卷数及其与祖冲之《九章算术注》的关系作出确定性结论。而祖冲之的圆周率精确至八位数字(3.1415926—3.1415927),并提出"密率"(355/113),在世界上领先千余年,则见于《隋书·律历志》。其中"又设开差幂,开差立,兼以正圆参之。指要精密,算氏之最也",钱宝琮先生认为是从面积、体积问题引出的含负系数的二次、三次方程,首次突破了开方式的系数为正的限制。李淳风《九章算术注》中还记载了祖暅之开立圆术,在刘徽关于截面积原理的基础上,提出了"缘幂势既同,则积不容异"的原理,后来的卡瓦列利(1598—1647年)原理与之等价,解决了刘徽设计的牟合方盖的体积,从而彻底解决了球体积问题。数学史界一般认为上述成就都是《缀术》的内容。

(10)《夏侯阳算经》,成书于5世纪,现已亡佚。《隋书·经籍志》说它为2卷,《旧唐书·经籍志》说3卷,《新唐志》说1卷。《新唐书·艺文志》有"韩延夏侯阳算经二卷"。宋元丰七年(1084年)刻算经时,误收这部8世纪中的应用算术书——韩延《算术》——作为《夏侯阳算经》,其实只有第一章第一节"明乘除法"以下600字为《夏侯阳算经》原文。记述了筹算制度、筹算乘除法则和分数运算法则,以及"法除""步除""约除""开平方除""开立方除"5个名词的解释。而韩延《算术》,主要是向地方官吏和学人传授数学知识和计算技能,总共83题。除少数题取自《五曹算经》《孙子算经》外,多数题为结合实际需要自编的,其中采用重因法,化乘除的三行布算为一行布算,是值得重视的史料等。

(11)《缉古算经》,唐初王孝通撰,1卷,全书共20道应用题,包括天学计算题,用算术法解答;解题立出的算式有四次方程,但可用两次开平方求解。该书用"术"文阐述三次方程各项系数的计算方法;用"小注"说明建立方程的理念根据。《缀术》失传后,该书是讲解三次方程和记载四次方程的最早著作。阿拉伯人在10世纪后才出现三次方程,欧洲三次方程出现更晚。

按:以上《周髀算经》《九章算术》《海岛算经》《孙子算经》《夏侯阳算经》《张丘建算经》《缀术》《五曹算经》《五经算术》《缉古算经》被唐初国子监定为算学馆馆生课本,称为"十部算经",反映了我国公元前1世纪至公元7世纪的算学成就。

隋唐时期天文历法研究中还有两项数学成就,即7世纪初刘焯创造的等间内插公式和8世纪一行创造的不等间内插公式。此外,隋唐统治者在国子监设算学馆,科举考试设明算科,是个创举;李淳风(602—670年)与数学博士梁述、太学助教王真儒注释《九章算术》等十部算经,虽然注释水平不高,无甚发明,但在保存若干宝贵数学史料方面是有功劳的。[①] 不过总体说来,隋唐时期的数学成就是有限的,留下的数学著作也很少。

宋元数学是中国古代以筹算为主要计算工具的传统数学的登峰造极的新阶段。涌现了李冶(1192—1279年)、秦九韶(1202—1261年)、杨辉(约13世纪中叶人)、朱世杰

---

① 李淳风在《少广》章"开立圆术注"中援引了祖冲之父子关于球体积计算公式理论基础,使之流传至今。

(约13世纪末14世纪初人)宋元数学四大家,在数学领域取得了极其辉煌的成就,远远超过了同时代的欧洲,如高次方程的数值解法要比西方早800年,多元高次方程组解法和一次同余式的解法早500余年,高次有限差分法早400余年。此外沈括(1031—1095年)、刘益等人在数学方面贡献也很多。如沈括在《梦溪笔谈》中,首创隙积术,开创了高阶等差求和的新分支,又提出会圆术,首次提出了求弓形弧长的近似公式;蒋周在《益古集》中用二次方程解决方圆的各种关系问题,虽然原著不传,但在李冶《益古演段》中还保存有23个题目及其方程;刘益撰《议古根源》亦已不传,但杨辉《田亩比类乘除捷法》引有若干题和方法,可知刘益在《缀术》失传后,再次突破开方式系数为正的界限,首先引入负数方程,并创造了益积开方术与减从开方术求其正根等方法。下面介绍现在尚存的宋元主要数学著作。

(1)《数书九章》18卷,宋秦九韶撰,成书于淳祐七年(1247年)。全书收81例应用题,分成9类,即大衍(一次同余式)、天时(有关天文历法、雨雪量计算)、田域(田亩面积)、测望(勾股、重差及其他测量)、赋役(田赋、户税)、钱谷(征购米粮与仓贮)、营建(建筑施工)、军旅(兵营布置和军需供给)、市易(商品交易和利息)。采用习题体例,每题答案后以"术"说明解题方法,以"草"说明演算步骤,重点题还有图示。该书主要成就是:设题之复杂超过以往算经,有的问题有88个条件;有的问题答案多达180条;大衍总数术总结了历法制定中计算上元积年的方法,在《孙子算经》基础上,在世界数学史上第一次系统提出了一次同余式组解法,过了500多年,欧洲欧拉(1707—1789年)和高斯(1777—1855年)等人才接近秦氏水平;其外,在贾宪、刘益的研究基础上把增乘开方法推广为任意高次方程的数值解法;线性方程组解法完全以互乘消去法取代直除法;还提出了与海伦公式等价的以三角形三边计算其面积的三斜求积公式等。宋代,此书流传不广,未见刻本;《直斋书录解题》,录名为《数术大略》;《癸辛杂识》录为《数学大略》;《永乐大典》和《四库全书》录为《数学九章》,万历四十五年(1617年)赵琦美为常熟赵氏脉望馆所藏抄本题跋,始称《数书九章》。今传本为道光二十二年(1842年)郁松年所刻《宜稼堂丛书》之一,后有《古今算学丛书》本、《丛书集成》本等。

(2)《测圆海镜》12卷,元李冶著,成书于淳祐八年(1248年),全书收170个问题,卷一是全书的理论基础,包括圆城图式和识别杂记。算式以天、地、乾、坤、日、月、山、川等汉字表示点,类似于西方以字母记点,是个创举;识别杂记提出692条公式,集历代勾股形与圆的关系研究之大成。这692条公式,经今人研究验证,除8条外都是正确的。卷2至卷12就15个勾股形与圆的关系,提出了170个求圆径(已知直角三角形三边上各线段,求内切圆之直径)的问题。这些问题,大都要用天元术列出方程,是一种半符号代数学。该书虽不是天元术的创造者,但确是传流至今以天元术为主要方法的最早著作。

(3)《益古演段》3卷,元李冶著,成书于1259年。自序中称"术数虽居六艺之末,而施之于人则最为切务",并批判了视数学为"九九贱技"和"玩物丧志"等谬论。全书所疏64题中,大都是关于各种平面形间的面积关系问题,解题方法有"天元术"和"等积交换",该书是关于天元术较好的入门书。

（4）《详解九章算法》12卷,南宋杨辉撰,成书于1261年。该书除《九章算术》9卷外,又增加图解、乘除算法、纂类3卷。各卷都由解题、细草和比类3部分组成。"解题"是对《九章算术》原题的校勘和解释,包括名词简释和对问题的评论;"细草"包括图解和算草,可见演算具体过程;"比类"打破了《九章算术》的分类格局,按运算的数学方法重新分成乘除、互换、分率、合率、衰分、叠积、盈不足、方程、勾股9类,在当时是个创举,编著体例对后世数学著作影响较大。该书记载了现已失传的多种数学著作中的一些问题和方法,保存了许多宝贵的宋代数学史料,如贾宪三角(贾宪称"开方作法本源"图,即高次方展开式各项系数及其求解方法),早期的"增乘开方法"(高次方程解法)和"垛积术",发展了沈括"隙积术",给出了几个二阶等差级数求和公式。该书图、乘除、方田、粟米4章及衰分上半部、商功之一部分已佚,尚存商功、均输、盈不足、方程、勾股、纂类等内容。

（5）《杨辉算法》7卷,南宋杨辉撰,包括《乘除通变本末》3卷(1274年撰)、《田亩比类乘除捷法》2卷(1275年)、《续古摘奇算法》2卷(与友人合纂,1275年)3书。《乘除通变本末》卷上"习算纲目"是一部从启蒙到《九章》主要方法的数学教学计划,由浅入深、循序渐进,重视培养计算能力,为数学教育史重要文献;《乘除通变算宝》《法算取用本末》阐述"单因""重因""九归""加减代乘除""求一"等各种筹算捷法,反映了当时的实际需要,后世在此基础上演变为珠算歌诀。《田亩比类乘除捷法》,引用刘益的方法和题目,解各种二次方程和四次方程,对《五曹算经》中的错误多有分析和批评。《续古摘奇算法》,选择各种算书有趣问题,如鸡兔同笼、百鸡问题和重差问题等,逐题演算,并绘有各种类型的纵横图,对纵横图即幻方的研究颇有贡献,可视为世界上最早的纵横图。

（6）《算学启蒙》3卷,元朱世杰撰,成书于大德三年(1299年),内容分20门259问。书前有"总括"。上卷8门为:纵横因法、身外加法、留头乘法、身外减法、九归除法、异乘同除、库务解税、折变互差;中卷7门为:田亩形段、仓圈积粟、双据互换、求差分和、差分均配、商功修筑、贵贱反本;下卷5门为:之分齐同、堆积还原、盈不足术、方程正负、开方释锁。包括了从乘除及其捷算方法到增乘开方法、天元术、高阶等差级数求和等当时数学各方面的内容,形成了一个完整的体系。它比《九章算术》更精确,比《四元玉鉴》更易懂,是一部较好的数学入门书。

（7）《四元玉鉴》3卷,元朱世杰撰,大德七年(1303年)成书。卷首有"古今开方会要之图"5幅和"四象细草假令之图"。前者为开方图解法,其中"古法七乘图"是宋代贾宪"开方作法本源图"的推广,已扩展到八次方(七乘),即将$(a+b)^2$到$(a+b)^8$的展开式系数全部求出;后者是把天元术一步步推广到四元术,所讲四元术的基本原理是全书的预备知识。全书分24门288问。"假令四草""或问歌象""两仪合辙""左右逢源""三才变通""四象朝元"6门中,计有二元、三元、四元高次联立方程53题,详细讨论了高次方程组的消去法,还有高阶等差级数有限求和问题和高次差的招差法等重要成就。创造四元消法以解决多元高次方程组问题,以及若干复杂的高阶等差级数求和问题、高次招差法问题,是《四元玉鉴》最大的贡献。该书是中国古代水平最高的数学著作。四元术是方程术和天元术相结合的产物。朱世杰在高阶等差级数求和与高次招差方面的成就,一直处于世界领先地位,西方经过300多年,直到格里高利、牛顿才超过了他。

此外,宋元时期现存主要数学著作,还有宋谢察微《谢察微$(a+b)^8$算经》、佚名《算学源流》、佚名《透帘细草》、元丁巨《丁巨算法》、贾亨《算法全能集》、安止斋《详明算法》等。贾宪《算法敩古集》等虽已失传,但在杨辉《详解九章算法》中尚有引文和附图。

元中叶至明朝,中国古典数学急剧衰落,不仅没有再出现可与《数书九章》《四元玉鉴》等媲美的数学巨著,而且宋元数学的杰出创造如增乘开方法、天元术和四元术竟无人通晓。但明代流传至今的数学著作却不少,主要有严恭《通原算法》1卷(1372年,《永乐大典》残本)、夏源泽《指明算法》2卷(1439年,日本东北大学和早稻田大学各存一部)、吴敬《九章算法比类大全》(亦名《九章详注比类算法大全》)10卷(1450年)、王文素《古今算学宝鉴》41卷(1524年)、顾应祥《测圆海镜分类释述》10卷(1550年)、《弧矢算术》1卷(1552年)、《测圆算术》4卷(1553年)、《勾股算术》2卷(1553年)、周述学《神道大编历宗算会》15卷(1558年,有裴冲曼旧藏抄本8册)、徐心鲁《盘珠算法》(1573年,日本内阁文库藏有一部)、柯尚迁《数学通轨》1卷(1578年,日本三重县宇治山田市神宫文库藏有万历六年刻本)、程大位《算法统宗》17卷(1592年)及《算法纂要》(1598年)、朱载堉《算学新说》2卷(1603年)、黄龙吟《算法指南》2卷(1604年)等。这些数学著作,总体来看水平不高,开方法基本上都恢复至贾宪以前的水平,甚至像顾应祥、唐顺之那样的明代大数学家研究李冶《测圆海镜》时竟谓天元术无下手之处,而将天元术尽行删去。明代数学值得一书的事,一是公元1408年编成的《永乐大典》将明以前的中国传统数学著作按起源、各种数学方法、音义、纂类、杂法等分类抄入卷16 329—16 364,其保存古典数学文献的作用是不容低估的;二是随着筹算捷法的日臻完善,珠算术得到发展和普及。下面介绍明代几部影响较大的著作。

(1)《九章算法比类大全》10卷,明吴敬撰,其书分为方田、粟米、衰分、少广、商功、均输、盈朒、方程、勾股、开方,共1 400余问,显然是依《九章》名义分类。其内容是收集刘徽《海岛算经》、王孝通《缉古算经》、杨辉《详解九章算法》等书中的问题作为发问,以结合当时实际应用,尤其是与商业资本有关的应用题作比类,如合伙经商、商品交换、绢罗计算等。28年后,意大利数学家特雷维沙出版了第一本西方商业数学,两书许多算法、名称十分相似,它们都是资本主义萌芽时期商业活动在数学中的反映。以筹算为主,也提到了珠算盘。

(2)《算学宝鉴》42卷,明王文素撰,成书于公元1524年,主要是收集南宋至明中叶的数学著作中的题目,并以常用作比类,附以自己的见解,保存了若干十分有价值的史料。其中卷41提出一个开八乘方的问题,从方法上说,虽不比宋元时代的增乘开方法先进,但利用二项式定理系数表解三次以上的高次方程,在中国数学史上还是首次。

(3)《数学通轨》1卷,明柯尚迁撰,是一本珠算普及读本。书中有九归总歌法语、撞归法语、还原法语等。书中"初定算盘图式"是一个十三档珠算盘图,上二珠、下五珠,中间用木梁隔开,与今通用算盘相同。

(4)《算法统宗》17卷,明程大位撰,成书于1592年,体例和内容与《九章算法比类大全》有不少相同之处,如大数、小数、度量衡单位和数学词汇的解释,应用题按《九章》章名分类,部分题目用诗词形式表达等都基本相同。而《算法统宗》的特点和贡献在于:第一,全书595个应用题的数值计算,都不用筹算方法,而是用珠算盘演算的;第二,最早用珠算方法开平方和开立方;第三,附录北宋元丰七年(1084年)以来的数学著作51种(惜今仅存15种);第四,创制"丈量步车",并绘有图,类似测量用的卷尺;第五,卷6《少广》章开平方术将"开方作法源图"和朱世杰的七乘方进行了推广。该书流传极广,明清两代不断翻刻、改编,"风行宇内",凡习计算的人,"莫不家藏一编",影响之大,在中国数学史上是罕见的。该书还曾传到日本、朝鲜等东亚各国,并延续使用到今天。

　　明末西方数学传入中国,开始了中西数学融会贯通的新阶段。明末至清末数学著作猛增多达千余种。西方数学的传播可分两个阶段。第一阶段是传教士利玛窦来华(1582年)到雍正皇帝(1723年即位)实行锁国政策以前,传入的主要是初等数学,其中有利玛窦和徐光启合译的《几何原本》前6卷(1607年)、《测量法义》1卷(1607—1608年),利玛窦和李之藻合译的《圜容较义》(1608年)、合编的《同文算指》(1613年),匿名《欧罗巴西镜录》,1629年徐光启在历局主持编译的《崇祯历书》137卷,邓玉函编译的《大测》2卷(1631年)、《割圆八线表》6卷,罗雅谷《测量法义》10卷,穆尼阁和薛凤祚合编的《比例对数表》(1653年)、《比例四线新表》、《三角算法》各1卷,等等。明末清初西学东渐的第一阶段传入的主要数学知识,包括欧几里得的《几何原本》,雷格蒙塔努斯(Regiomontanus,1436—1476年)的平面三角学和球面三角学,纳白尔(J. Napier,1550—1617年)筹算,纳白尔和巴里知斯(H. Briggs,1556—1630年)的对数,以及格里高利(J. Gregory,1638—1675年)的正弦、正矢的幂级数公式和牛顿(I. Newton,1642—1727年)的圆周率幂级数公式(被梅毂成载入他的《赤水遗珍》)等,促进了中国数学的发展。中国学者对此做了大量的融会贯通工作,并有所改善(容下文叙述)。第二阶段是鸦片战争(1840年)到清末(1911年),传入的主要是高等数学。此间,李善兰(1811—1882年)和伟列亚力(Alexander Wylie,1815—1887年)除完成徐光启未竟之业,合译《几何原本》后9卷外,还合译了我国第一部符号代数学《代数学》13卷(1859年)、第一部微积分学《代数积拾级》18卷(1859年),李氏又与艾约瑟(Joseph Edkins,1823—1905年)合译《圆锥曲线说》3卷,还与伟列亚力、傅兰雅(John Fryer,1839—1928年)合译了世界科学名著牛顿《奈端数理》(即牛顿《自然哲学的数学原理》)3册;邹立文与狄考文(C. W. Mateer,1638—1908年)编译了《形学备旨》10卷(1885年)、《代数备旨》13卷(1891年)、《笔算数学》3册(1892年);华蘅芳与傅兰雅合译《代数术》25卷(1872年)、《微积渊源》8卷(1874年)、《三角数理》12卷(1877年)、《代数难题解法》16卷(1879年)、《决疑数学》10卷(1880年)、《合数术》11卷、《算式解法》14卷(1899年),其中《决疑数学》是我国第一部概率论译著,《算式解法》卷13"定准数"介绍了一些有关行列式知识;谢洪赉与美国教士潘慎文(A. P. Parker,?)合译了关于解析几何的《代形合参》3卷(1893年)和三角函数的《八线备旨》4卷(1894年);等等。这些译著,大多数是第一次翻译的高等数学,许多数学名词和术语都是首创的,其中一部分至今尚在使用。

19世纪末到20世纪初，各地兴办学堂，上述译著一部分成了主要教科书，它们在中国数学史上的作用是应肯定的。随着西学东渐的影响，中国清代出现了中西数学融会贯通的新阶段。以梅文鼎(1633—1721年)为代表的清代数学家，在介绍西方数学、融会贯通方面作了大量的工作。仅梅瑴成(1681—1763年)编辑的《梅氏丛书辑要》60卷，就收入梅文鼎数学著作13种40卷，占全书篇幅三分之二。内容遍及中国尚存的和西方传入的数学知识的各个门类，影响了整个清代数学。梅瑴成还与陈厚耀(1648—1722年)、何国宗、明安图(？—1763年)编纂了《数理精蕴》53卷，全面系统地介绍了当时传入的西方数学知识，对清代数学影响极大。

乾隆三十八年(1773年)，决定修《四库全书》，戴震等从《永乐大典》中辑出《周髀》《九章》《海岛》《孙子》《五曹》《五经算术》《夏侯阳算经》《数学九章》《益古演段》等9部算经，以及对收集到的影宋本《张丘建算经》《缉古算经》《数术记遗》校勘后，将其一并收入《四库全书》，并将前7种收入《武英殿聚珍版丛书》。后来《测圆海镜》《四元玉鉴》《算学启蒙》《详解九章算法》《杨辉算法》等又陆续被发现校勘，掀起了乾嘉时期研究中国古代数学的高潮。此间有关算书注释以李潢(？—1812年)《九章算术细草图说》、罗士琳《四元玉鉴细草》影响最大；而开创性研究工作当推焦循(1763—1820年)的《里堂学算记》、汪莱(1768—1813年)的《衡斋算学》、李锐(1768—1817年)的《李氏算学遗书》最为有名。下面介绍几部代表作。

(1)《数理精蕴》53卷，梅瑴成主编，陈厚耀、明安图等助编，传教士张诚、白晋等提供译稿。上编5卷，卷1为"数理本源"《周髀算经》，卷2至卷4为《几何原本》，卷5为"算法原本"；下编40卷，卷1至卷30为实用算术，卷31至卷36为"借根方比例"，介绍西方代数学知识；卷36至卷38为"对数比例"；卷39至卷40为"比例规解"。另附表4种8卷，包括素因数表、对数表、三角函数表、三角函数对数表。该书是一部数学百科全书，主要介绍14世纪传入的西洋数学，也涉及少量中国古代数学，为清朝第二阶段西洋数学传入的成果，掀起了乾嘉时期数学研究的高潮。

(2)《里堂算学记》16卷，清焦循撰，该书包括《释轮》2卷、《释椭》1卷、《释弧》3卷、《加减乘除释》8卷、《天元一释》2卷。前3书总结了当时天文学中的数学基础知识；《加减乘除释》发现并阐明了四则运算的基本定律，探讨了《九章算术》等算经的逻辑思维；《天元一释》阐述了李冶的天元术和秦九韶的正负开方术，对《四库全书总目》中关于天元术的错误有所纠正。

(3)《衡斋算学》7册，清汪莱撰，第一册论球面三角形，已知两角一对边或两边一对角，有两解的各种情况；第二册论勾股形，已知勾股相乘积与勾弦和长，有二解；第三册论已知一弧的通弦，求五分之一的通弦；第四册论弧三角形题条目及递兼数理，即论已知三事、球面三角形只有一解的条件；第五册列出24个二次方程和72个三次方程例证，逐个讨论有几个正根；第六册论已知一弧的通弦，求其三分之一的通弦(附李锐《第五册算书跋》和焦循《第五册算书记》)；第七册论方程之正根之有无和解法。最后3册表明汪莱在中国首次探讨了方程的正根与系数的关系；在阐述弧三角形解法、阐发边角相求之原理,以求会通,亦有独得之秘。

(4)《开方说》3卷,清李锐撰,该书是李锐数学著作(李另有《勾股算术细草》《弧矢算术》《方程新术草》各1卷)中成就最大的一种。其书在《衡斋算学》的基础上,进一步探讨了方程理论。卷上论方程正根的个数与各项系数符号的变化次数之间的关系,还叙述了解数学高次方程的增乘开方法。卷中,首先肯定方程的根可以是负数,从而得出如下结论:不论符号变化的次数,凡二次方程皆可开二数,三次方程皆可开三数或一数,无实根的方程不在讨论之列;已给一个数字高次方程,用增乘开方法求它的负根,和求它的正根原则上是一致的。卷下补充了不少命题,使方程论成为一门比较完整的学科。该书还在中国数学史上首次提出重根概念。作者的先进思想曾与笛卡儿(1596—1650年)符号法则相一致,已接近代数基本定理的初步思想。

(5)《畴人传》46卷,清阮元主编,李锐等主笔,它以人物为纲,用传记体裁记载历代天文、历法、数学专门学者事略凡280人;其中前42卷记传说中的羲和、常仪至乾嘉时期江永、戴震等243人,末4卷附记西洋自默冬至蒋友仁等37人,为中国第一部自然科学史略专著。该书取材于诸史天文、律历、方技、艺术等志传和《四库全书》所收天文历算著作。全书朝代铨次,每传均叙传主姓名、爵里、生卒、事迹、科学成就与著作,并注明材料出处,于历代创造发明和仪器制度撮录特详。篇末多附简论,阐明诸家学术原委、异同、成就与不足。凡迷信之说,剔除不录。缺点是有遗漏。

后来阮氏门人罗士琳撰《畴人传续编》6卷,其中"补遗"2卷12人,附见5人,"续补"4卷20人,附见7人。记叙科学家生平与学术成就颇为翔实,传后评论更为中肯而有针对性。

清诸可宝(1845—1903年)撰《畴人传三编》7卷,卷1、卷2补记清初至道光二十年(1840年)已故算学家和天文学家30人,卷3至卷6续记道光二十年以后已故畴人31人,附见27人,卷7记天文学家数学家3人,附录西洋11人,附见5人。各传后有简论,反映当时有成就的数学家受到社会赞扬的实况。

光绪二十年(1894年),黄钟骏又撰《畴人传四编》11卷,附录1卷,凡收436人,约78 000字。其中前8卷收自上古至清畴人247人,附见28人;后3卷收西洋49人,附见54人;附录收中国历代名媛3人,附见3人。所录多有网罗散失之功,足补前三编之不足。

18世纪以后,数学著作很多,其代表著作有明安图《割圆密率捷术》4卷,完整地证明了三角函数幂级数展开式和π的无穷级数表示式等9个公式,开创用解析方法研究三角函数和圆周率新途径。其中包括牛顿和格里高利的3个函数的幂级数展开式和自创的6个幂级数展开式。后来有董祐诚(1791—1823年)的《割圆连比例图解》3卷,项名达(1789—1850年)的《象数一原》原稿6卷,戴煦(1805—1860年)补为7卷。项名达首先把无穷级数方法运用于解决二项式平方根问题,创立了自乘开方法,其后又做出有理指数幂的二项式定理系数表,还与戴煦共同探讨开方法,得到二项式开n次方根的展开式,从而突破了古典代数学的范畴。戴煦《求表捷术》在二项式平方根的幂级数展开式和对数造表法方面颇有建树,是数学史上的重要成果。李善兰的《方圆阐幽》1卷、《弧矢启秘》、

《对数探原》等著作中的尖锥术,具备了解析几何思想,提出了几个相当于定积分的公式,这是他接触西方微积分学之前,独立地接近微积分学,其妙悟颇有贡献。此后夏鸾翔(1823—1864年)《致曲术》(二次曲线)、黄宗宪《求一术通解》、刘彝程《简易庵算稿》等也较有成就。

有清一代,数学著作总数约1 300多种。

七、术数类

术数,又称数术,三国韦昭认为术指占术,数指历数。就是说术数为阴阳家、占筮家之术,用阴阳五行生克制化的数理来推断人事吉凶。也就是以种种方术观察自然界可注意的现象,用以推测人和国家的气数和命运,对我国古代政治、军事、文化、科技曾产生过广泛的影响。有关术数的典籍,多兴于秦汉。汉成帝征集天下遗书,命刘向等人校雠,其中太史令尹咸校术数类书。刘歆撰《七略》,内有术数略,可惜已佚。传世最早的目录学书《汉书·艺文志》以《七略》为蓝本,所以仍列数术略,下列天文、历谱、五行、龟蓍、杂占、形法6类。所列天文,乃"序二十八宿,步五星日月,以纪吉凶之象,圣王所以参政也"。历谱讲历法,其余皆阴阳占卜之书。《汉书·艺文志》并云:"术数者,皆明堂、羲和、史、卜之职也。"然而史官久废,除天文、历法外,后世言术数,一般泛指各种迷信,如星占、卜筮、六壬、奇门遁甲、命相、起课、堪舆、占候之类。

到了清代,《四库全书》将古天文和古算术书归入天文算法类,而术数类则收"《易》之支派,傅以杂说",共分数学、占候、相宅相墓、占卜、命书相书、阴阳五行六属,存目又增杂技属。

(一) 数学

《四库全书总目》术数类叙云:"物生有象,象生有数,乘除推阐,务为造化之源者,是为数学"。这实际是据《周易》阴阳奇偶之数推衍出来的象数学说,内容多是数学神秘主义,当然有些内容反映了作者对自然界的一些看法;有的书中记载了各种幻方术,在数学史上有一定的地位。《四库全书》共收16种147卷,下面是几种主要的书。

(1) 汉扬雄《太玄经》10卷。《汉书·扬雄本传》称:"太玄兴,太初历应。"值得注意。

(2) 宋司马光《潜虚》1卷,附《潜虚发微论》1卷。司马光未及成书而卒,故有后人附益,《潜虚发微论》则是张敦实撰写的。

(3) 宋邵雍《皇极经世书》12卷。1—6卷以易卦配元会运世,推其治乱;7—10卷为律吕声音,即内篇;11—12卷为观物篇,即外篇。

该书是数术类最具代表性的著作,作者用自己创造的象数体系来概括宇宙间的一切。它在封建社会后期影响较大,被视为宋学的一部分,时至今日仍有研究价值。如中国古代的二进位制,要算该书最为典型。

(4)宋张行成《皇极经世索隐》2卷(《永乐大典》本)。

邵雍作《皇极经世书》,其子邵伯温为之作解。张行成认为伯温于象数未详,复为推衍其说。按:邵雍借《易》推衍,而实无《易》。又有《皇极经世观物外篇衍义》9卷,理、象、数各3卷;《易变通》40卷。

此外,还有《易学》《天原发微》《大衍索隐》《三易洞玑》等等。

(二)占候

星土云物,见于经典,流传妖妄,浸失其真,然不可谓古无此说,是为占候。即利用自然界的奇异现象来占吉凶,总旨属于唯心主义的一套,但记录的奇异自然现象往往是客观事实。摒弃占候条文的迷信内容,从自然现象入手,可以得到一些可贵的史料。如地震前动物异常预兆,将要日食时有红色光辉等是合乎科学道理的;有些书中还保存了一些重要的天文学知识,则更值得重视。《四库全书》中仅收2部135卷。

(1)后周庾季才《灵台秘苑》15卷。

其说多主占验,不尽可凭,附会尤多。然所据皆隋以前之古书,可资参考。

(2)唐李淳风《乙巳占》10卷。

(3)唐瞿昙悉达《开元占经》120卷。

所言占候之法,皆术家之异学,唯卷104、卷105所载麟德历、九执历为他书所不详;《隋书·经籍志》著录纬书81篇,此书尚存七八,皆孙毂《古微书》所未见也。可见此书有裨考证,故学者始终重视此书。

(4)明初《天玄玉历祥异赋》,传世有精彩绘本,内有各种云图多幅,弥足珍贵。

附:1988年北京师范大学出版社出版了山东栾巨庆的《行星运动与长期天气、地震预报》,长达40万字。作者认为太阳系其他行星的运动周期,对地球之天气变化周期具有直接而重大的影响;某行星看上去"悬挂"在天空某一点时,即会左右地球上相对应区域的天气环流形势,从而给人类带来奇旱、大涝、寒流、台风等灾害。因此他创用了一整套"行星对应区"进行天、地、太阳活动以及"厄尔尼诺"现象的长期预报方法和理论依据。他宣布,由于一些行星的"视运动"周期是59年和237年,所以地球上在相应周期出现时,亦会发生特大自然灾害。报说,他从1980—1984年每年发布的超长期天气预报平均准确率达74%,与此同期,国家气象台的天气趋势预报准确率仅24%。对栾的观点,目前仍然褒贬不一。有兴趣者可以参考其书(另见《中国青年报》1989年4月8日第2版)。

（三）相宅相墓

相宅相墓又称堪舆学,堪为天道,舆为地道,通俗的说法就是看风水之类的著作。它起源于早期相术对山川形态的崇拜和迷信说教,在地理学的基础上,吸收古代哲学、伦理学、美学、心理学、天文学、术数的内容发展起来,形成中国独特的一种复杂的风俗文化。它兼有风俗、科学和迷信,是三者的综合体。就科学而言:风水与地理学关系极密切,涉及地形、水文、气象气候、土壤、生物、探矿、地图等方面,因此风水先生又称地理先生;风水还与建筑史有一定的关系,对考古学工作也有一定的参考价值。这类著作很多,《四库全书》收入8部17卷。它们是:

（1）《宅经》2卷,后人伪托黄帝撰。其书分24路,"考寻休咎,併及修宅次第法,大旨以阴阳相得者为吉"。[①]

（2）《葬书》2卷,伪托晋代郭璞撰。

阴宅的兴起晚于阳宅,发展迅猛。《葬书》被风水先生推作经典;几乎所有的风水理论都标榜由此演绎而出,并拜郭璞为始祖。其书要点为:一曰"气说"——"葬者,乘生气也",自然界新兴而生苗,与萧条相对的现象叫作生气,这是风水理论的核心;二曰"藏风得水说"——"藏风得气,得水为上",这是乘生气的首要保证;三曰"形势说"——"千尺为势,百尺为形,势来形止,是为全气",这也是寻龙的主要理论和方法之一;四曰"四灵说"——"夫葬以左为青龙,右为白虎,前为朱雀,后为玄武",这是讲墓葬周围环境的理想模式;五曰"方位"——"土圭测其方位,玉尺度其远迩",是讲墓葬定方位的方法。理法俱全,可谓是一部关于山川形势和方位理气的综合性阴宅著作。

（3）《撼龙经》1卷、《疑龙经》1卷、《葬法倒杖》1卷,旧题杨筠松撰。

《撼龙经》,讲山龙脉络形势,配以九星,决其休咎。《疑龙经》共3篇,一论干中寻枝;一论寻龙到头,附以十问;一论结穴形势。《葬法倒杖》专论点穴,倒杖即申明其说。

《四库全书》中还有《青囊奥语》《青囊序》各1卷、《天玉经内传》3卷、《外篇》1卷、《灵城精义》2卷、《催官篇》2卷、《发微论》1卷。其实中国古代相宅相墓的书很多,除上述8种经外,还有宋张子微《玉髓真经》,金丞相仄仄《乌龙经注》,明张鸣凤《立宅入式歌》、佚名《堪舆完孝录》(《道藏续集》1 089册)、曹溶《地学指归》、徐善继等《人子须知》,清汪志伊《地学简明》、李光旭《地理考索》、熊起蟠《堪舆泄秘》,等等;另外还有一些丛书性质的风水著作如明柴复贞《相宅全书》(明初刊残本)、明李国庆《地理大全》、清《历代地理正义秘书》,等等。

相宅相墓著作,主旨无疑是封建迷信,但它强调吉凶可趋避,这与命相术有明显区别,因而在古代特定的社会风俗中往往能起到一种心理平衡作用。进一步分清风水的糟粕和精华是我们批判继承古代文化遗产的任务之一。潘谷西的研究生何晓昕《风水

---

① 《郑堂读书记》卷47子部之下。

探源》（东南大学出版社，1990年）和杨文衡《论风水的地理学基础》（《自然科学史研究》1992年第4期）可资参考。

另外还有《六壬大全》12卷、《卜法详考》4卷，等等。

（四）占 卜

占卜系依托《易》义，因数以观祸福，没有多大价值，《四库全书》收有5部27卷。

（1）《灵棋经》2卷，以棋子12枚，以所掷面背相乘，得124卦，卦各有繇辞。传称汉东方朔撰。

（2）汉焦延寿《易林》16卷，以一卦演为64卦，各有繇辞，传称多有验，为《易》学象数派的一支。

（3）汉京房《京氏易传》3卷。京房传焦氏之学，而推演灾祥甚于延寿。

（五）命书相书

皆五行之流，所谓命相所定，主于前知而不可避也。《四库全书》收入14部53卷。命书，指星命书，属星占术，有些内容见正史天文志或五行志。命书通常以生辰八字来算命，即以干支纪年、月、日、时，把所谓人的命运包括在$60^4 = 12\,960\,000$之数中（除去极端之数），显然是荒唐的，宿命论思想很典型。比如同年同月同日同时出生的人，命运不相同，就无法说明。这类书有《李虚中命书》3卷、旧题晋郭璞撰《玉照定真经》1卷、佚名《星命溯源》5卷、宋徐子平《珞禄子赋注》2卷、旧本题宋岳珂补注《三命指迷赋》1卷、辽耶律纯《星命总括》3卷、无名氏《演禽通纂》2卷、明万民英《星学大成》10卷、佚名（万民英？）《三命通会》12卷，等等。其中值得注意的是伪称唐张果撰《星宗》中有印度星占术——《聿斯经》（见《星命溯源》），清初薛凤祚《历学会通》内有欧洲星占术。

相书，即相术之书，辨察人之官体容色，以判断吉凶祸福，分相面、相手、相痣、相五官、相眉毛等。这类书籍与命书不尽相同，就总体来看属于迷信范畴，但相手中对指掌纹有相当细致的研究，可视为指纹学之嚆矢；相面和相五官有审美观念和人体相关现象，相痣与医学有一定的关系；等等。去其迷信现象，可以找到一些有用的资料，对人体科学有一定的启发作用。它的主要错误在于：一是夸大了某些自然素质的作用；二是把自然素质扩大到社会领域，用来解释复杂的社会问题；三是把相当多的后天获得性状（特征）说成是命中注定的，则是本末倒置了。目前社会上流传本很多，不管取什么名称，只要还保留上述三点错误，仍然超脱不了相术的范畴，不可不察。

这类著作主要有王充《论衡》中的《骨相篇》、王符《潜夫论》中的《列相篇》、佚名《月波洞中记》3卷、来和《相经》14卷、陈抟《麻衣神相》、袁柳庄《柳庄相法》和《神相全编》、旧题南唐宋齐邱《玉管照神局》3卷、金张行简《人伦大统赋》、旧题后周王朴《太清神鉴》6

卷,等等。此外,还可参见《三才图绘》。

相术,古时称"风鉴",俗称看相。它是通过辨查人的面相、手相、骨骼、体形等外部特征,结合人的神志、声态、举止来推断人的寿夭、贵贱、祸福、吉凶等所谓命运的一种方法——数术之一。

相术起源于何时,无定论。春秋战国时期相术已经蔚然成风。据《左传》记载:鲁文公元年,鲁国为不久前去世的僖公举行会葬,周王室派内史叔服参加葬礼。鲁国的重臣公孙敖听说叔服善相人,就带了自己两个儿子谷和难去拜见他。叔服看了两个孩子后对他说:"您这两个孩子都是保家之子;谷会供养您,难会料理您身后之事;谷的下巴方广饱满,它的后代必定会在鲁国兴旺。"《左传·文公元年》:"元年,春,王使内史叔服来会葬。公孙敖闻其能相人也,见其二子焉。叔服曰:'谷也食子,难也收子。谷也丰下,必有后于鲁国。'"后来,叔服的预言都应验了,谷的儿子茂,成了鲁国著名贤大夫孟献子。这则故事向我们提供了迄今所知见于史籍的第一位相士的名字——叔服。

在其他先秦史籍中也常可见相士和相术的记载。如《荀子·非相》虽然对相术颇有非议,但却透露了一些重要信息:"古者有姑布子卿,今之世,梁有唐举,相人之形状、颜色而知其吉凶妖祥,世俗称之。"这里的姑布子卿和唐举,似是春秋战国时期先后两个著名的相士,而被"世俗称之"。据说姑布子卿曾给孔子看过相,在当时颇为著名,因而相术又称"姑布子卿术"。

两汉时期是相术发展的重要阶段。《史记》和《汉书》都有关于相貌和贵贱相关的记载。说刘邦长得"隆准而龙颜,美须髯,左股有七十二黑子",所谓帝王之相。还说刘邦老家有一吕公,颇懂相术,断定女儿吕雉长相为贵人,很多人来求亲都被他拒绝了(不允),后来见刘邦之相非同一般,就把女儿嫁给他了。后来市井出身的刘邦果然雄霸天下,吕雉也成了大名鼎鼎的吕后,而且生下了金童玉女,即孝惠帝和鲁元公主。

刘邦以布衣得天下,手下的佐臣也大多起自民间,他们凭借战功和才能从社会的底层一跃而成为上层统治者,这无疑与传统的以宗法、血缘亲疏定贵贱的制度和风俗是相悖的,于是统治者及其文人不得不想方设法为其寻找根据,除了编造刘邦乃刘媪与神龙交感所生,所以龙颜像龙之类的神话外,相术也是其中之一。相术也是攀龙附凤、甄选人才的一种标准。《汉书·艺文志·数术略》记有《相人》24卷,该书与《宫宅地形》《相六畜》《相宝剑刀》等书同归于"形法"类。

汉代以后,相术发展的趋势是理论方面更加复杂化、细微化,所相部位也越来越多,乃至隐蔽部位。有些相术还吸收了中医望诊的内容。在实践方面,相术更加深入到社会各阶层,著述明显增多,托名宋代陈抟所著《神相全编》可谓是集大成之相术著作。各种局部相法也应运而生,大型类书,如《三才图绘》,还将各种相法分门别类加以整理印出。

相术是根据人的外表特征和气质来推断禀性和命运的,久而久之就产生了一定的命相格式,这些格式本于实际的社会经验,有一定的统计规律,符合特定时代的人们品鉴人物的标准。而文艺作品在塑造人物形象时,也要立足于现实,为了迎合读者的认同,于是相术中的命相格式就有可能成为文艺作品中人物形象塑造的依据。所谓文官相、武官相、忠臣相、奸臣相等,都有明显的特征(模式),而文艺作品一旦搬上舞台,在化装或脸谱画法上就更加模式化:帝王将相、才子佳人,文武殊异、忠奸有别,乃至寿有寿相,夭有夭相,令观众一望而知。这种文艺作品和舞台艺术,既是相术在它们中的反映或渗透,又在一定程度上加深了相术的普及。所以搞历史文艺作品和舞台化装者,懂一点相术,可能会增加艺术效果。

相术对文艺作品的影响,《金瓶梅》可作为代表,该书产生于看相、算命之风最盛的明代,所写的内容又是最信奉命相之说的市民阶层的生活,而"作者本人可能也深谙相术、命理,所以书中曾多次描写看相、算命之类的情节,其中以第29回'吴神仙冰鉴定终身'一节最为典型,在全书中也最为关键,因为书中主要人物的相状与各自的品行、命运的关联都通过这位相术高手吴神仙的口中揭示出来了,颇有因果报应、惩恶扬善、命运归宿的意味。《金瓶梅》一书的主旨是通过描写集官僚、恶霸、富商于一身的西门庆与其妻妾醉生梦死、肮脏罪恶的一生,以揭露有闲阶级黑暗腐朽的现实生活,进行'明人伦、戒淫奔、分淑慝、化善恶'的规过劝善的说教。书中对人物命相的这些描写,显然也与这个主旨有关。由此可见,相术发展到后期,又与伦理道德规范结下了不解之缘。相术在古代的社会影响之所以如此深远,至今仍不绝如缕,这大概也是一个重要原因吧。"①

指纹与指纹学:国际上公认指纹学起源于中国。每个人都有指纹,指纹各不同,终生不变,是为物证之首。指纹分为弓形、箕形、斗形。指纹还有两个特点,一是别人的指纹在活人身上留不下来,二是死人留不下指纹。所以,与签字、印章相比,指纹是最科学的。了解算命看手相,一定要知道三点:一、(对某种特征)有一定的统计数据和规律;二、"命中注定"是最具迷惑性的,也是最不科学的,但是最省事的说法;三、看相的人给人看相时有一些技巧:比如懂一些心理学知识,讲一些模棱两可的话,诱导被看相者自己说出一些信息来;同时还注意不说一些容易弄出是非的话。当然,我们一定要记住,算命看相是宿命论,但同时也是最简单、最能安慰人的。

关于相术的技巧,曾国藩在他的日记中有许多记载。他所记载的这些技巧很高明,如:"眼圆而动,不甚可靠","色浮,不甚可靠","目定鼻定,坚实可恃"……

(六) 阴阳五行

是讲五行生克的书。它们有:唐王希明奉敕撰《太乙金镜式经》10卷,明程道生《遁甲演义》2卷,明池本理《禽星易见》1卷,清李光地等奉敕撰《御定星历考原》6卷,清庄亲王允禄等奉敕撰《钦定协纪辨方书》36卷,等等。

术数类,绝大部分是伪科学,宣扬宿命论,影响颇深。《四库全书总目》已认识到:术数类"除数学一家为易外别传,不切事而犹近理,其余则百伪一真,递相煽动。必谓古无

① 王浩:《图文中国民俗·数术》,中国旅游出版社,2004,第75页。

是说,亦无是理,固儒者之迂谈。必谓今之术士能得其传,亦俗之惑志,徒以冀福畏祸。古今同情,趋避之念一萌,方技者流各乘其隙以中之。故悠谬之谈,弥变弥夥尔"。只因为"众志所趋,虽圣人有所弗能禁",才存其说。这里我们提及这类书,是作为一种民俗文化史来看待的。

八、艺术类

1. 书画之属

《宣和画谱》20卷,《宣和书谱》20卷。

2. 琴谱之属

《艺舟双辑》6卷。

3. 篆刻之属

印泥记方(封泥:古代用来密封文件的)。

刻玉技术。

4. 杂技之属

《竹谱》。

《竹谱》有两本,一本是专记培育竹子的,另一本是介绍如何画竹的。

九、谱录类

宋以前未立谱录,有关著作归类不一。《宋史·艺文志》著录了部分谱录类著作。宋尤袤(1127—1194年)《遂初堂书目》创立谱录一门。《四库全书》收有谱录类著作55部363卷,附录1部3卷,分为器物、食谱、草木鸟兽鱼三属。另外《四库全书总目》还有存目89部275卷。其实谱录类著作很多,远不止这个数字。而且谱录类著作多与科技史、考古、传统工艺有关。现分述如下。

(一)器物谱

器物谱名目繁多,相对集中的是考古类和文房四宝类。

1. 考古类

与考古有关的著作有梁陶弘景(456—536年)《古今刀剑录》、陈虞荔《鼎录》,宋吕大临《考古图》、王俅《啸堂集古录》、王黼等《宣和博古图》、洪遵《泉志》、佚名《百宝总珍集》、龙大渊《古玉图谱》，明吕震等《宣德鼎彝谱》、陆深《古奇器录》、清《钦定西清古鉴》、《钱录》，等等。这类著作虽属考古类，但与冶铸史有关。下面介绍几部主要著作。

(1)《古今刀剑录》1卷，旧题陶弘景撰，该书共记74事，其中帝王刀剑自夏至梁武帝40事；诸国刀剑自刘渊至赫连勃勃18事，吴将刀自周瑜以下10事；魏将刀自钟会以下6事。后人有所窜乱，不可不察。该书对考察古兵器和冶铸史研究，均有参考价值。

(2)《考古图》10卷，《续考古图》5卷，释文1卷，宋吕大临撰。然《续考古图》恐非吕大临所作，而可能是南宋人为之。此书在《宣和博古图》之前，而较《宣和博古图》更为精审。释文所注诸字皆在《考古图》，而无一字及《续考古图》。

(3)《宣和博古图》30卷，旧题王黼编，一说王楚撰。全书著录宋代皇宫在宣和殿所藏古器839件(其中杂器40件，镜鉴113件)，共分20类。每种器件皆摹绘图形、款识，记录大小、重量、容量，并附考记。是当时古器物集大成之作。在分类和考订方面有所成就，是考古学重要的参考书。元代曾重刻，明代又重新校订。有《四库全书》本和《格致丛书》本等。

(4)《宣德鼎彝谱》8卷，明宣德中礼部尚书吕震等奉敕撰。所记皆当时铸器图式、工料及供用名目，末附释名2卷。具体仿古规模尺寸记载尤详。著名的宣德炉，在明代已多伪制，此本辨析极精，可据为鉴。

(5)《钦定西清古鉴》40卷，乾隆四十年(1775年)梁诗正等奉敕撰。以内府庋藏古鼎彝尊罍之属按器为图，因图系说，详其方圆围径之制、高广轻重之等，并勾勒款识，各为释文。摹模精审，考证颇详，援据经典，辨析分明。就各种青铜器造形而论是图谱，就铭文而论则是第一手资料，就考证而论可谓著述。

(6) 古钱币著作：早在南北朝已有刘潜《钱志》、顾烜《钱谱》，宋代洪遵有《泉志》，后来还有《钱录》、清代《吉金所见录》《观古阁泉识》；抗战前后成书的《古钱大辞典》《历代古钱图说》、《泉币》杂志等。现介绍《泉志》一种，以窥一斑。

《泉志》15卷，南宋洪遵撰。该书汇通六朝和唐人论述，参照本人所收藏的钱币，于绍兴十九年(1149年)写成。收录五代以前中外历代各类钱329种(其中日本、波斯等外国货币83种)，分正品、伪品、不知年代品、天品、刀布品、外国品、奇品、神品、厌胜品等9类。书中对各朝货币铸造式样、时间等均予著录，后人据此绘有附图，为研究古钱币史的重要资料。有《津逮秘书》《丛书集成初集》等本。另有清人金嘉采著有《泉志校误》4卷，收入《观自得斋丛书》，可供参考。

2. 文房四宝类

文房四宝，纸墨笔砚是也。其中纸谱、墨谱与科技史关系十分密切，研究者很多，然而《四库全书》收录砚谱很多，而纸谱甚少。现分类介绍如下。

(1)《文房四谱》5卷，宋苏易简(958—996年)撰，作者雍熙三年(986年)序云："因阅书秘府，遂检寻前志，并耳目所及，交知所载者，集成此谱。"其中笔谱2卷，砚、墨、纸谱各1卷，附以笔格水滴，皆详述始末，而附以故事诗文。体例按叙事、制造、杂说、辞赋4项加以述说。引之古书,集以杂说、逸事,尤其作者记当代耳目所及事例,相当重要。专举一器一物辑成一谱,始自此书。如《纸谱》是我国较全面论述纸的第一部专著。其中关于黟歙间制造巨幅良纸、江浙间以嫩竹为纸、浙人以麦秆和稻草造纸、蜀人造十色纸笺等,都是作者亲自见闻的新颖资料,对探讨巨幅纸、竹纸、麦秆纸和稻草纸的起源有重要参考价值。有《四库全书》本、《学海类编》本(误漏较多)、《十万卷楼丛书》本、《丛书集成》本,其中《檀几丛书》本较好。

(2)《蜀笺谱》1卷,元费著撰。专讲蜀笺,旁及苏州笺、广州笺。书中解说谢师厚十色笺及薛涛小红笺甚详。对于蜀笺沿革、种类也都提到了。有《续百川学海》本、《说郛》本、《美术丛书》本等。

(3)《考槃余事》4卷,明屠隆(1542—1605年)撰,全书杂论文房清玩之事。卷1讲书版碑帖,卷2评书画琴纸,卷3、卷4则述笔砚炉瓶以及器用服饰之物。各卷均与纸有关。其中关于唐宋元明4代各种名类纸张的品种、名称、产地均有论述,而且介绍了造蔡笺法、染宋笺法、染纸作画不用胶法、造槌白纸法、造金银印花笺法、造松花笺法等技术方法,对造纸史研究和仿古工作,颇有参考价值。主要版本有《丛书集成初编》本、《锦囊小史》本、《宝颜堂秘籍》本和《龙威秘书》本等。

(4)《造纸说》,清黄新三撰。讲浙江常山一带造纸的技术,但技术细节比较简略。其中"曝日"(自然漂白)一条不见他籍。有《骨董琐记全编》本和《雪桥诗话》本(卷5)等。

(5)《纸说》,近代胡韫玉撰,该书是根据历史文献和耳目所及写成。内分正名、原始、用料、详品、稽式、染色、辨潮、分地、考工、故事10个部分,另附《纸工》《宣纸说》,对以前所积累的资料,按传统方法作了概括。该书是继苏易简《纸谱》以来讨论造纸最全面的一部著作。尤其是泾县枫坑、大小岭和泥坑等宣纸产地的实地见闻,对以皮料为主的宣纸制造过程,第一次作了概述。该书收入1923年自刊《朴学斋丛刊》第三册中。还有台湾排印的《朴学斋丛刊》本。

此外,古代造纸技术比较集中的著作还有:宋应星《天工开物》"杀青"卷,系统介绍了造竹纸、皮料纸的生产过程,并附有生产设备、操作插图,其中竹纸的制造,可视为最早的系统叙述;明曹昭撰《格古要论》中,古画、古墨迹、古帖等门类都有关于纸的论述,其中对元明时期赣浙等地所出纸类名称和产地记载很有价值;清严如煜《三省边防备览》卷10"山货篇",介绍了陕南洋县、定远、西乡等地145座纸厂造竹纸的技术和全部生产过程,强调了选择厂址的重要性,同时还反映了当时已出现的资本主义雇佣情况等。清刘岳云《格物中法》卷6"木条、纸属"一栏也是专讲造纸的,书中保存了《造化指南》等罕见资料。至于地方志也有很多造纸史料,不可不察。凡产纸地的地方志中每有述及,著名者有:宋高似孙《剡录》卷有"纸"一篇;南宋罗愿《新安志》"物产""贡赋"篇等,都有纸的记载。因此研究造纸史,不可忽视产纸地的方志。

(6)《墨谱》3卷(又名《墨苑》《墨谱法式》,皆后人妄改),宋李孝美撰,上卷8图8说,今存2图8说;中卷为制墨名家16人,名附所制之图;下卷载制墨之法,凡20条。

(7)《墨经》1卷,宋晁季一撰。记制墨之法甚详,尤其重和胶,谓上等煤而胶不如法,墨亦不佳,如得胶法,虽次煤能成善墨,诚笃论也。

(8)《墨史》2卷,元陆友撰。集古来善制墨者150多人,旁及高丽、契丹、西域之墨,无不搜载,末附杂记25则,皆墨之典故,颇为博赡。

(9)《墨法集要》1卷,明沈继孙撰,有图21幅,图各有说。此书所载皆油烟之法,实油烟造墨之祖本。

(10)《墨苑》12卷,明程君房撰;方于鲁《墨谱》6卷。程方二人都是明代徽州制墨名家,程墨尝介内廷,进之神宗,而方氏乃得程氏墨法,颇精。二人为商业竞争,分别将自己的名墨珍品刻成《墨苑》《墨谱》。程氏《墨苑》由著名画家丁云鹏、吴左干、郑千里所绘,雕镂题识,颇为精当;而方于鲁《墨谱》也是丁云鹏、吴左干所绘,二书争新角异不相上下,同为艺术珍品,不仅是墨谱名著,而且颇受印刷史界青睐。

(11)曹素功《墨林》2卷,具载天琛、紫光玉、苍龙珠、天瑞、豹囊丛赏、青麟髓、千秋光、文露、紫英、漱金、笔花、岱云、寥天一、薇露浣、非烟、香玉五珏、大香国、兰烟等18品,此书主要辑录制墨名品和墨客题咏,颇受士大夫重之。

砚谱很多,有宋唐积《歙州砚谱》1卷,米芾《砚史》1卷,南宋佚名《砚谱》1卷、《歙砚说》《辨歙砚论》各1卷(盖洪适所刻砚谱之3种),佚名《端溪砚谱》1卷,宋高似孙《砚笺》4卷、《钦定西清砚谱》25卷。砚之高下,主要在于石质、纹理、星晕、石眼和琢工、形制。属于艺术品,科学内容较少,不再一一介绍。

石谱也很多,有宋杜绾《云林石谱》3卷,汇载石品116种,各县产地、采法,详其形状色泽,评其高下,内有化石史料;还有明林有麟《素园石谱》4卷、郁浚《石品》2卷,清宋荦《怪石赞》1卷、毛奇《观石后录》1卷等。

(二)饮馔之属

包括茶、酒、糖、膳食等方面。《四库全书》仅收10部20卷,其实这类著作是很多的。现在分类中,茶叶著作往往归入农业,而食疗著作又归入医药类,下面分述茶、酒、糖、膳食方面的主要著作。

在茶叶方面,我国是茶树原产地,又是世界上饮用茶叶最早的国家。早在公元1世纪,西汉王褒《僮约》中已有蜀地买茶、烹茶的记载,经魏晋南北朝,饮茶习俗逐渐由四川传到长江中下游,但在唐朝以前,有关茶事的记载,只见于史书、诗赋、故事、传说或医药书中,直到唐朝,陆羽才以茶事写成第一部专著——《茶经》。

《茶经》分上中下3卷10节,分论一之源,叙述茶之起源;二之具,记载采茶制茶用具15件;三之造,论述茶叶类别和采制方法;四之器,介绍烹饮茶具和全国主要瓷窑产品的优劣;五之煮,论述烹煮茶的方法和水的品第;六之饮,讲饮茶风俗;七之事,汇集历史上有关茶的典故、传说和药方等;八之出,列举当时全国名茶产地及其品质等项;九之略,告诉人们采制茶具,哪些可以省略,哪些是必备的;十之图,要求用绢帛书写茶经、"陈诸座隅",作为指导。《茶经》是我国,也是世界上第一部茶叶专著,对茶叶知识的传播和茶叶生产的发展起过积极的作用,在世界茶叶史上具有极其重要的地位。

此后,涌现了一大批茶叶著作,如唐温庭筠《采茶录》、宋朱子安《东溪试茶录》、宋徽宗《大观茶论》、黄儒《品茶安录》、熊蕃《宣和北苑贡茶录》(附赵汝砺《北苑别录》)、明顾元庆《茶谱》、夏树芳《茶董》、张应文《茶经》、屠本畯《茗笈》、万邦宁《茗史》、许次杼《茶疏》、冯时可《茶录》、熊明遇《罗茶记》、陆树声《茶寮记》、屠龙《茶笺》、罗廪《茶解》、清陆廷灿《续茶经》、刘长源《茶史》、周高起《阳羡茗壶系》及《洞山岕茶系》、陈鉴《虎丘茶经注补》等,以及讲烹沏茶水质的著作,如唐张又新《煎茶水记》、苏廙《十六汤品》、明徐献忠《水品》、佚名《汤品》、田艺蘅《煮泉小品》等。为研究我国古代茶文化提供了丰富的资料。

在酿酒方面,我国酿酒的历史有8 000余年了,贾湖人已经能够酿造出含酒精的饮料,龙山文化时期已有酒器,说明酒的饮用已相当广泛了。关于蒸馏酒的出现在何时,尚有争论:一说唐朝,一说宋朝,至迟是元朝。我国早期的酒文献见于《尚书·说命》《诗经》等,专记酒的篇章和专著,除已佚《食经》外,《博物志》也有零星记载,比较值得注意的有曹操《上九酝酒法奏》、贾思勰《齐民要术》中有关篇章。到了宋代,我国出现了第一部酿酒专著——《北山酒经》。

《北山酒经》3卷,宋朱翼中撰,第一卷为总论,第二、三卷论制曲酿造之法,颇详。这是一部关于酿酒技术的专著,它总结南北朝以来酿酒技术的发展。其中特别值得注意的是该书在叙述"玉友曲"和"白醪曲"的制法时,都提到"以旧曲末逐个为衣"或"更以曲母遍身糁过为衣"。这是当时最有效的优良菌种延续传代的方法,实际上起到了"传醅"的作用,不但表明当时对微生物的生长温度有充分认识,而且还能看出有关类似现代工业发酵中逐级培养种子接种的工艺过程。更为重要的是,所谓"上浮米糁",实际上相当多的成分是酵母菌,撇取出来,既可当时使用,又可制干酵,长期使用。作者将其称作"酵",说明已意识到酒是由于它们起作用而酿成的,这是现代"酒精发酵"一词的起源,也是现代汉语"酵母菌"一词的依据。此外书中还有用"酒花"制曲的记载。《北山酒经》是一部很有代表性的酿酒著作。

与朱翼中同时代的李保有《续北山酒经》《新丰酒法》,宋窦苹有《酒谱》1卷,苏轼也有《酒经》1卷。

北宋田锡撰《麹本草》1卷,为曲酒著作。此书扼要叙述了"广西蛇酒""江西麻姑酒""淮安绿豆酒"等15种曲酒的配曲、制造与性能。反映了北宋时期中国制曲、酿酒技术的水平。如制曲,当时品种已有多样,可用蓼汁、姜汁、绿豆、葱、川乌、红豆等多种原料制造,并出现了号称百药配制的"百药曲";该书在用曲、用米、辨水、炼制等方面均有一套完整的经验记载。有《说郛本》。

明徐炬撰有《酒谱》1卷,但引据多伪舛。明冯时化《酒史》6卷,分酒系、酒品、酒献、酒述、酒余、酒考,皆酒之诗词与故事,然舛误殊甚。明袁宏道《觞政》1卷,记觞政凡16则。明沈沈《酒概》4卷,体例仿陆羽《茶经》以类酒事。卷1分酒、名、器,卷2分释、法、造、出、称、量、饮,卷3分评、僻、寄、缘、事、异,卷4分功、德、戒、乱、令、文;杂引诸书。清佚名《酒部汇考》18卷,录自经史以及稗乘诗词,凡涉于酒者,征采颇富;分汇考6卷、总论1卷、纪事5卷、杂录外编各1卷、艺文4卷,虽然编次错杂,然史料很丰富。

在制糖方面,《四库全书》收有一部重要著作,即宋王灼《糖霜谱》1卷。全书共分7篇:"原委第一",述唐大历中始创糖霜之事。以下6篇皆无篇名,从内容上看,第二篇言制糖始末;第三篇言种蔗方法;第四篇言制糖器具;第五篇讲制糖之法;第六篇讲制糖结霜与否的原因;第七篇讲糖霜之性味及制食诸法。该书大约成于绍兴二十四年(1154年),也可能更早一些。有《栋亭十二种》《学津讨源》《美术丛书》《丛书集成》等本。

饮膳方面,古有"医食同源"之说,我国人民一向注意饮食卫生、营养保健和四时调服,很多内容见诸于经史和医学著作,而专讲饮膳的著作,魏晋南北朝时期就出现过一批食经,据《隋书·经籍志》记载有《老子禁食经》《刘休食方》《膳羞养疗》等十几种著作,可惜早已亡佚。

唐代孙思邈弟子孟诜《食疗本草》是我国现存最早的营养与食物治疗学的专著,收录食物200余种;同时代的妇科专家昝殷著有《食医心鉴》。不过现存这两部书已非原著,《食疗本草》是据敦煌残卷和《医心方》及《重修政和经史证类备用本草》等为依据的辑复本。还有一部《膳夫经手录》4卷,为杨晔撰,流传甚广,书记植物18种、鱼2种、兽2种、食5种;除记性味食法外,还有治食物中毒的记载。南唐陈士良有《食性本草》10卷,多为集录前人著述,且已亡佚。

宋代陈达叟有《蔬食谱》(又称《本心斋蔬食谱》)1卷,林洪有《山家清供》,均有不少膳食佳品;娄居中的《食治通说》,为食疗专著,亦已散佚。

金元时期,饮膳食疗及其相关著作很多,主要有忽思慧《饮膳正要》3卷,主要有论、方、食物本草3部分,其方主要集中在"聚诊异馔"(94方)、"诸般汤煎"(56方)、"神仙服食"(35方)、"食疗诸病"(61方)等部分,共246方。这些食疗方集朝野之精华,汇古今之良方,大都说明方的组成和制法、食养疗效或主治病症,是全书的精华,颇有实用价值。《食物本草》选非矿物、无毒性之药物236种,述其性味、功能、主治病症及副作用,可供选配新的食疗方,是一部较为系统的营养学专著,在营养学和食疗上都有重要地位。另外,《寿亲养老新书》也很重要,该书4卷,第一卷原名《养老奉亲书》,为宋人陈直所撰,后3卷为元代邹铉续增,1307年刊行时改为《寿亲养老新书》;在对老年病的食疗进行汇总之后,又提出妇人、小儿食治方(54卷),提高了实用价值。该书也是金元时期食疗学的代表作之一。贾铭《饮食须知》8卷,为食物本草类著作,强调食物的相反相忌,其准确性尚待进一步研究。此外,还有吴瑞《日用本草》、张从正《儒门事亲》、罗谦益《卫生宝鉴》、王珪《泰定养生主论》、李鹏飞《三元参赞延寿书》、倪瓒《云林堂饮食制度集》、佚名《馔史》和韩奕《易牙遗意》等。

明清时期,饮膳著作尚待进一步查寻。《四库全书总目》谱录类存目只有两种:一是佚名《天厨聚珍妙馔》1卷,成书时代尚难确知;二是清曹寅《居常饮馔录》1卷,该书是编前代所用饮膳之法,汇成一编。包括宋王灼《糖霜谱》、宋东溪遯叟《粥品》及《粉面品》、元倪瓒《泉史》、海滨逸叟《制脯鲊法》、明王叔承《酿录》、释智舷《茗笺》、灌畦老叟《蔬香谱》及《制蔬品法》。其中《糖霜谱》已刻入曹寅所辑《栋亭十二种》,其他散见于《说郛》诸丛书。

(三)草木鸟兽虫鱼之属

这是关于动植物的谱。《四库全书》收有21部145卷,存目35部202卷。其实远不止这个数字。早在魏晋南北朝时期,就有《竹谱》《南方草木状》《南方草物状》,可视为这类著作的早期文献;唐代有《平原草记》等,至宋代这类著作猛增,可视为高潮时期,谱录学趋于成熟阶段,对动植物的性质和作用有了较为完整明确的论述。以宋人郑樵(1102—1160年?)为例:① 对动植物谱录相当重视,多次声称鸟兽草木之学为"实学";② 撰著谱录著作要求图文并茂,要达到"索象于图,索理于书"的标准;③ 释名和译名,要求能"得鸟兽草木之真";④ 强调书本理论与野外实践要相互"参合";⑤ 扼要提出了观察、调查、参考、创意等统一的方法;⑥ 主要内容应包括命名、分类、描述形态、生态、习性、用途、栽培或驯养方法等。宋代出现了一大批动植物谱录著作,其中有的一种植物有几部谱录,有的是唯一的一部著作,相当重要。如欧阳修《洛阳牡丹记》、周师厚《鄞江周氏洛阳牡丹记》、陆游《天彭牡丹谱》、张邦基《陈州牡丹记》、刘蒙《菊谱》、范成大《范村菊谱》、史正志《菊谱》、史铸《百菊集谱》及《菊谱补遗》、沈竞《菊名篇》、刘攽《芍药谱》、孔武仲《芍药谱》、王观《扬州芍药谱》、范成大《范村梅谱》、陈思《海棠谱》、蔡襄《荔枝谱》、韩彦直《橘录》、赞宁《笋谱》、陈翥《桐谱》、赵时庚《金漳兰谱》、王贵学《兰谱》、陈仁玉《菌谱》、傅肱《蟹谱》、高似孙《蟹略》,等等。

元代谱录较少,有柳贯《打枣谱》等,明清时期谱录相当发达。

明代有薛凤翔《亳州牡丹记》、夏之臣《评亳州牡丹》、佚名《亳州牡丹志》、宋鹿亭翁撰且明薲溪子辑校的《兰易》、周靖《菊谱》、黄省曾《艺菊谱》、佚名《东园菊谱》、陈继儒《种菊法》、屠承《渡花居东篱集》、张元玘《艺菊志》;徐燉《荔枝谱》、吴载鳌《记荔枝》、曹蕃《荔枝谱》、屠本畯《闽中荔枝谱》、邓庆寀《荔枝通谱》[1]、潘之恒《广菌谱》、庐璧《东篱品汇》、杨慎《异鱼图赞》、张谦德《珠沙鱼谱》等。

清代有苏毓眉《曹南牡丹谱》、钮琇《亳州牡丹述》、朱克柔《祖香小谱》、张光照《兴兰谱略》、许霁楼(鼐龢)《兰蕙同心录》、袁世俊《兰言述略》、刘文淇《艺兰记》、吴传沄《艺兰要诀》、屠用宁《兰蕙镜》、岳梁《养兰说》、吴恩元《兰蕙小史》、邹一桂《洋菊谱》、叶天培《菊谱》、徐京《艺菊简易》、计楠《菊记》、许兆熊《东篱中正》、吴升《九华新谱》、肖清泰《艺菊新编》、顾禄《艺菊须知》、闵廷楷《海天秋色谱》、程岱葊《西吴菊略》、何鼎《菊志》、臧谷《问秋馆菊录》和《霜圃识余》、邵承照《东篱纂要》、陈葆善《艺菊琐言》、许衍灼《菊说》(1922年刊)、陈定国《荔谱》、林嗣环《荔枝话》、陈鼎《荔枝谱》、吴应逵《岭南荔枝谱》、赵古《龙眼谱》、褚华《水蜜桃谱》、王逢辰《檇李谱》、吴林《吴蕈谱》、吴崧《笾卉》、陈鼎《蛇

---

[1]《千顷堂书目》做"邓庆宗",《续通志》做"邓庆寀"。——整理者

谱》、胡世安《异鱼图赞笺》和《异鱼图赞笺补》,等等。

动植物谱录具有丰富的生物学知识和农村园艺学成就,是中国古代生物学史料的重要来源之一,也是中国古代农学的重要组成部分。就拿牡丹来说,欧阳修《洛阳牡丹记》第一次系统总结了当时人们对牡丹的认识和栽培经验。书中不但记载了24个珍贵的牡丹品种,而且认为观赏牡丹起源于野生类型的"山牡丹",它们原产在我国西北部,"与荆棘无异,土人皆取以为薪";并指出单叶花是其原始类型,后来经过人工栽培、嫁接、选育、推陈出新,才逐渐培育出复叶花的品种,这种关于品种起源的知识的记述是相当早的。书中还记载了一个由突变产生的珍奇品种"潜溪绯",这是目前所知关于芽变的最早记载,也是人类利用芽变培育新品种最早、最典型的事例。此外,书中还有用竹笼里铺菜叶的蜡封花蒂的保鲜技术等。半个世纪以后,周师厚《鄞江周氏洛阳牡丹记》又把欧阳修所记的24个品种增加到40个品种,其中"御袍黄""洗妆红"两个品种也是由突变产生的;书中还第一次认识到重瓣花"间金"的花瓣是由黄色雄蕊演变而来的,甚至推测不同品种有可能来源于同一个亲本,如"魏胜"和"都胜"可能都是魏花的后代。北宋末年洛阳牡丹衰败,由陈州取而代之;南宋天彭牡丹成为"蜀中第一"。明代牡丹栽培中心转移到亳州,"每至春暮,名园古刹,灿然若锦"。夏之臣《评亳州牡丹》,对亳州牡丹的种类和品种繁盛情况进行了理论探讨,指出:"其种类异者,其种子之忽变者也;其种类繁者,其栽接之捷径者也,此其所以盛也。"也就是说,牡丹的品种和类型之所以不同,是由于种子忽变产生的,而可供观赏的牡丹种类之所以繁多,则在于嫁接方法使突变所产生的新类型得以较快地繁殖(保存)并传播开来。这是有科学道理的。夏之臣作为近代科学新创阶段进化思想的杰出代表和现代突变学说的先驱者是当之无愧的。清代曹州牡丹又取亳州而代之。

虽然牡丹栽培中心随着时代变化不断转移,但千余年来牡丹在我国始终不衰,品种越来越多,珍品辈出,美不胜收,代不乏书。先后出现了10多部牡丹著作,为研究我国牡丹起源、品种资源、生物学知识和栽培经验,汇集了丰富的较完备的史料。英国著名生物学家达尔文曾在他的著作中引用过中国牡丹的资料,并在1868年就指出:中国牡丹变种有200—300个。俄国生物学家瓦维洛夫根据自己创立的变异中心就是起源中心的理论,确认牡丹起源于中国。[①]

再如菊花,宋刘蒙撰写了我国历史上第一部《菊谱》,该书的主要贡献,一是研究了什么是菊,划清了菊与苦薏的界限;二是详细地描述了35种名菊的颜色、形态、开花时间等生物学性状,并注明产地、评品高下、排列座次;三是提出了正确的进化观:"余尝怪古人之于菊,虽赋咏嗟叹尝见之于文词,而未尝说其花瓌异如吾谱中所记者。疑古之品未若今日之富也……岁取其变者以为新,今此菊亦疑所变也。"也就是说,古代菊花品种之多是形色变异的结果。"岁取其变以为新",就是说连年选取变异植株或芽变,就可以创造出新的生物类型。这种以变异为材料通过人工选择实现由少数到多数类型的生物进化观,在12世纪以前世界科学史上是仅见的。在刘蒙的影响下,古代产生了四五十种菊

---

① 姚德昌:《晚明夏之臣的"忽变"说》,《自然科学史研究》1987年第6卷第3期。

花的著作,很值得深入研究。

还有经济林泡桐,宋陈翥撰写了第一部也是我国古代现存唯一的一部《桐谱》。陈翥在分类学方面,对种的考察研究上已注意到从形态学、生物学、解剖学等方面,做到既十分详细又抓住种种典型特征进行精确描述,正确地把白花桐(白花泡桐)、紫花桐(绒毛泡桐)和一个白花桐的变种归属为一类,已经精确到现代分类学上的玄参科泡桐属;而且认识到泡桐、梧桐(青桐)和油桐三者之间存在着极大的科间差别,是桐树认识史上的一次飞跃。

李约瑟博士认为12和13世纪"最有特色的是为数众多的关于植物学和动物学的专著,其中1178年韩彦直所著《橘录》可以认为是典型的代表作;这部书叙述了柑橘属园艺学的各个方面,这是世界上讨论这一专题的最早著作。"[①]"中国人对自然界种种生物的描写,即使不说在欧洲人可以自由进入他们的国家以前这些描写是无法超越的这个事实,而且作为一个这样严谨的民族的产物,这些描写也是绝对不容忽视的;我希望能完全根据中国作者们的资料编写一本植物学,借以证明他们所达到的水平远较拉丁民族或中古时代的博物学家们为高。[即使低于个别人物如林耐(Linneus)、朱厄西(Jussien)或德方丹的水平]"[②]的确,系统研究中国古代动植物谱录,可望取得丰硕成果。

十、杂家类

古所谓三教九流,三教即儒、道、释三教,九流即儒、道、阴阳、法、名、墨、纵横、杂、农9家。其中儒、法、农分别见其类(前已述),释、道后述,其余名、墨、纵横、杂都在杂家类。

杂家类包括杂学之属、杂考之属、杂说之属、杂品之属、杂纂之属、杂编之属。

(一)墨家

墨家,西汉即已湮没,这可能是中国没有产生近代科学的原因之一。墨家是反映当时工匠与平民思想与言论的学派。墨家由墨子所创,推崇夏禹,在当时有极重要的影响,所谓"世之显学,儒墨也"。墨子之后有三派:相里氏之墨、相夫氏之墨、相陵氏之墨。其中心原在山东,西汉时转到淮南,淮南子刘安的三千宾客中有许多人都有墨家思想。但墨家言论,到西汉后,除《淮南子》外,却突然湮没了。流传至今的墨家著作唯《墨子》(包括《经上》《经下》《经说上》《经说下》《大取》《小取》等篇),其主要成就在于以下几方面:

---

① 李约瑟:《中国科学技术史》第一卷第一分册,科学出版社,1975,第289页。

② 李约瑟:《中国科学技术史》第一卷第一分册,科学出版社,1975,第85、86页。

（1）时空观方面，相当集中地探讨了"久""宇""动""止"等概念。

（2）数学方面，有大约30个命题，集中讨论了基本数学概念"圆"（"一中同长"）、"方"，另有"点""线""面""体"等概念。

（3）光学方面最为精彩，以"射"表示光的直线传播，最早描述了小孔成像现象，提出了运动物体影动或不动的命题，讨论了反射镜成像实验，等等。

（4）力学方面，有力的定义（"形之奋也"），如重力、拉力、引力。

（5）逻辑学方面，论述了"名"（概念）、"辞"（命题）、"说"（推理）的作用，提出了"辟""侔""援""推"等逻辑范畴。

（二）名家

名家又称"刑名家""辩者"，是中国古代与科学思想关系较密切的学派之一，代表人物惠施和公孙龙。

1. 惠施"历物十事"

十大命题内容涉及时空、物质结构、运动与演化、自然观等一系列基本问题，颇有哲理性，使中国古代自然观达到一个新高度，因此历来受到学者关注，值得进一步研究。

此外，在辩论中，辩者又提出更多命题，汇集起来共33条，其中包括"辩者二十一事"。

2.《公孙龙子》

公孙龙是赵国人，平原君门客，有"审其名实，慎其所谓"的名实观念。另有"坚白相离"的感觉分析方法。

（三）纵横家

纵横家是战国时从事政治外交活动之士，有苏秦、张仪等，著作有《鬼谷子》。

（四）阴阳家

阴阳家为战国时提倡阴阳五行说的一个学派，有邹衍等人，有《邹子》。

汉代有两部杂家名著：① 吕不韦（实为宾客作）《吕氏春秋》；② 刘安（包括宾客）《淮南子》（又称《淮南鸿烈》）。

《淮南万毕术》中保留了不少科学内容，如铜铁置换反应（"白青得铁即化为铜"）——胆铜法的发明等。

魏晋南北朝有:魏刘邵《人物志》,晋崔豹《古今注》,梁孝元皇帝萧绎《金楼子》。

隋唐之后,杂家书多起来了,其主要内容是笔记,该文体成熟于魏晋,到唐代已极普遍,到宋代几乎有点名气的文人都留有一本笔记。

《西京杂记》《世说新语》是标准的笔记小说。宋代沈括的《梦溪笔谈》也很典型,另有"补笔谈""续笔谈";苏东坡有《东坡志林》《仇池笔记》。

明代笔记大约700本,散佚200多本。明清笔记中科技史料几乎遍及各学科。如物理:张萱《疑耀》有中国人自造眼镜记载,沈德符《万历野获编》有关于静电引起火灾知识,徐㶿《徐氏笔精》有云南料丝灯工艺。科学家传记更多,每人生平事迹各有介绍。

十一、类书类

类书是把历史文献中的各种资料分类汇集而成的,举凡自然界和人类社会一切知识加以"区分胪列,靡所不载","凡在六合之内,钜细毕举",①因而兼有百科全书和资料汇编的特点,不仅可以作为了解古代知识全貌的工具书,而且是古代文献资料的渊薮。

特别值得注意的是,中国古代工程技术,除少数著作外,相当一部分缺乏系统的总结、整理、汇集、记录,而往往散见于其他史籍杂著、笔记、方志中,如《太平御览》等类书就分别汇集了种种器械器物、典章制度等,使与之相关的工艺制作方法、用料规格得以为后人知晓。

中国古代类书较多,《四库全书》中收录65部7 045卷,《续修四库全书总目提要》中有50种。

查类书,首先要看"类目",了解哪些是自己需要的。"概论""总论"要重视。

中国的类书,一般说是"中国古代的大百科全书",但此话是现代人讲的,是经过加工的,而古代的类书则是资料收录后记录原始资料(除了绪论),可以一事、一章、一节、一本书收录,也可小到一个词;类书的缺点是部分不注明出处,有的可能是断章取义,故写论文时不能用类书中引用的单句,而是要查原始资料,同时也要注意印刷错误;如有不得已的情况,也可以用类书资料。

类书是缩小了的"版本",一旦掌握了,则受益无穷。

曹魏(晋)和南北朝的重要类书有《皇览》《寿光书苑》《类苑》《华林遍略》《修文殿御览》《雕玉集》。

隋唐时重要的有《长洲玉镜》《编珠》《北堂书钞》《艺文类聚》《文思博要》《海内珠英》

---

① 陈梦雷:《松鹤山房诗文集》卷二。

《兔园策府》《类林》《初学记》《稽瑞》。

宋代有《太平御览》《册府元龟》《事类赋》《重广会史》《事物纪原》《实宾录》《书叙指南》《海录碎事》《历代制度详说》《职官分纪》《锦绣万花谷》《永嘉先生八面锋》《古今事文类聚》《记纂渊海》《全芳备祖集》《玉海》等。

元明时有《韵府群玉》《纯正蒙求》《荆川稗编》《经济类编》《说略》《天中记》《图书编》《广博物志》等。

清代有《子史精华》《佩文韵府》《格致镜原》《花木鸟兽集类》《宋稗类钞》等。

重要的有：

(1) 隋唐虞世南《北堂书钞》160卷19部851类。

(2) 唐欧阳询等《艺文类聚》100卷,分46部,列子目727,共1 431种,后来大多遗失,现存者不到10%。

(3) 唐徐坚等《初学记》30卷,共分23部313目,博不及上者,但精则胜之。

(4) 宋李昉等《太平御览》1 000卷,分50部5 363类。《太平御览》是现存古类书中保存五代以前文献古籍最大的一部类书,许多原书已不传,只能在《太平御览》中以管窥见,所以学术研究工作中经常要参考它,而作辑佚工作的,更要把它作为宝山,校勘古书者遇难题时也要借之解决。所引书七八或已不在,其缺点在于:① 引用书名常先后异字,错误杂乱;② 引用书名甚至怪诞不经,不知所云;③ 标列书名经常有误。

(5) 王钦若等《册府元龟》1 000卷,分为31部,部有总序,1 116门,与《太平御览》同样1 000卷,但每卷容量大,故而总字数超过《太平御览》一倍,可惜:① 其所引用书籍和文献都不注明出处,且有少量遗失;② 它并不完全"述而不作",有"总序""小序"千余篇。

书中有制作九炼钢刀、剑的记载,是很重要的史料。

(6) 王应麟《玉海》200卷,附《词学指南》4卷1 021类,率钜典鸿章,所录故实,亦多吉祥善事,与其他类书体例迥殊。又应麟博及群书,谙练掌故,征引奥博,修理通贯。

(7) 姚广孝、解缙等《永乐大典》,为明成祖令编,初名《文献大成》,后更名,广收各类图书七八千种,达22 877卷,凡例、目录60卷,定名《永乐大典》,始于永乐元年(1403年),历时6年,成于永乐六年(1408年)。全书按韵目分列单字,按音节依次辑入与此字相连的各项文史记载。正本、副本均佚失,现只存有817余卷。

(8)《三才图绘》106卷,明王圻编,汇辑诸家书中有关天地诸物图形和人物画像成此,所谓天、地、人三才也,故名。

(9)《广博物志》50卷,明董斯张编,辑录唐以前历代典籍文献中有关记载事物起源之资料。

(10)《古今图书集成》(《钦定古今图书集成》)10 000卷(总目40卷),是除《永乐大典》(字数为其3倍)外,现存最大类书,有历象、方舆、明伦、博物、理学、经济六大汇编32典6 109部,每部分汇考、总论、图表、列传、艺文、纪事、杂录、外编。此书内容丰富,诸多

创造,为旧类书所无,为现存最大类书,深得国内外汉学家重视,誉为"中国古代大百科全书"。分类介绍如下:

① 历象汇编:分乾象典、岁功典、历法典、庶征典;

② 方舆汇编:分坤舆典、职方典、山川典、边裔典;

③ 明伦汇编:分皇极典、宫闱典、官常典、家范典、交谊典、氏族典、人事典、闺媛典;

④ 博物汇编:分艺术典、神异典、禽虫典、草本典;

⑤ 理学汇编:分经籍典、学行典、文学典、字学典;

⑥ 经济汇编:分选举典、铨衡典、食货典、礼仪典、乐律典、戎政典、祥刑典、考工典,共450部。

此书亦有缺点:① 资料以辑前人类书为多,且有随意删节之处;② 校勘不精,引文差误,错漏字屡见不鲜,因此使用时应注意,最好办法是利用它的优点,据此注明出处查找原文。

(11)《子史精华》160卷,清康熙皇帝敕编,分经、史、子、集4部,史籍浩繁,子集庞杂,颇不易得。

(12)《格致镜原》100卷,清陈元龙编。该书辑录经史、杂记、俗说、野史、字书等文献中种种器具、名物内容、源流等有关资料,故名"格致";每物必溯其起源,故又称"镜原"。是一部涉及科技史的小型类书,共分30类,886子目。

有康熙五十六年(1717年)陈氏广州刻本,上海大同书局石印本。另外,《全芳备祖集》20卷、《花木鸟兽集》也是小型专业类书。

此类书,一般后出的版本较前面的版本好,但文献价值还是前面的版本高。唐宋四大类书可作为材料引用,但《古今图书集成》则不可以。

十二、小说家类

(1) 叙述杂记;

(2) 记录异闻;

(3) 缀辑琐语。

博采旁蒐,杂乘神怪,寓劝诫,广见闻,资考证。

最经典的是《山海经》,其次还有:刘歆《西京杂记》、南朝宋刘义庆《世说新语》、陆琛《金台纪闻》。

书中有日食是由于"地体正掩日轮上"形成的"暗虚""暗气"的记载。

这类著作中往往也有一些重要的科技史料,如:司马光《涑水记闻》中有关于曼陀罗酒的记载,宋朱彧《萍洲可谈》中有指南针最早应用于航海的记载,宋林洪《山家清事》中有专门用花做菜的记载,宋庞元英《文昌杂录》中有人工"植核"培养珍珠的记载,宋彭乘《墨客挥犀》中有"红光验尸"的记载。

十三、释家类

释是释迦牟尼的简称,又泛指佛教。释家类当然是佛教经典一类的书。佛教是世界上三大宗教之一,相传为公元前6至前2世纪中叶古印度释迦牟尼所创,基本教礼有四谛(苦、集、天、道)、五蕴(色、受、想、行、识)、十二因缘等。主张以经、律、论"三藏",修持戒、定、慧"三学",以断除烦恼而成佛为最终目的。后来在传授过程中又形成上座部和大众部、大乘佛教和小乘佛教等教派。佛教在汉代(一说在西汉元寿元年,公元前2年;一说在东汉永平十年,公元67年)传入中国。一开始仅被视为神仙方术的一种,至东汉末,随着安世高、支谶首译汉文本佛经行世,佛教教义开始同中国传统伦理和宗教观点相结合,经三国两晋南北朝的四五百年,佛教寺院林立,佛经的翻译与研究日渐发达,到隋唐达到了鼎盛阶段,据《开元释教录》载,共计1 076部5 048卷,并且产生了三论、律宗、天台、华严、唯识、禅宗、净土、密宗等具有中国特色的许多教派。以后相继又有新译经论和著述问世,对中国哲学、文学、艺术、科学和民间风俗都有一定的影响。佛教之书,可谓浩如烟海,然《四库全书》仅收13部312卷,《续四库全书总目提要》收录218种。下面介绍几种:

(1)《弘明集》,属于佛教文献汇集,南朝齐梁间僧佑(445—518年)编,原为10卷,后增为14卷,书名取"道以人弘,教以文明"之意。全书集录东汉末至南朝梁百人的有关佛教论著,旨在阐扬佛教,抑周孔,抑黄老,而独申释氏之法,其学主于戒律,其说立于因果。其中"理惑论""明佛论""宗居十炳答何承天书难白黑论""神不灭论""沙门不敬王者论"等,均为研究中国佛教史的重要资料;亦有"神灭论"等反对宗教文献数篇,梁以前无专集,作者之文,颇赖此编保存下来了。

(2)唐释道宣有《广弘明集》30卷(27卷后每卷分为上下卷,实际为34卷),体例与《弘明集》有小异,分为10篇:包括归正、辨惑、佛德、法义、僧行、慈济、戒功、启福、悔罪、统归,各有小序,大旨与《弘明集》同。

(3)唐释道世《法苑珠林》120卷,高宗总章元年(668年)成书。该书分类编纂佛教故事,分百篇,篇下又分部,部下系目,凡总640余类。所引多本于佛教经典,采入世文献多达140余种,而注明引书或本于何人所说。对研究唐初以前佛教历史和社会风俗、掌故等,有较大的参考价值。

(4)宋普济编《五灯会元》20卷,问答语录体,五灯为5部佛教书籍,可为禅宗史。

佛教宣称佛法无边无量,能破除黑暗、化愚氓,给人间普照光明,悟彻智慧,常以灯喻其教法和论著。"五灯"即《景德传灯录》《天圣广灯录》《建中靖国续灯录》《联灯会要》

《嘉泰普灯录》各30卷。普济删繁就简,将150卷缩为20卷,内容削去二分之一;全书取问答语录体,叙述从"七佛"起至唐宋时期禅宗各僧法师关于教义的阐述和论证,以及修技的戒律和要领等,有"禅宗语要,具在五灯"之称,可当禅宗史读,为重要佛教经典,亦为佛教史家所重视。

(5)元释念常《佛祖历代通载》22卷,又名《佛祖通载》。该书取史书编年体例,从古印度传说七佛和我国传说时代至元统元年(1333年),以禅宗为传统,广载佛史,历朝佛事兴废,具按年记述;五代以前,分别抄自《景德传灯录》《隆兴佛教编年通论》二书;宋元两朝不尽依编年体,标题不确,材料、史实疏失较多,唯元代轶事,当可补正史之缺。陈垣《中国佛教史籍概论》对该书内容多有辨证。

(6)明释智旭《阅藏知津》44卷。这是一部介绍佛教经典(籍)的目录学著作,对宋金所辑《大藏经》所收佛典1 773部一一目录解题,以备佛徒学研。该书成书于永历八年(1654年),其分类编目颇有创新,对后世影响较大,全书分为经、律、论、杂4部:

一经藏[大乘经(华严、方等、般若、法华、涅槃)、小乘经];

二律藏(大乘经律、小乘经律);

三论藏[大乘论(释经论、宗经论、诸经论)、小乘论];

四杂藏[经疏、论疏、纪传]。

被评为"纲目明断,分类得体,题解精髓"。

(7)唐释玄应《一切经音义》25卷,又名《大唐众经音义》,成书于贞观末年,为现存佛经音义最古之作,体例近于陆德明《经典释文》。从454部经、佛教著作中录出梵文汉译和生僻字词,加以解释,每卷先列注经名目,再按各经卷次解说。每字词先标注音,后释义,兼辨异体,均博引群籍训诂,以相印证,所释普通词语约占全书之半。兼有佛教词典和普通词典的双重功能。征引古字书及传记多至百数十种,保存大量古籍佚文和异文,甚多可取。可作为一部工具书来用。另外,唐慧琳(737—820年)撰有《慧琳音义》(又名《一切经音义》,与玄应著作同名)100卷,成书于元和二年(807年)或五年(810年),体例与玄应《一切经音义》相同,它更是现存佛经音义中集大成之作。

(8)《大藏经》是佛教经籍丛书。佛经称"藏",由梵文"Pitaka"汉译为"箧藏"而来,谓经典能包含无量法义,崇其神圣而卷帙丰宏,称为大藏。

魏晋南北朝时,所有佛教译著称"一切经",梁武帝总集释氏经典,凡5 400卷,沙门宝唱藏经目,自是佛经集藏初始。从隋唐撰目、成集、汇藏,到宋代雕版印行,经历相当长的历史过程(最初为蜀版,后有福州版、思溪版、碛砂版等),《大藏经》方成为佛教丛书,分经、律、论3部分。经属是佛说教义,律属是为僧侣所定戒律,论属是解释和研究教礼的论著,通称"三藏"。

传译于世的佛教经典大致分3个体系:

(1)巴利文《南传大藏经》,即传入缅甸、柬埔寨、斯里兰卡、老挝、巴基斯坦、泰国和我国云南省的崩龙、布朗等民族的佛教经典,主要属小乘上座部。

(2)汉语体系,即通过西域传入我国汉族地区,后又相继传入朝、日、蒙、越等国,多从梵文中译出,亦有少量从巴利文和西域语言译出。长期以来,汉译三藏通称"大藏经"。宋代以来,先后有北宋《开宝藏》、南宋《碛砂版大藏经》、金代《金经大藏》(《赵城金藏》)以及1931年上海《频伽版大藏经》等刻本,国外主要有朝鲜《高丽大藏经》和日本《大正新修大藏经》等刻本。

(3)藏语体系,译经主要流传在我国藏、羌、蒙、土、裕固等民族以及尼泊尔、锡金、蒙古、苏联西伯利亚、印度北部地区。藏文《大藏经》是藏传佛教经律论总集,由《甘珠尔》和《丹珠尔》两部分组成。《甘珠尔》即佛说部,也称"正藏",为释迦牟尼本人语录的译文;《丹珠尔》即注释部,也称"副藏",为佛教弟子及后世佛教学者对释迦牟尼教义所作的论述及注释。此外,我国还有从汉文或藏文译出的《蒙文大藏经》和《满文大藏经》。

3种体系,多种文别,均有不同刻本,是所收佛教名典的珍贵资料。

科学史工作者,查阅释家类著作,主要是了解印度古代科学技术的传入,重在天文、医学,还有数学算法和地理学的内容。此外,《大藏经》收录了许多图录,如唐人画的一行像,就收在《大藏经》中,印度早期天文学著作在《大藏经》中就有《摩登伽经》《舍头谏经》等。中印科技交流史,很值得重视。

十四、道家类

道家是以先秦老子、庄子关于"道"的学说为中心的学术派别。道家之名,始于西汉司马谈《论六家之要旨》,称为道德家,《汉书·艺文志》称为道家,列为九流之一。老子是道家的创始人,庄子继承和发展了老子的思想。道家学说以老庄自然天道观为主,强调人在思想、行为上应效法"道"的"生而不有,为而不恃,长而不宰";政治上主张"无为而治""不尚贤,使民不争";伦理上主张"绝仁弃义",以为"礼者忠信之薄而乱之首",与儒墨之说形成明显的对立,其代表作是《老子》和《庄子》。此后,道家思想与名家、法家相结合,成为黄老之学,为汉初统治者所重。到了汉武帝独尊儒术,黄老渐衰,同时道家思想流入民间,对东汉农民起义中道教思想的产生有所影响。

道教是中国固有的宗教。它源于古代的神仙信仰和方仙之术,到了东汉顺帝时张道陵创立五斗米道,为道教定型之始;灵帝熹平年间(172—178年)张角又创太平道,与五斗米道同为早期道教两大派别,在东汉时曾一度成为农民起义的旗帜。道教奉老子为教祖,尊称太上老君,以《道德经》《太平经》为主要经典。魏晋以后,茅山道教经籍派兴起,造作《上清》《灵宝》《三皇》三大经系,道教经书日益增多,教义亦日渐繁衍。东晋葛洪撰《抱朴子内篇》,整理并阐发前代流传的神仙方术理论,丰富了道教的思想内容。北魏嵩山道士寇谦之改革张道陵旧天师道,制定乐章,诵戒新法,创立新天师道即北天师道。南宋道士陆修静整理三洞经书,编著斋戒仪范,使道教仪式基本完备,所创派别称南天师道。唐宋时,南北天师道与上清、灵宝、净明各派逐渐合流,至元时皆归于正一派。金大定七年(1167年),王重阳在山东创全真道,其徒邱处机为元太祖成吉思汗所重,全真派盛极一时。金元之际又有刘德仁创立真大道教和萧抱珍创立太一道,但多在河北流传,数代后即湮没,以后道教正式分为正一、全真两大教派。从修炼方法上看,道教主要有丹鼎、符箓两派。道教在长期发展中留下了大量的经典。

以上可见道家与道教有区别又有联系,道家是九流之一,道教是三教之一,但道教中包容了先秦道家学说。我们这里介绍的道家类文献,实际上包括道家主要著作及其注释和道教经典、符箓、科仪、著作的总汇,甚至还有春秋战国到汉代的墨家、名家、法家、兵家、杂家的诸子著作。

《四库全书》道家类著作共收44部423卷,显然是很不全的,不过《四库全书》道家类最后一部是《道藏目录详注》4卷,由此仍然可以窥见概况。

《道藏》现已由文物出版社、上海书店、天津古籍出版社影印出版,全书精装36册,很多图书馆都备有,为研究工作创造了条件。

《道藏》是中国道教经籍的总集,自唐宋以来,《道藏》几经编纂,宋、金、元三刻《道藏》都无传本,清代又未刻过全藏。因此,现存只有明代《正统道藏》和《万历续道藏》,正续道藏共收1 476种著作,5 485卷。由于部头庞大、体系混乱,检索不易,下面着重介绍《道藏》的分类体系及其科技史料价值。

《道藏》所集著作,按其渊源和传授以及内容的不同,分为"三洞""四辅""十二类"。

三洞:即洞真、洞玄、洞神3部。为道经中最重要的3个部类经书。洞,就是"通"的意思,表示诵习这些经书可以达到通于神明的境界。三洞的概念大约在东晋初期开始形成,到陆修静编撰《三洞经书目录》使用三洞的分类法,并且自称三洞弟子,这一概念基本定型。道经来源不一,其初各有传授系统。《道教三洞宗元》《三洞并序》皆称:洞真系元始天尊(天宝君)所说诸经,为大乘,以《上清经》为主;洞玄系灵宝君所说经,为中乘,以《灵宝经》为主;洞神系神宝君所说经,为小乘,以《三宝经》为主。"三洞经,道之纲纪,太虚之玄宗,上圣之首经",故《道藏》中首列三洞。

四辅:即太清、太平、太玄、正一4部之称,是对三洞的解说和补充。据《道教义枢·七部义》(引《正一经图科戒品》)及《云笈七签》的记载:太玄为洞真经之辅;太平为洞玄经之辅;太清为洞神经之辅;正一部通贯三洞和三太(即太清、太玄、太平),遍陈三乘,为以上6部之补充。《正统道藏》虽仍分为三洞、四辅,实际上,分部已经混淆。如《上清经》当入洞真部,今大多误入正一部;《度人经》诸家注当入洞玄部,今误入洞真部;道家诸子注疏当入太玄部,今亦误入洞真部。

在四辅分类法出现之后,又出现了12部分类法。就是将三洞各细分为12部,共36部。而四辅则不分类。最早见于《洞真太上仓元上录》,定型于《道教义枢》。十二部义通于三乘,包括:

(1) 本文类:经书原文,所谓"三元八会之书,长行源起之例是也"。

(2) 神符类:各种符,如龙章凤篆之文、灵运符书之字,"神以不测为义,符以符契为名。谓此灵迹,神用无方,利益众生,信如符契"。

（3）玉诀类：对道经的注解、疏义和阐述，如河上公注《老子》《黄庭内景经注》之类。

（4）灵图类：指对经书原文的图解或以图像为主的经书。

（5）谱录类：记录三君五帝应化事迹和功德名位的道书，如《九天生神章经》《高上玉皇本行经》之类。

（6）戒律类：各种戒律、科律的经书。

（7）威仪类：斋醮科仪方面的经书，是斋法典式、请经轨仪、科仪制度方面的著作。

（8）方法类：是论述个人修真养性和设坛祭祀等各类方法之书，如存三守一、气法内丹之类。

（9）众术类：外丹炉火（炼丹术）、五行变化、数术（奇门遁甲）的一切方术之书。

（10）记传类：为群仙诸真传记、碑铭志书、道观等志书，"记志本业，传示后人"。

（11）赞颂类：为歌颂赞倡的著作，如步虚词、赞颂灵章、诸真宝诰等。

（12）章表类：为建斋设醮时上呈天帝的奏章、青词、黄表等。

《道藏》这种分类体系，既反映了道经传授系统，又表述了道经实际内容的双重标准。在道教的早期是能适应当时的需求的，统驭群经，厘定编次，具有重要意义。不过随着道经日益增多，传授系统混乱，这种混合神学和准科学的分类法显得庞杂无序，尤其值得注意的是明《正统道藏》虽分为三洞四辅，但实际分部已经混淆。因此，在查找某部的著作时，最好根据目录和《四库全书》道家类《道藏目录详注》查找。《道藏目录详注》也分三洞四辅十二类，首录部类，次标字号及各字号重编卷数，再提行著书名、原卷数和《道藏》重编卷数，一字当一画，"天"字至"群"字为旧藏之目，"英"字至"将"字为明人新续之目，每条各为解题，如《崇文总目》之例。

《道藏》内容相当庞杂，除道教经戒科仪、神仙传记一类外，还有相当多医药、卫生、养生、气功、内丹、化学、矿物学、天文、地理、诸子著作，包含了不少有价值的史料，为研究我国道教、历史、哲学、文学、社会、风俗、音乐、艺术以及科学技术史的重要文献。

（1）在医学、养生方面，《道藏》中涉及医学、养生学的著作有270余种。重要的医药类书有《图经衍义本草》《黄帝内经灵枢集注》《素问入式运气论奥》《素问六气玄珠密语》《黄帝八十一难经纂图句解》《千金要方》《葛仙翁肘后备急方》等；养生类重要著作有《养性延命录》《养生辨疑诀》《养生咏玄集》《四气摄生图》《摄生纂录》《养生秘录》等；气功、导引类著作有《黄庭经》《太清调气经》《太上养生胎息气经》《神仙食气金匮妙录》《幻真先生服内元气诀》《胎息秘要歌诀》《登真隐诀》《太上老君大存思图注诀》《太上五星七元空常诀》《太清服气口诀》《延陵先生集新旧服气经》《云笈七签·诸家气法》等；内丹著作约有120余种，重要的有《周易参同契》《入药镜》《悟真篇》《破迷正道歌》《钟吕传道集》《西山群仙会真记》《道枢》《修真十书》《重阳金关玉锁诀》《马自然金丹口诀》《大丹直指》《中和集》《上阳子金丹大要》《陈先生内丹诀》《洞元子内丹诀》《内丹还元诀》《还丹复命篇》《爱清子至命篇》《翠虚篇》《还源篇》《还丹至药篇》《纯阳真人浑成集》《抱一函三秘诀》《真龙虎九仙经》《南统大君内丹九章经》《原阳子法语》《金丹真传》《道禅集》《还真集》《修炼须知》《真人高象先金丹歌》等。这些著作反映了道教以长生不老为追求的最高理想,也反映了他们深知人的寿命的局限性。生老病死是人生的必然规律,同时要相信通过一定的修炼,可以打破这个规律,寿命可以延长,确有积极的意义,所谓"一粒灵丹吞入腹,始知我命不由天",正是鲜明地体现了这种思想。根据这一命题,道教发展形成了一系列的炼养方法,内容十分丰富,归纳起来有以下4类:

① 静功,包括"守一""存神""止念""定观""内视""守中""睡法"等。

② 动功,即导引术,包括彭祖引导法、华佗五禽戏、钟离权八段锦、吕洞宾小成法等。

③ 气功,有吐纳法、行气法、淘气法、咽气法、调气法、节气法、炼气法、闭气法、委气法、布气法、六气法、服气法、治病气法、胎气法、散气法、六字诀法、十六字诀法等。

④ 内丹,是人体之内精、气、神的一种结合物,所谓"其用则精、气、神,其名则曰内丹"。[1] 内丹是道教炼养功夫的综合发展。其炼养方法以人身为鼎炉,以身中之精神为药物,以意念(神)为火候,在自己的身中烧炼,使精、气、神聚凝不散,而结成内丹。这部分内容有的有一定道理,但多数尚待进一步研究证实,甚至有些内容纯属神话迷信之类,如分身、成仙之谈等。

(2) 在化学和矿物学方面,主要是外丹著作。《道藏》收外丹著作约100余种,重要的有《抱朴子内篇·金丹》《太清金液神丹经》《真元妙道要略》《黄帝九鼎神丹经诀》《阴真君金石五相类》《参同契五相类秘要》《丹方鉴源》《抱朴子神仙金汋经》《丹房须知》《大洞炼真宝经修伏灵砂妙诀》《龙虎还丹诀》《蓬莱山西灶还丹歌》《庚道集》《九转灵砂大丹》《金华冲碧丹经秘旨》《三十六水法》等。

道教的修炼方术盛行千余年(从西汉至隋唐),长期的烧炼实践,对我国药物学和古化学作出了积极的贡献。如唐宋炼丹道士总结前人经验,在用丹砂、水银等物炼丹时,改进配方和制法,制成甘丹(氧化亚汞)、白降丹(氧化高汞)等中医用药;在用水银和其他金属烧炼时,又制出了多种当时用于工业和医药的汞合金;东晋葛洪《抱朴子内篇·金丹》中的"金液方",经配制成溶液,即能溶解黄金;炼丹士在为硫黄、硝石等伏火时,发现了硝、硫、炭混合燃烧的现象,促进了黑火药的问世。唐宪宗元和三年(808年),清虚子《铅汞甲庚至宝集成》卷二所载"伏火矾法",虽然目的是伏火,但实际是世界上最早的一次制造黑火药的实验记录;《道藏》中《真元妙道要略》也保存了炸药的配方。《三十六水法》对无机酸的研究是很有创见的。唐梅彪《石药尔雅》列举了62种化学物质的235种异名,列举金丹近百种,成为了解汉唐炼丹方法的可靠指南,也是我国科技史上第一部矿物学专著,至今仍有参考价值。

此外,《道藏》中还有丰富的音乐史料,如《玉音法事》记录了唐宋道曲50首;《大明御制玄教乐章》用我国传统的工尺记谱法,记录了14首道曲,根据这本谱集和《大明玄教立成斋醮仪范》等经书,可知明代道教音乐是极其丰富的。还有天文、物理、地学等史料,值得作深入研究。

应该说明的是,万历以后还有许多新的道教著作,这是正统、万历二藏所不能收入的。清康熙(1662—1722年)年间,道士彭定求编成《道藏辑要》,收书292种531卷,其中

---

[1] 陈致虚:《悟真篇注·序》。

有110种288卷是明末清初人所著的道书。此外清光绪年间,成都二仙庵道观刻有《道藏辑要续编》和《女丹合编》、清人闵一得编有《道藏续》第一辑共23种,多数是清人著作;民国宋一子辑《道藏精华录》,除选刊正统、万历《道藏》要籍外,还加入了清人甚至民国初年人的著作。另外还有敦煌莫高窟的唐写本道经和长沙马王堆西汉墓发掘出的帛书道经。

工具书有:

(1) 陈国符《道藏源流考》和《道藏源流续考》,对阅读道藏很有价值。

(2) 白云霁《道藏目录详注》是了解道藏内容的一部目录学书。

(3)《道藏子目索引》是查找道藏书名的一部工具书。

此外,《续四库全书》子部类增加了"耶教类"(49部)、"回教类"(3部)、"西学格致"(87部)、"杂丛"(493部)、"汇编"(22部)。

第四章　集部科技文献概述

目前,科学史界对集部的利用尚限于皮毛。天文学史用得多一些,其他学科几乎未用。

中国古代的科技人物,很多都留下了文集,如研究这些人物,一定要看他的文集。

集部亦称丁部,是我国古籍分类法第四大类的名称。集部的书大都带有汇集、综合性质,即将历次作家一人或多人的作品汇集、综合在一起。集部起源可以追溯到《汉书·诗赋略》,专收诗赋;梁元孝绪《七录》始有文集录,分楚辞、别集、总集、杂文4类。《四库全书》分楚辞类、别集类、总集类、诗文品类、词曲类5类,共收书1 277部29 254卷;《四库总目》中存目2 125部24 391卷(附录2卷);《续修四库全书目录提要》著录1 128部。可见集部书的数量之大,内容也相当庞杂,虽然以散文、骈文、诗词、散曲、文学评论、戏曲等文学作品为主,但也有不少内容属于经、史、子部的,因此不可忽视集部的史料价值。

由于集部书籍太多,又非科技专著,因此很难罗列全部书名,这里只能按《四库全书》分类作一简介,并略举与科学技术史之关系。

一、楚辞类

《楚辞》,汉刘向辑,是楚国文学,原本16篇,即屈原的《离骚》《九歌》《天问》《九章》《远游》《卜居》《渔父》,宋玉的《九辩》《招魂》,景差的《大招》,贾谊的《惜誓》,淮南小山的《招隐士》,东方朔的《七谏》,庄(严)忌的《哀时命》,王褒的《九怀》,刘向的《九叹》。东汉王逸在刘向辑《楚辞》的基础上,加进了他自己的《九思》和班固的两篇《叙》,并逐篇加以注释,遂成《楚辞章句》17卷,此后有关楚辞的补注、集注、集解、音义等书均入此类,如宋洪兴祖撰《楚辞补注》、朱熹《楚辞集注》8卷、《辩证》2卷、《后语》6卷等。《四库全书》收有6种,《四库总目》存目17种,《续修四库全书目录提要》著录2种。

楚辞以屈原作品,尤其《离骚》最为著名,其余各篇也承袭屈赋形式,以其运用楚地的文学式样、方言音韵,叙写楚地风土物产等,具有浓厚的地方特色,故名"楚辞",又名"骚体"。其内容与科技史有一定的关系,尤其是《天问》全由问话组成,谈天文地理、古史传闻,直到楚国当时的政治军事,一口气问了172个问题,诸如天地是如何发生的,白昼和黑夜是怎样交替运行的,天盖的伞柄插在了什么地方,哪里有绳子拴住这个伞盖,九重天盖的边缘搁在什么地方,日月星辰是怎样布置的,为什么会嵌得这么稳定,太阳一天走多少路程,月亮有什么性能,为什么死了又会重生,等等。对盖天说提出了种种质疑。前人关于《天问》的研究,有唐柳宗元的《天对》、宋杨万里的《天问天对》1卷、清毛奇龄《天问补注》1卷。在植物名称考证方面,有宋吴仁杰《离骚草木疏补》4卷。而《楚辞》中植物名称探源、地理沿革等都有待进一步研究。

二、别集

个人作品综合集称别集。《隋志》云:"别集之名,盖汉东京之所创也"。章学诚认为此说"盖未深考",并说《后汉书》《三国志》所写文士诸传,"识其文笔,皆云所著诗、赋、碑、箴、颂、诔若干篇,而不云文集若干卷,则文集之实已具,而文集之名犹未立也",而"自挚虞创为《文章流别》,学者便之,于是别聚古人之作,标为别集,则文集之名,实仿于晋代"。

别集数量很大,《四库全书》收入961部18 038卷,存目1 568部16 439卷(其中66部无卷数),分诗文合集等。别集内容涉及面宽,资料丰富,有的可补正史之不足,有的可订正史之讹,有的真实反映了作者所处时代的历史情况,都极有参考价值。

中国古代科学家或与科技有关的人物,往往留有诗文集,有的因年代久远或其他原因而散佚了全部或部分。如著名科学家张衡有诗文《张河间集》;祖冲之的《长水校尉祖冲之集》长达51卷,今已全部散佚,现在只知书名了;沈括有《长兴集》,见《沈氏三先生文集》,但已不全,近人胡道静先生辑有《沈括诗词辑存》1册;李时珍也有一部诗文集,可能没有刊刻,清初就失传了。其他科学家如元代地图学家朱思本有《贞一斋诗稿》;明代植物谱录学家王象晋有《赐闲堂集》20卷;明代农田水利专家左光斗有《左忠毅公集》5卷;明末徐光启有《徐文定公文集》;清初王锡阐有《王晓庵先生诗文集》,梅文鼎有《续学堂诗文钞》;清中女科学家王贞仪有《德风亭初集》;清末李善兰有《则古昔斋算学》和《听雪轩诗存》,华衡芳有《行素轩文存》;等等。

明唐顺之《重刊荆川先生集》卷4"答万思节主事书"中有关于历数问题的讨论:① 提到当时人们对郭守敬弧矢圆术"不仅儒生不晓,而三百年来厉害亦不尽晓";② 提到他在钦天监看到一本《历源》的书,这本《历源》与郭守敬《历草》有何关系,值得进一步研究。该书卷17有数论5篇(勾股测星论、勾股容方圆论、弧矢论、分法论、六分论)。阮元《畴人传》收录。

要研究上述某位科学家,尤其是研究他的生平事迹,最好先查阅他的诗文集。如王贞仪的科学成就就是保存在《德风亭初集》中,若要研究王贞仪此集是非看不可的,否则就无法研究王贞仪及其科学活动了。在研究某科学家或科技人物时,最好先调查他是否留有诗文集。如有,一定要找到看看,或许可以提供大量的或重要的信息。其他学者的文集中也蕴藏着很多重要的资料,有的甚至可以解决科学史上一些有争议的难题,如元代农学家鲁明善,《元史》中无传,而我们在元人虞集的《道园类稿》卷43查到了《靖州路达鲁花赤鲁公神道碑》,这对详细了解鲁明善的生平政绩等有重要帮助[1]。北宋刘弇《龙云集》中有一篇"太史箴",文中提到苏颂等人所造水运浑仪台的运用情况;宋洪咨夔《平斋文集》32卷,卷1有一篇"大冶赋",是冶金史的重要文献;元王恽《秋涧先生大全文集》[2]中有宫禽小谱,记录了元代皇家动物园饲养的17种鸟类;明祁承㸁的《澹生堂外集·符离弭变纪事》中记载了天启年间我国首次最大规模煤窑工人的反抗活动。明末清初黄宗羲《南雷文案》中有周述学传,清初顾景星《白茅堂集》中有李时珍传,清陈梦雷《松鹤山房诗文集》中有"数学举要序",《数学举要》为陈世明撰,原书未刊,只有精抄本,而精抄本却不见此序。这类例子是不胜枚举的,我们仅以元代文集中科技史料为例分述如下(据《元人文集篇目分类索引》):

1. 兵家

三山老人胡舜陟文有云,孙子曰:	(第一个数字为卷数,第二个数字为页数) 定宇集7/10上
水之形避高而趋下,兵之形避实而 　击虚。(下略)	
潘可大孙子释文序	剡源集8/1上
孙子旁注序	枫林集3/5上
武经总要序	玩斋集6/9上
阵图新语叙	东维子集30/7上
用武提要序	清江集7/5上

2. 农家

王伯善农书序	剡源集7/16上
农桑辑要序	闲居丛稿20/9上
农桑图叙	松雪斋集·外集/2上
纺织图跋	道园学古录11/1下;道园类稿33/1下
题织图卷后	宋文宪公集8/19上
题楼璧耕织图(并序)	道园学古录30/8下

3. 医家

(1) 杂论

医说赠胡君器之	秋涧集45/18下

---

[1] 张秉论:《鲁明善在安徽之史迹》,载华南农业大学农业历史遗产研究室编《农史研究》第10辑,农业出版社出版,1990,第117页。

[2]《四部丛刊》景明弘治本作"《秋涧集》",100卷,后附"后序"2篇,附录1篇。——整理者

医说赠易晋	道园类稿31/18下
医说	东山存稿5/28下
医说赠马复初	刘文成公集7/12下
将医一首赠雍方叔	危太朴集·续集10/11上
医前论	胡仲子集2/17上
医后论	胡仲子集3/8上
病说	紫山集13/17上
致祝仲容病说	紫山集13/22上
论友人病症书	许文正公遗书9/17上
题赵中丞述眼医说后	吴文正公集30/8上
跋眼科医师卷后	秋涧集73/2下
医榜	桐江集5/15上
书示疡医	静修集21/7上
药说赠张贵可	吴文正公集5/1上
读药书漫记二条	静修集45/8上;国朝文类21/8上
（2）书序跋	
辨素问祝由	定宇集4/13下
医说序	吴文正公集13/22下
跋黄思顺医说后	道园学古录40/15下;道园类稿34/23下
跋罗谦甫医辨后	秋涧集72/8下
内经指要序	吴文正公集10/6上
内经类编序	静修集19/2上
抄题刊伤寒论机要疏	剡源集24/8下
伤寒生意序	吴文正公集9/23下
题熊氏生意稿	雪楼集24/17下
吴氏伤寒辨疑论序	许文正公遗书8/5下
李伯玉太素脉（序）	桂隐文集2/13下
诊脉指要序	吴文正公集10/1上
脉诀刊误集序	吴文正公集/11/21下
诊脉枢机序	云峰集3/6上
书高使君脉图后	清容居士集48/12下
题杨抚州所书东坡脉说后	李仲公集26/8上
题脉绪	白云稿3/9下
洁古老人注难经序	秋涧集41/16下
脾胃后论序	九灵山房集21/7下
朱氏格致余论序	夷白斋稿19/4上

医镜密语序	清江集 10/6 下
卫生宝鉴序	秋涧集 41/20 下
饮膳正要序	道园学古录 22/7 下,道园类稿 16/2 上
题戴德夫五运六气之图	云峰集 4/2 上
易简归一序	吴文正公集 10/14 上
运气新书序	吴文正公集 10/19 上
应气考定序	吴文正公集 10/21 下
活人书辩序	吴文正公集 11/20 下
题何子方丹书后	清容居士集 49/14 下
大元本草序	至正集 31/15 上
医书集成序	道园学古录 34/11 上
医家十四经发挥序	宋文宪公集 43/17 上
尚仲良刊医书疏(类长沙 张仲景书为十图)	清容居士集 40/14 下
高一清医书十事序	清容居士集 21/22 上
医方大成序	吴文正公集 13/21 下
古今通变仁寿方序	吴文正公集 13/22 上
瑞竹堂经验方序	吴文正公集 13/23 上
风科集验名方序	静轩集 4/27 下
本草单方序	申斋集 1/13 下
刘氏集验方序	中庵集 13/13 下
承天仁惠局药方序	道园学古录 22/8 上;道园类稿 16/3 上
自试方题	闻过斋集 1/4 上
吴氏及幼方序	桐山老农集 2/13 下
义济方选序	麟原集后 1/14 上
苗氏备急活人方序	车维子集 11/5 下;铁崖集 4/3 上
集效方序	清江集 19/1 上

4. 天文历算

(1) 论文

天文

分野论	王忠文公集 4/7 上
分野论	苏平仲集 2/1 上
二十四气论	云峰集 1/19 上
论灭没	定宇集 4/14 下
问虚谷云地者静而不动之物 (下略)	定宇集 7/28 上

问虚谷云北辰天枢前面运转 乃专言北斗何也	定宇集7/39上
日食	蒲室集疏/51下
月食	蒲室集疏51下
与黄明远第一书论日夜食书	渊颖集5/15下
中星考	定宇集4/1上
中星解	清江集33/4上
帝车赋（王宗哲撰）	青云梯 中/13下
帝车赋（邹奕撰）	青云梯 中/14下
紫微垣赋	环谷集1/7下
二星说	东山存稿5/32上
老人星赞	秋涧集66/32上
房星赞（有跋）	秋涧集66/32上
月异	秋涧集44/24上
地震问答	勤斋集4/1上
雷说	贞一斋稿1/8下
雷说上	刘文成公集7/11上
雷说下	刘文成公集7/12上
雷说	白云稿2/10下
纪风异	秋涧集44/22下
冰花说	吴文正公集5/5上
雹说	秋涧集46/20下
仪器	
简仪铭	牧庵集31/14下；天下同文集32/102下； 国朝文类17/8上
太史院重修简仪告成祝文	黄金华集23/3上
釜仪铭（文类作仰仪）	牧庵集31/16下；天下同文集32/103下 国朝文类17/8下
土圭赋	铁崖集2/20上
太史院灵台钟铭（文类作 漏刻钟铭）	牧庵集31/15下；国朝文类17/9下
彰德路刻漏铭	至正集66/6下
兰溪州新刻漏铭（有序）	吴礼部集11/15上
莲花漏赋	铁崖集2/16下
五轮沙漏铭	宋文宪公集47/7上
江阴州新作刻漏记	墙东类稿7/5下

滴漏铭（有序）	紫东集 14/15 上
平阳府新修星丸漏记	秋涧集 36/14 上
星丸漏诗序	秋涧集 42/10 上

历算

历（经世大典序录之一）	国朝文类 41/4 上
历法	石门集 9/29 上
改月数议（张敷言撰）	国朝文类 44/15 上
置闰辨	定宇集 4/11 上
更历疏（至元十七年）	许文正公遗书 7/21 下
楚客对（星历之学）	宋文宪公集 3/2 上
代湖南仓司谢赐历日表	稼村类稿 21/5 下
谢赐历日表	水云村泯稿 15/1 下
算学主善疏	秋涧集 69/5 上
记里鼓车赋	铁崖集 2/18 上

（2）书序跋

玉衡真观序	郝文忠公集 29/16 上
变异事应序	郝文忠公集 29/18 上
括囊图说序	郝文忠公集 30/8 上
泰阶六符赋（彭士奇撰）	青云梯上/10 下
泰阶六符经后序	渊颖集 12/5 下
革象新书序	宋文宪公集 43/16 上
题天文小图	吴文正公集 29/19 上
进西征庚午元历表	湛然居士集 8/14 上
授时历经序（宋濂撰）	许文正公遗书 未/27 下
书邓敬渊所藏大明历后	傅兴砺集 文 7/1 上
大明日历序	宋文宪公集 12/7 上
测圆海镜序（李冶撰）	国朝文类 32/9 上

5. 术数

（1）论文

阴阳消长	许文正公遗书 6/12 上
阴阳之道	秋涧集 44/4 下
论阴阳家	紫山集 20/49 下
赠陈明玄数学说	贞一斋稿 1/24 上
数说赠吴钟山	东维子集 27/8 下
星命者说	贞一斋稿 1/13 上
答族孙好谦书（星命之说）	贞一斋稿 1/14 下

书徐进善三命辨后苏伯衡　　　　　　苏平仲集 10/15 下

命说　　　　　　　　　　　　　　　　秋涧集 46/17 上

命说赠夫容子　　　　　　　　　　　　东维子集 27/9 下

禄命辨　　　　　　　　　　　　　　　宋文宪公集 8/11 下

拆字说赠陈相心　　　　　　　　　　　东维子集 27/10 上

神鉴说赠薛生　　　　　　　　　　　　东维子集 27/10 下

说相赠王生　　　　　　　　　　　　　东维子集 27/11 下

诘玉灵辞　　　　　　　　　　　　　　渊颖集 10/3 下

问司马温公不信风水（下略）　　　　　定宇集 7/13 下

赠李春山风水说　　　　　　　　　　　铁崖集 3/21 上

（2）书序跋

数学

大元　　　　　　　　　　　　　　　　石门集 10/41 下

太元叙录　　　　　　　　　　　　　　吴文正公集 1/25 上

读太玄经　　　　　　　　　　　　　　吴礼部集 10/11 上

太元准易图序　　　　　　　　　　　　吴文正公集 12/8 上

问易有辞象变占太玄以方州部象　　　　清容居士集 42/13 上
　拟辞象变占其太玄方州部家九
　首之说传诸世者请喻其所长
　（答高舜元经史疑义十二问）

潜虚　　　　　　　　　　　　　　　　石门集 10/43 下

读潜虚易说　　　　　　　　　　　　　存复斋文集 5/13 下

潜虚旧本后题　　　　　　　　　　　　吴礼部文集 17/4 上

皇极经世　　　　　　　　　　　　　　石门集 10/46 上

答达兼善郎中书（论祝泌《皇极　　　　滋溪文稿 24/15 下
　经世》）

皇极经世续书序　　　　　　　　　　　吴文正公集 10/4 下

天原发微前序　　　　　　　　　　　　桐江续集 34/1 上

天原发微后序　　　　　　　　　　　　桐江续集 34/6 上

天原发微序　　　　　　　　　　　　　剡源集 7/13 下

问鲍鲁斋著天原发微（下略）　　　　　定宇集 7/20 上

问发微有辩方篇（下略）　　　　　　　定宇集 7/25 上

问发微有岁会篇（下略）　　　　　　　定宇集 7/30 上

问发微天枢篇（下略）　　　　　　　　定宇集 7/33 上

问发微有观象篇（下略）　　　　　　　定宇集 7/42 下

王氏数学举要序　　　　　　　　　　　胡仲子集 4/4 下

相宅相墓

孙君山经序	桐江集 1/22 下
彭应叔山家大五行论序	青山集 2/1 上
地理阴阳五行书序	枫林集 3/9 上
葬书叙录	吴文正公集 1/30 下
葬书注序	吴文正公集 13/24 下
跋葬说后	吴文正公集 30/13 下
葬书叙	闻过斋集 1/4 下
葬书问对	东山存稿 5/22 上
葬书新注序	宋文公集 12/16 下
地理真诠类	吴文正公集 10/2 上
地理类学序	吴文正公集 13/24 上
跋地理书后	吴文正公集 31/14 下
赠高师靖地理说序	申斋集 2/7 下
地钤序	黄金华文集 16/7 上
风水问答序	胡仲子集 4/6 上
杨万谷公侯契券图序	定宇集 2/19 下
白泽图赞(有序)	至正集 67/12 上

占卜

灵棋经后题	吴礼部文集 18/1 下
灵棋经解序	刘文成公集 5/37 上

目前,人们对文集中科技史料尚未引起足够重视,其中原因之一可能是认识不足和查找困难。对于后者,可参考《宋代文集索引》《元人文集篇目分类索引》《清代文集篇目分类索引》,查找起来就方便多了。

三、总集

诸家作品综合集,称为总集,我国文学的总集起源很早。《诗经》就是最早的诗歌总集,汉王逸辑《楚辞》就是诗歌、楚辞一类体裁的总集。如果以汇集多人多体裁的著作成为一书,则称总集,那么总集则创始于晋挚虞的《文章流别集》,流传至今的则是以梁昭明太子萧统的《文选》为最。萧统选择文章的标准是注重文采,他在"自序"中说"事出于沉思,义归乎翰藻",就是说,经过深沉的艺术构思,用华丽辞藻表达的文学作品才被收录。凡"以立意为宗,不以能文为本"的,则不收录,因此先秦诸子之文,就排斥在《文选》

之外。《文选》收录的文章,上起周代,下至梁朝,各种重要文体,大都选进了。《文选》对后世影响很大,研究、注释它的书很多,形成了专门的"文选学",其中以唐李善《文选注》和唐《六臣注文选》(六臣指吕延济、刘良、张铣、吕向、李国翰五臣合李善为6人)最为著名,可与《三国志注》《世说新语注》《水经注》齐名。

总集的优点在于它对收录的作品进行了初步的分类,查找方便;无个人诗文集者的作品,幸有总集选进去而积存了下来。我国古代的总集,按其性质可分为两类:一类是着眼在网罗宏富,偏重于保存文献;另一类是选录部分文章,加以品评,意在去芜存精,《文选》是也。就科技史而言,前者文献价值更大一些。

总集类型很多,大体可分为历代总集(包括各体总集、诗总集、文总集、一体文总集)、一代总集(包括诗文总集、诗总集、文总集、一体文总集)、地方总集(如《新安文献志》《宛陵群英集》等)、诗派文派总集(如《古今诗赋》《唐宋八大家文钞》等)、专题总集(如《声画集》《古今岁时杂咏》等)、族姓总集(如《文氏五家诗》等)、人物总集(如《宋遗民诗》《薛涛李冶诗集》等),此外,还有《程氏总集》《清人唱和题咏集》等。下面按历史顺序介绍几种总集。

(1)《全上古三代秦汉三国六朝文》

嘉庆年间开全唐文馆,编辑全唐文,有名之士多被邀参加,严可均未被邀请,心有不甘,乃花27年心血,发奋独自校辑编成《全上古三代秦汉三国六朝文》746卷,共收3 497人作品,分代编次为15集,约570万字,网罗广泛,从此书可见唐以前所有现存单篇文章,以及一些史论、子书等之辑佚,可作《全唐文》的前接。此书之优在于"全",便于查阅,对研究我国古代史和古代文化有参考价值。其缺点是有考证不精、不辨真伪、张冠李戴、名有重出等问题。

严氏生前未写清稿,原稿本156册,现存于上海图书馆,涂乙满纸,且多所校笺。光绪间王毓藻集28文士,费时8年,8次校订,方刻印之,但校刻不精,错误迭出。民国十九年曾影印,1958年中华书局据此本断句影印;1965年再版重印;同年中华书局依原书所载篇目,新编目录,又新编作者姓名索引以便查阅。

(2)《全汉三国晋南北朝诗》

54卷,丁福保编,丁氏仿效严可均《全上古三代秦汉三国六朝文》编成此书,作为清朝新编《全唐诗》的前接部分。搜罗完备,凡从西汉至隋700多人之诗,不分优劣,不加批判,全部收入,其特点在于"全"。此书分《全汉诗》《全三国诗》《全晋诗》《全宋诗》《全齐诗》《全梁诗》《全陈诗》《全北魏诗》《全北齐诗》《全北周诗》《全隋诗》等,依年代次序分为11集。其缺点是校注疏略,考核不精,但此书颇为流行,常被引用。有上海医学书局印本,中华书局1959年重印。

(3)《全唐诗》

900卷,清彭定求等编,是书以明胡震亨《唐音统签》(1333卷)和清初季振宜《唐诗》(717卷)为底本校补而成,始纂于1705年3月,成书于翌年10月。共收唐五代诗48 900余首,附有唐五代词,作者2 200余人,按时代前后排列,并系小传,每一作家之诗,按体例排比。由于搜求较全，而胡、季又系鉴赏名家，对唐诗校勘颇精，故此书很有参考价值。此书缺点是有误收乱收、作品重出、小传小注有误、编次不当、引书删去出处等问题。1960年中华书局据扬州书局本校点重印，12册，全书末后编加作者索引。

今人王重民辑《补全唐诗》，收诗人50名，诗104首，有集《敦煌唐人诗集残卷》；今人孙望复《全唐诗补逸》21卷，董养年辑有《全唐诗续补遗》，1982年中华书局汇成一书出版，名为《全唐诗外编》。

（4）《全唐文》

1 000卷，清董诰、阮元等奉敕编纂，始于嘉庆十三年（1808年），成于嘉庆十九年。当时曾设"全唐文馆"，校编者达100多人，由董诰领衔，清代知名学者如阮元、徐松等都参与此事。共汇集唐五代文章18 488篇，作者3 042人。体例仿《全唐诗》，其次序为：首诸帝，次后妃、宗室诸王、公主（五代依此序次，其十国附五代后），次臣工、释道、闺秀，至宦官四裔，各文无可类从，附编卷末。由于包罗极广，成于众手，因此疏漏不少，或姓名舛误、张冠李戴，或题目夺误、正文讹脱，或误收重出，小传亦不乏讹错；另外收文不全，采辑群书不注出处，给校勘造成困难。1983年中华书局据原刊本缩印出版；附印《潜园总集》本《唐文拾遗》72卷，收文2 000余篇，《唐文续拾》16卷，收入三百数十篇；并对全书作了断句。

1985年，中华书局出版由马绪传编《全唐文篇名目录及作者索引》，收录唐五代各朝文章，包括《全唐文》《唐文拾遗》《唐文续拾》3部，可供检索。

（5）《唐文粹》

100卷，宋庐州姚铉编，所选录者以古雅为标准，文赋唯取古体，不收骈文，五七言近体不录。对韩、柳古文尤为推崇。此书为最早之唐文选本，对后选家有一定影响。通行本以顾广圻校刻大字体本及影印明嘉靖刻本为最善。

（6）《文苑英华》

1000卷，宋李昉（925—996年）等编。太平兴国七年（982年），李昉、扈蒙、徐铉、宋白等奉敕编撰，历时6年，成书于雍熙三年（986年），后经4次修订，刊刻出版。内容上起南梁，下至唐末五代，选录历代作家2 200多人，作品近20 000篇，按文体分为38类，唐代作品约占十之八九。是一部继《文选》之后的文史总集。与宋初官修《太平御览》《太平广记》《册府元龟》合称四大类书。内容浩繁，收入大批诏诰、书表、碑志等，还有大量唐及唐以下诗文，有益于编收宋以前文学作品。体例仿《文选》，但分类过杂。

宋以后按朝代编汇的总集有：

宋代：吕祖谦编《宋文鉴》150卷，庄仲芳编《南宋文苑》70卷；

辽代：陈述编《辽文汇》10卷，缪荃孙编《辽文存》6卷；

金代：张金吾编《金文最》130卷，庄仲芳编《金文雅》16卷；

元代：苏天爵编《元文类》70卷；

明代：薛熙编《明文在》100卷，徐文驹等编《明文远》，陈子龙等编《皇明经世文编》508卷；

清代:贺长龄编《皇清经世文编》120卷,葛士濬《皇朝经世文续编》120卷,盛康编《皇朝经世文续编》120卷,陈忠倚编《皇朝经世文三编》80卷,麦仲华《皇朝经世文新编》21卷,邵之棠《皇朝经世文统编》107卷。

总之,总集中的科技史料是相当丰富的。如《唐文粹》中李春造赵州桥一文,是关于赵州桥的一篇极其重要的历史文献。《元文类》(《国朝文类》)中有蔡文渊的《农桑辑要序》(36/1上)、李冶的《测圆海镜序》(32/9下)、杨恒的《进授时历经历议表》(16/4上)、《〈授时历〉〈转神注式〉序》(33/10下)、《浑象铭》、《玲珑仪铭》、《高表铭》(17/10—11上);而且卷50还有齐履谦的《知太史院事郭公行状》一文,说到张文谦推荐郭守敬为水利专家"习知水利,且巧思绝人",后来忽必烈召见了郭守敬,郭当场陈水利建议6条,忽必烈很满意,马上任命他为诸路河渠提举,让他专业负责各路河渠的整修和管理工作。这也是一条十分重要的史料,类似例子不胜枚举。现以《全上古三代秦汉三国六朝文》为例,将其中重要科技史料分类整理如下:

1. 序跋

数学有《孙子算经序》(第38页)、赵爽《周髀算经序》(第816页)、刘徽《九章算术注序》(第1352页)、《夏侯阳算经序》(第4242页)、《张丘建算经序》(第4242页);农学有贾思勰《齐民要术序》(第3707页)、嵇含《南方草木状序》(第1831页);医学有陶弘景《本草序》(第3218页)、陶弘景《药总诀序》(第3219页)、陶弘景《肘后百一方序》(第3219页)、葛洪《肘后备急方序》(第2126页)、葛洪《抱朴子序》(第2125页);博物学有张华《博物志序》(第1792页);地学有裴秀《禹贡九州地域图序》(第1645页)、郦道元《水经注序》(第3721页)。

2. 天文学

西汉以后有关日月食诏对很多,还有汉成帝《孛星见求直言诏》(第170页);汉孔光《上书对问日蚀事》(第198页)等(说略)。

傅玄《拟问天》(第1721页)、张衡《灵宪》(第776页)、刘智《论天》(第1685页)、王蕃《浑天象说》(第1439页)、姜岌《浑天论》(第2347页)、姜岌《浑天论答难》(第2348页)、何承天《浑天象论》(第2565页)、贺道养《浑天记》(第2673页)、祖暅《浑天论》(第3325页)、张衡《浑天仪》(第777页)、陆绩《浑天仪说》(第1422页)、陆绩《浑天图》(第1423页)、后魏明元帝《铁浑仪铭》(第3513页)、后汉和帝《班刻漏箭诏》(第503页)、崔骃《刻漏铭》(第749页)、李尤《刻漏铭》(第716页)、孙绰《漏刻铭》(第1813页)、陆机《漏刻赋》(第2014页)、鲍照《观漏赋》(第2688页)、梁元帝《漏刻铭》(第3054页)、王褒《漏刻铭》(第3915页)、陆倕《新刻漏铭》(第3258页)、后汉章帝《改行四分历诏》(第496页)、张衡《历议》(第773页)、祖①《仍用四分历议》(第794页)、边韶《上言四分历之失》(第812页)、虞恭《仍用四分历议》(第808页)、许芝《历议》(第1254页)、徐岳《历议》(第1254页)、孙钦《历议》(第1254页)、李恩《历议》(第1270页)、杨伟《上景初历表》(第1627页)、杨伟《历

---

① 史不著其姓,延光初为河南尹。

议》(第1627页)、何承天《上元嘉历表》(第2558页)、何承天《新历叙》(第2568页)、皮延宗《难何承天新历》(第2705页)、祖冲之《上新历表》(第2879页)、祖冲之《辩戴法兴难新历》(第2879页)、沈约《谢赐新历表》(第3107页)、祖暅《奏请用祖冲之甲子元历》(第3325页)、公孙崇《上景明历表》(第3737页)、司马子如《上兴和历表》(第3843页)、后周明帝《造周历诏》(第3888页)。

此外,在农学和生物学方面有历代帝王劝农(桑)诏、各种栽培植物和动物赋(如《菊赋》《枇杷赋》《安石榴赋》《荔枝赋》《蚕赋》《蜜蜂赋》等),还有汉宣帝《留屯田》(第164页)、东汉和帝《旱蝗除田租诏》(第500页)、后汉桓帝《令种芜菁诏》(第510页)、张文《蝗虫疏》(第913页)、托名《神农书》(第9页)、崔寔《四民月令》(第729页)、蔡邕《月令问答》(第900页)、《月令篇名》(第903页),以及郭璞《尔雅图赞》(第2154—2157页),王褒《僮约》中的"武阳买茶"更是茶史上的重要史料。

按以上方法,我们可将各种总集中的科技史料整理出来,这样今后使用起来就方便多了。我们相信,随着科技史研究的深入,充分利用总集科技史料势在必行。

其他总集中的科技史料留作研究生作业,希望各位认真去做,然后相互交流,发挥集体力量,为科技史研究做点"功德无量"的工作。

四、元曲与传奇

元代杂剧与散曲合称元曲,二者都使用当时流行的北曲,出现了许多优秀的作家和作品,因此被誉为元代文学的代表,同唐诗、宋词并称。现存元代杂剧约156种,其代表作有明臧懋循(? —1621年)编辑《元曲选》(《元人百种曲》)10集100卷,其中元人杂剧94种,明初杂剧6种;毛晋《六十种曲》和今人隋树森《元曲选外编》等。

传奇,主要是指明清时期以唱南曲为主的戏曲形式,它是宋元南戏的进一步发展,结构大致与南曲相同,但更完整,曲调更丰富。明嘉靖至清乾隆年间最为盛行,当时剧种如昆腔、弋阳腔等以演传奇为主。著名作家有汤显祖(1550—1616年)、洪昇、孔尚任等,剧本今知约2 000多种,现存作品有《牡丹亭》《还魂记》《桃花扇》《长生殿》等600余种(可参阅《重订缀白裘全编》乾隆本)。

元曲与传奇中总体科技史料较少,只能说在生活用语中略知一些科学内容,如元曲中提到"四百四病",这是印度医书上的说法,还有"看华夷图""观九域志""算六壬课,下金针拨眼"等内容,都与科技史有一定的关系。

笔者在《元曲选》中曾看到一条有关指纹应用的历史资料:"至元十年(1273年),闰六月,枢密院照得:各处年户召到养老出舍女婿,须管令同户主婚亲人写立婚书,于上该写养老出舍年限语句,主婚媒证人等书画押字。"(《任风子》)这段史料,有唐代文书中指节纹、指掌印实物和"按指为信"的信仰,可见这条资料应是可信的。

五、小说和其他文学作品

集部的小说与子部不同,主要是指章回小说,当然有时也很难分清哪是子部小说,哪是集部小说。古人把章回小说分为讲史类、烟粉类、灵怪类、公案类、劝诫类等,犹如现今的历史小说、艳情小说、神怪小说、侦探小说一样。作品很多,又与科技史关系不太密切,很难一一列举。但是小说中有时也能找到一些科技史料,严敦杰先生曾经作过有益的探讨,现引来以引起大家的重视。严敦杰在《论〈红楼梦〉及其他小说中的科技史料》一文中说:"小说虽多依托,然其所述典章制度,必由作者用当代史实言之,足资考证;反言之,吾言某书为伪,某书非某人所作,亦莫不由典章制度说明之也。欲求科学史料,何独不然。"严先生在讲课时还曾就数学史列举出:《水浒传》中有神算子,《金瓶梅》插图中有算盘,《镜花缘》中还论西洋筹算,《老残游记》中论正负数,《青楼梦》中引有勾股捷法,《孽海花》中记李善兰与外国传教士的交往。笔者在《金瓶梅》中还看到了达尔文与他夫人下的"双陆棋",等等。此外,《红楼梦》中有西洋物件和药方,《三宝太监下西洋演义》中有明代航海知识,这些都是值得研究的。但是应当注意,小说毕竟不是历史,小说中描写的时间不能作为依据,例如"三言二拍"等短篇小说,很多故事是宋元时代的事,发现科技史料时,先要查查故事的根源或出典。如原来故事中有些资料,则可上溯到宋元时代,若没有这些资料,应以撰写小说的时代为准;另外,小说中必有渲染,小说中的科技史料只能作为旁证,应慎重决定取舍。

集部科技史料价值研究举隅:见本书附录二《诗词歌赋中的科技史料价值》一文。着重于唯一、最早,比其他文献更详细、更有价值。

人物传记相当大的部分在集部,甚至师承关系都在集部。如何查找人物传记?正确的方法是:(1) 先看正史中有无相关资料(利用一系列工具书)。(2) 若正史中无,则查附传(如鲁明善、罗愿等人,本人无传,但在其父传后有其附传),有许多科技人物无传(古人给某人作传往往是按官职的大小,故许多科技人物无传,但可能在方技传中有)。(3) 传记类著作,找唐以后的人物传记,查5种引得,注意:① 隋唐五代人物传记索引,宋、元、明、清人物传记索引……② 要全面了解一个人,除正史外,还要看他全部的著作。

讲授本课的目的,是让大家从宏观上了解中国古代科技文献的分布及重要性,尤其是部类(如四部分类法、出土文献的分类等)分布何处。学会快速查找到所需资料,是本课程的基本要求。

文献查找也有"绝招",有人能快速找到所需的文献,诀窍何在?——学会使用丛书。

有的图书馆不按经、史、子、集4部分类,而是按丛书、方志等分类,则工作量极大。

丛书是根据编者的某种宗旨或需要合多书为一种,少则三五本,多则数千本,又称"丛刊""丛刻""会刻"。文献种类并无增加,与类书不同,不拆散打乱原书。最早的丛书为《儒学警语》,但此书编早而刻印很晚,刻印最早为南宋咸淳九年(1273年)的《百川学海》(此书与科技史关系密切)本。

丛书也很多,如何查找?不可忘记以下这3种书:

(1)《中国丛书综录》上海图书馆编,1986年上海古籍出版社出版,包括总录、子目、索引3部分,著录古籍丛书2 797种,但此书不全,如《格致丛书》便没有收入。阳海清编撰《中国丛书综录补正》,1984年江苏广陵古籍刻印社出版。施廷镛编撰《中国丛书综录续编》,2003年北京图书馆出版社出版,第48页收录《格致丛书》。

(2)《中国丛书广录》,阳海清编,著录丛书3 279种(合计6 076种),但其内容及重要性,就文献本身而言,尚不若前书。

有此二本,除档案、出土文物、手抄本或别人未发现之外,应该说都有了,可了解个全貌。

(3)《中国近现代丛书目录》,仅上海图书馆即有5 549种丛书。

丛书举例:《民国丛书》,有如《四库全书》,但只能看此书前面的目录。

以上三书非常重要,有许多文献是靠丛书保存下来的,如无丛书,许多没有名气的人写的书就早没有了。

丛书是保存古籍的重要资源,一定要重视丛书文献群。

要成为像李约瑟那样的科学史大家,必须了解整个文献的概况,要有宏观概念。新课题、新研究方向可由此入手,最低要求是应能查找本专业史料。

第五章　五大史料中的科技文献

中国古代的科技文献,除了古书中记载的有关资料外,19世纪末以来相继发现或引起重视的甲骨文、简牍、帛书、敦煌书卷和明清档案,号称"五大史料",内有丰富的科技内容。此外早已发现的金石文中也有十分珍贵的史料。下面按这些资料所反映的大致年代(朝代)先后,分述如下。

一、甲骨文中的科技文献

甲骨文是我国迄今所发现的最古老而又比较成熟的文字。主要是殷商王朝为了占卜吉凶祸福等,将文字刻在龟甲和牛、羊、猪、鹿的肩胛骨上,因而称之为甲骨文;又由于它是在殷朝故都——河南安阳小屯村发现的,故又称之为殷墟甲骨。其实关于"甲骨文"之名,至今未见古代典籍记载,或者说至今尚未发现;《礼记·典礼》说:"龟筴敝则埋之"(郑玄注:"不欲人亵之也。"),可能是它的最早名称。但是在发现甲骨文的早期,人们对它的命名却各异,如殷契、书契、贞卜文、卜辞龟版文、骨刻文、龟甲兽骨文字等。直到1921年10月25日陆懋德在《北京晨报·副刊》发表了《甲骨文发现及其学术价值》以后,又陆续发表了不少以"甲骨文"为题的论文篇名,此后开始称"甲骨文",并逐渐为国内大多数学者所接受。10年后,即1931年,周予同在开明书店的《中学生杂志》上发表了《关于甲骨学》一文,第一次在学术界使用"甲骨学"。随着对甲骨文研究的深入,"甲骨学"也逐渐成为学者较为常用的名词了。[①]

关于甲骨的发现有几种说法:通常以为是1899年金石学家王懿荣从北京菜市口达仁药店买回中药,在用药前审视药物时,偶然发现"龙骨"上刻有文字,他立即派人从药店买来了全部字骨,访明来历,并继续四处搜求1 500片,使3 000多年前的古文字,受到了应有的重视;也有说法是,早在光绪二十四年(1898年)以前,安阳小屯村村民就在耕作中发现了商代甲骨,作为古董售之商贾,并由著名学者王襄、孟定生等鉴定确认[②];还有的说是,1899年,刘鹗客游京师,过王懿荣寓所,王氏适患疟疾,服药用"龙骨",刘鹗发

---

① 王宇信、杨升南主编:《甲骨学一百年》,社会科学出版社,1999,第15-16页。
② 王襄:《簠室题跋》,《河北博物馆画刊》1935年第85期。

现甲骨上载有文字,便开始收集研究,因此甲骨乃成为古物收藏家搜罗的对象。[1] 以上是关于甲骨文发现的3种主要说法,不过目前绝大多数学者都支持第一种说法。

不久,王懿荣去世,他生前所收甲骨为丹徒人刘鹗所得。刘又继续收集,约得5 000片,择出其中字迹完好者1 058片,于1903年拓印成《铁云藏龟》,这是第一部著录甲骨的专书;次年,孙诒让据此撰成《契文举例》2卷,是为我国学者从事甲骨文字研究的开始。其后,罗振玉、王国维等学者继续搜访甲骨并进行专门研究。其中罗振玉先后共得甲骨3万片,编印了《殷墟书契》《殷墟书契菁华》《殷墟书契前编》及其"后编""后续"等,并加以著录和考释;王国维为姬佛陀编印了《戬寿堂所藏殷墟文字》,并于1917年撰写了《殷墟卜辞中所见先公先王考》和《续考》等著名论著,在文字考释的基础上,把甲骨文研究与商史研究结合起来,取得了很大成果。

在甲骨发现的最初阶段,虽然有人知道它是商代遗物,但它究竟属何遗址、属何年代,知道得并不清楚或并不确凿。经过罗振玉多年搜寻、王国维等学者深入考证,直到1908年才弄清这些甲骨文的真正出土地点是河南安阳小屯村的殷墟,从而论定这些甲骨文就是殷代后期从盘庚迁殷到帝辛灭国八世十二王共约273年这一段时间的遗物。后来人们还据《礼记·表记》中:"殷人尊神,率民以事神。先鬼而后礼,先罚而后赏"的记载,断定殷人几乎天天在祭祀,事事皆占卜,以此作为殷墟大量甲骨遗存产生的社会背景。

就在我国学者致力搜求和研究甲骨文的同时,美国人方法利,英国人库寿龄,德国人威尔次、卫礼贤,加拿大人明利士,以及日本人林泰辅、三井源右卫门等,利用当时中国半殖民地的状况,通过各种手段,大量运走我国文化珍品,大量甲骨因此也随之流散国外。[2]

从1928年至1937年,前中央研究院采取科学方法在河南殷墟先后进行了15次发掘,获得了大量的商代晚期遗迹、遗物,包括大批甲骨文。其中第1—9次发掘共获甲骨6 513片;第13—15次发掘共获甲骨18 405片,前后10年共获甲骨24 918片(其中有字龟甲22 718片;有字兽骨2 200片)。需要指出的是:1929年第三次发掘时同时同地出土了四版大龟甲,董作宾根据"大龟四版"上出现的争贞、系贞、宾贞、吕贞等文字,考定这些都是贞人的名字,并据此探讨它的时代,定出分期断代的10项标准。从此,把殷商各朝的历史建立在了科学的基础上。从这一时期开始,研究甲骨文的著名学者有董作宾、郭沫若、于省吾、胡厚宣、陈梦家、商承祚、唐兰、张政烺、严一萍等,他们在甲骨文研究和文字考释方面都取得了很大的成绩。

自19世纪末至新中国成立的50年间,研究甲骨文的论著约有900种,[3] 国内外著录甲骨文资料的书约有七八十种。

新中国成立后,甲骨文研究取得重大进展,并且扩大了甲骨的出土范围。1953年在著名郑州二里岗商代遗址发现了商代甲骨。在研究方面的重要成果有1955年中国科学院考古研究所将断碎的甲骨连接起来,编成《殷墟文字缀合》一书,为甲骨文研究补充了

---

① 钱存训:《书于竹帛》,上海书店出版社,2002,第19页。

② 洪湛侯:《中国文献学新编》,杭州大学出版社,1994,第18页。

③ 洪湛侯:《中国文献学新编》,杭州大学出版社,1994,第29页。

大批新资料。严一萍的《甲骨缀合新编》及《甲骨缀合新编补》又有新的补充和发现。1965年考古研究所编辑出版的《甲骨文编》收录甲骨文4 672字,可识之字约900有余,每字注明出处,并加以简要说明,可作为甲骨文字典使用。于省吾所著《甲骨文释林》和他主编的《甲骨文考释类编》对于甲骨文研究都做出了巨大的贡献;陈梦家的《殷墟卜辞综述》,是一部全面整理和研究甲骨文和商史的巨著。除上文提及的甲骨著作外,还有郭沫若《卜辞通纂》和《殷契萃编》、董作宾《殷墟文字甲编》和《殷墟文字乙编》、胡厚宣《战后京津新获甲骨集》和《甲骨续存》、叶玉森《铁云藏龟拾遗》、李旦丘《铁云藏龟零拾》和《殷契摭佚》、明义士《殷墟卜辞》、王国维为姬佛陀编的《戬寿堂所藏殷墟文字》、林泰辅《龟甲兽骨文字》、王襄《簠室殷契征文》、关百益《殷墟文字存真》、容庚《殷契卜辞》等,可资查考。

　　特别值得指出的是,由郭沫若主编、胡厚宣任总编辑的《甲骨文合集》,从1961年开始,经过剪裁书刊重新墨拓、恢复原形、校对重出、拼合断片、同文类聚、去伪存真、去粗取精等一系列整理工作,然后选出在文字学、历史学上具有一定意义的甲骨,分为"阶级与国家""社会生产"和"思想文化"三大类(22小类),历时20年,著录甲骨41 956片,是一部对甲骨文进行全面整理、集大成的鸿篇巨著。其中有关于方域、贡纳、农业、渔业、畜牧、手工业、商业、交通、天文、历法、气象、建筑、疾病、生育等方面的科学记载。

　　新中国成立后,有关甲骨的新发现,除1953年在郑州二里岗发现的商代甲骨外,特别重要的是在山西、陕西、北京等地先后发现了周代甲骨文。其中1977年在陕西"周原"遗址出土了西周甲骨17 000片,清洗出有字甲骨190多片。这批"周原"甲骨共有单字600多个,是研究商末周初历史、地理和官制的重要史料。这批甲骨有穿孔,并有"典册"的记载,表明周人可能是把刻有文字的甲骨串起来作为档案保存了。特别值得一提的是,"周原"出土的甲骨文,是一种古老的"异形文字",字体纤细,必须用五倍放大镜才能辨认清楚,可谓我国微雕史之嚆矢。殷人和周人为何在坚硬的龟甲和兽骨上契刻文字,他们是用什么刀具刻出像殷代帝乙、帝辛时期的像芝麻大小的卜辞和周人这么纤细的甲骨文,关于这些问题简直让人不可思议!郭沫若从象牙制作工艺的工序,联系到甲骨在契刻文字或其他削治手续之前,估计是经过了酸性溶液的泡制,使之软化,然后再加工契刻的[①]。2003年12月,北大考古系在陕西岐山县城北周公庙(与"周原"遗址相距数十里)发现两片龟甲,分别刻有38字和17字。据报道称,这是我国首次发现的"龟背甲骨",而此前发现的均为"龟腹甲骨",值得注意。

　　甲骨文自19世纪末发现以来,已有百余年,此间发现和正式发掘出土的甲骨实物甚多。据胡厚宣1984年统计,总共约有156 000多片。其中中国大陆有40个城市90多个单位收藏甲骨达10万余片,中国台湾、香港还藏有甲骨3万片左右;国外如日本、加拿大、英国、美国、德国、苏联、瑞士、比利时、韩国等12个国家藏有16 700多片[②]。大陆约占

---

① 郭沫若:《古代文字之辩证的发展》,《考古》1972年第3期。

② 胡厚宣:《八十五年来甲骨文材料之再统计》,《史学月刊》1984年第5期;另见胡厚宣:《〈甲骨文合集〉编辑的缘起和经过》,《古籍整理出版情况简报》1979年第3号。

三分之二,港台约占五分之一。这些甲骨文属于殷代中晚期文字,已发现的殷墟卜辞始于武丁,止于帝辛(殷纣),一般认为是自盘庚迁殷至纣亡的270多年间的实物遗存。一片甲骨背上少则几个字,多则达180字,已发现的甲骨单字约5 000个,已认识的1 000字以上。每片甲骨上刻文虽然很简单,但涉及的内容极为广泛。甲骨文中包括国家征伐、狩猎、畜牧、农事以及疾病、灾害、祭祀等方面的内容,为后世研究殷代社会经济生活、政治结构、内战外事、思想信仰、风土民俗以及帝王世系等历史提供了大量的珍贵资料,是古老典籍文献中的重要组成部分。

甲骨文中含有丰富的科技史料,尤其是有关商代的文献留下来得极少,显得尤其珍贵。现在无论是综合性的中国科技通史,还是写古代各学科的专业史,几乎都要引用甲骨文。现按学科分类辑出若干主要资料,以窥一斑。

(一) 甲骨文中的天文历法知识

1. 甲骨文中的月食史料

(1) 壬申夕月食(《合集》[①]11482,正反面)。

(2) 乙酉夕月食(这次月食记了两次,参见《合集》11485,11486)。

(3) 已未夕豈(《合集》17299)。

(4) 庚申月有食(也是有两次记载,《英藏》[②]885,886)。

(5) 癸丑月有食(《英藏》885正反)。

(6) 癸未夕月食(《合集》11483正背面)。

(7) 甲午夕月食(《合集》11484正)。

2. 甲骨文中的日食史料的讨论

1937年,郭沫若在《殷契萃编》中明确指出卜辞"日又(有)戠"是日食的问题。1998年,李学勤在《日月又戠》[③]一文中举出日月戠卜辞6条:庚辰日有戠(《合集》33698,33699)、辛巳日有戠(《后·上》29.6)、乙巳日有戠(《合集》33696,33704)、乙丑日有戠(《合集》33697,33700),其他日有食(《屯南》[④]3120)、癸酉日食(《合集》33695,《篕·天》1,《佚》[⑤]374),其中癸酉日食,学界尚未取得共识。

3. 殷商时期已经采用干支纪日法

在十数万片甲骨刻辞中记有干支日的甲骨俯拾即是,十天干与十二地支依次相互组合,形成60个干支纪日。目前见到的最完整的干支表刻在一块牛胛骨上(见《合集》

---

① 郭沫若主编《甲骨文合集》,中华书局,1979–1983。简称《合集》。

② 中国社会科学院历史研究所、伦敦大学亚非学院编《英国所藏甲骨集》,中华书局,1985。简称《英藏》。

③ 李学勤:《日月又戠》,《文博》1998年第5期。

④ 中国社会科学院考古研究所:《小屯南地甲骨》,中华书局,1980。简称《屯南》。

⑤ 商承祚:《殷契佚存》,金陵大学文化研究所丛刊甲种,1933。简称《佚》。

37986）。两个月合计为60天,很可能是当时的日历。另有一组胛骨卜辞算出来两个月共59天,说明已有大小月之分。对商代行用干支纪日法,学界没有人表示怀疑。干支纪日法是中国古代的一大发明。用干支纪日不会发生错误。这种纪日法一直延续到近现代。需要指出的是,甲骨文中虽然绝大多数是干支纪日法,但也有只记天干日的,据常玉芝统计,至少有106版;至于是否也单以地支纪日,学界曾有不同意见。后者可参见陈梦家《殷墟卜辞综述》[①]、温少峰等《殷墟卜辞研究——科学技术篇》[②]、常玉芝《殷商历法研究》[③]等。

4. 关于闰月

关于闰月问题:1914年罗振玉最先提出卜辞中"十三月"是闰月;董作宾认为"十三月"就是"归余置闰法"的闰月。虽然有人反对过罗振玉的观点,但殷商历法研究发展到今天几乎没有人怀疑卜辞中的"十三月"是年终置闰法的闰月了。另外常玉芝还在卜辞中发现了两条"十四月"(见《合集》21897,22847),结合青铜器铭文中一条"十四月",认为殷人有失闰现象,是失闰后再补闰的证据。

另外,董作宾还最早提出商代年终置闰法只实行于早期的祖庚七年以前,祖庚七年以后,即甲元年开始,商人就实行年中置闰法了。虽然学界有人反对"年中置闰法",但经陈梦家、常玉芝等补充实例,年中置闰法的史料更为丰富了(参见《合集》11545,13361,16706,26569,34991,10111等)。不过董作宾以祖庚七年为年终置闰分界线,可能难以成立。

此外,还有一些学者对殷商甲骨文中的"星"字、"日至"、"日始"、月长、年长等问题开展过研究,但争论较多,详细情况可参见王宇信、杨升南主编的《甲骨学一百年》第十四章第一、二、三节。总之,甲骨文中有关历法部分是争论或分歧最多的领域之一,无论是一些对甲骨文字的考释,还是某种天象发生年代的推算,都存在一些不同意见,非常值得进一步研究。

（二）甲骨文中的数学知识

数学方面,甲骨文中已发现的最大数字是3万〔〕,复位数已记到4位,如2656:"八日辛亥允伐,人。"注意甲骨文记数有时在百位数、十位数、个位数之间添一个"出"字或""字,如"人鬲自驭至于庶人六百五十九夫",其中数字659写作""等。还有一片甲骨上刻有4排数,反映了当时有单数(奇数)、双数(偶数)的概念。此外可能还有倍数概念,如5、10、15、20……

① 陈梦家:《殷墟卜辞综述》,中华书局,1988,第93页

② 温少峰等:《殷墟卜辞研究——科学技术篇》,四川省社会科学院出版社,1983,第79页

③ 常玉芝:《殷商历法研究》,吉林文史出版社,1998,第89-90页

（三）甲骨文中的农业知识

与农业有关的甲骨多达四五千片,其中以占卜丰歉年者最多,占卜畜牧者的卜辞很少,而卜丰年和其他"受年""受禾"的卜辞约有200条。农作物品种有禾(粟)与秝、黍与稷、麦、粳(稻)、高粱等。农具可分为起土工具——耜、耒等,中耕农具——耨、铲,收割农具——镰与爪镰。农业生产过程中的甲骨文有选择耕地——省田、土田和溼田,除草——柞、先芟,垦荒——衰田,翻耕土地——籍田、耤田,整理土地——墫田,以及粪种和治虫等。其中治虫与"蕳"字有关,卜辞多为卜其至与不至和祈求神护,但有的""字下从火(《合集》29715,32854,32968),因此有人认为是用火灭蝗,近代河南等地还有用此法者。甲骨文中有关农业知识,不但纠正了"商代农业还很原始"甚至认为商代尚处在"狩猎游牧时代"的错误看法,而且以事实说明商代农业生产已处在一个较发达的水平。当然有关农业的某些字也存在不同看法,最大的分歧莫过于"犁耕"问题。现以犁耕争论为例列出不同意见于后,以飨读者。甲骨文中有个牛从勹的字,作""""形。[1] 王国维释此字为物,意为杂色牛。[2] 董作宾、郭沫若释为黎。[3] 胡厚宣说勿字本像耒,即犁形,而曳犁耕田之牛者,即水牛,其色黑,故引申而"勹"有黑义。由文字本义、借义之次序观之,必先有勿物,而后有勿色,必先有勿田之牛,而后有勿色之牛,卜辞这两个字均用为颜色,则勿田之牛之本义必更早于卜辞时代,"由此乃知殷代必已有牛耕之事也"。[4] 持异议者认为勿()字像刀形,绝不是耒,故此字不能释作犁。后来沈之瑜在上海博物馆新收集到的一批甲骨片中,发现有一片上有"幽勿牛"与"黄勿牛"对举,他认为幽、黄已是颜色,"物即是杂色牛,那就不应在其前冠以幽、黄,可见'勿牛'不应是'物',也非杂色,应是'犁'字"。[5] 裘锡圭则认为"可以解释为以幽色为主的杂色牛和黄色牛为主的杂色牛,其义并无不通"。他认为"勿"应指某种颜色而言,"绝不能解释为拉犁的牛",并且古书中的"犁牛"也是指杂色牛而不是拉犁的牛之意。许进雄不但认为犁字,而且指出卜辞中的""(襄)和""(犁)字都是用犁头刺土的象形字,襄字是双手扶犁而牛拉的图画。[6]

甲骨文中这些字是不是犁耕问题,说者见仁见智,但在考古发掘中,在商代确已发现犁具而且是用青铜制的,最确凿的证据就是江西新干大洋洲商墓中出土的两件青铜犁铧。商代用犁耕当是已然的事实。

① 孙海波:《甲骨文编》,中华书局,1965,第37页。
② 王国维:《观堂集林·释物》,中华书局,1959。
③ 董作宾:见商承祚《殷契佚存考释》32页引,金陵大学中国文化研究所丛刊甲种,1933。
　郭沫若:《释勹勿》,载《中国古代铭刻汇考续编》,又收入《古文字研究》,1952。
④ 胡厚宣:《卜辞中所见之殷代农业》,《甲骨学商史论丛》二集上册,1944。
⑤ 沈之瑜:《甲骨卜辞新获》,《上海博物馆集刊》第3辑,1986。
⑥ 许进雄:《甲骨文所表现的犁耕》,载《古文字研究》第9辑,中华书局,1984,第60页。

（四）甲骨文中的畜牧业知识

甲骨文中，家畜有马、牛、羊、豕、犬、象等，但迄今未见禽业。"戊申卜，贞王田鸡，往来亡遘步"（《合集》37494），"辛酉，王田鸡麓，获大麋虎……"（《合集》37848片），这两组卜辞中虽有"鸡"字，似乎不是家禽"鸡"，可能是地名鸡。甲骨文中未见家禽鸡，不能说商代尚无家禽业。武王伐纣时，数纣罪状之一就是"牝鸡司晨"，听信宠妃妲己，知用公鸡报晓当已是习惯，似乎应为家鸡。甲骨文中之所以未见有关家禽的占卜内容，无用以祭祀的，大概是家禽登不上商人认为的神圣祭堂，当然这个问题还值得进一步研究。而其他家畜的管理和生产技术在甲骨文中都有所反映，特别值得一提的是猪、马的阉割术，而阉割术还用于商代的刑法，即所谓宫刑。这在当时可谓"高技术"了。由于在技术上的相似性，现将豕、马的阉割术及其用于刑罚的情况讨论如下。

在甲骨文中豕字频出，而且与豕有关的字有多种写法：甲骨文中"𧱖"旧释"豕"字，已被广泛引用。又有"𧱖"字，据陈梦家《殷墟卜辞综述》[1]："𧱖，象牡豕之形，画势于旁，即豭之初文。也就是公猪。还有"𧱖"字，据闻一多在《释豕》[2]一文中考证："𧱖"即豕的腹下一画离开，示去势之状，当释为豕，而一画与腹相连者，为牡豕。他认为"豕"字为阉割后的猪。另外甲骨文中还有"𩡇"字，示马腹下置一绳索。20世纪70年代末，中国社会科学院历史研究所甲骨文专家王宇信先生带着此字到中国科学院自然科学史研究所与笔者讨论。王先生提出：马腹下置一绳索，显然不是用来拴住马腿的，而且也拴不住，会不会是用绳索对马进行阉割？换句话说，用绳索能不能对马进行阉割？笔者当时即以20世纪50年代安徽农村用弹棉花弓弦勒紧牛或马阴囊，使其血脉不通，进行阉割的实例为其佐证之（后来笔者又看到《华佗神医秘传》中有用蜡线将牲畜肾囊（阴囊）勒紧，使血脉不通，数月之后，其肾囊与肾子自能脱落的记载）。也就是说使用绳索是可以对大牲畜进行阉割的。于是王宇信先生在《商代的马和养马业》[3]一文中正式释"𩡇"为阉割马，即骟马。另外，《周礼·夏官》中的"颁马攻特"的记载，说的也是对马进行阉割。猪马阉割术后来在家畜家禽的饲养中得到广泛的应用。动物阉割术的发明和应用，对野生动物的驯化，提高动物经济价值，以及在防止动物早配乱配、选育良种等方面发挥过重要的作用。商代豕、马阉割术也为商代施用宫刑提供了动物学技术基础。我们认为商代应有割去男性生殖器的宫刑。《甲骨

图5-1《甲骨文合集》第525片

---

① 陈梦家：《殷墟卜辞综述》，科学出版社，1956。
② 闻一多：《释豕》，载《闻一多全集》第2卷，开明书店，1948。
③ 王宇信：《商代的马和养马业》，《中国史研究》1980年第1期。

文合集》中第525片卜骨上有这样一段卜辞(见图5-1):"庚辰卜王朕▣羌不▣"。这里的"朕"为王自称,代词;羌为受动词;▣,或释死,或释凶。关键的"▣"字,它与前文劓的甲骨文"▣"字看上去相似,实则不同。因为虽然两字右旁均置刀,但"▣"字左旁"▣",系鼻梁下有鼻翼;而"▣"字左旁"▣"不可能鼻翼长在鼻梁之上,却与《甲骨文合集》中第18270片的"▣"字神似,或为此字之省写(刻),应释为男性生殖器为宜,其旁置刀成"▣",赵佩馨在《甲骨文所见商代王刑——并释刭、剢二字》文中释为"椓",即割去男性生殖器之形,也就是宫刑中的去势。因此,这段卜辞的意思是:庚辰中,商王用刀除去羌人生殖器(即施宫刑于羌人),不死(或不凶)。商代的宫刑也为后世所沿用,《尚书·周书·吕刑》有"宫辟疑赦,其罚六百锾"的记载,注云:"宫,淫刑也,男子割势,妇人幽闭,次死之刑。"可见是一种较重的刑罚,仅次大辟一等(大辟疑赦,其罚千锾)。《尚书大传》对宫刑也有相同的解释。男子割势,后来还用于充当宫廷内侍的阉人,据《汉书·宦官传》载:"中兴之初,宦官悉用阉人,不复杂调他士。"直到清末,太监们都是经过"割势"(去势)的。

另外,我们还将刑罚中的"劓殄"在此讨论一下。

据《尚书·盘庚》记载:"乃有不吉不迪,颠越不恭,暂遇奸宄,我乃劓殄灭之,无遗育,无俾易种于兹新邑。"有人解释说:"劓殄,即断绝,育指童稚、幼童。盘庚对反对迁都的人说:你们若不服从命令,贻误国家大事,诈伪作乱,我要把你们斩尽杀绝,连幼童也不得遗漏,不使他们在新都里繁衍后代,即灭族。"我们认为商代确有比仅限本人死刑重得多的株连族人的刑罚,如所引《尚书·盘庚》中列举纣王罪行时提到的"敢行暴虐,罪人以族"。但我们认为上述译文可能仅是一种观点,笔者想在此提出另一种讨论性的解释,以就教于广大学者。"劓",在甲骨文中是"▣",像鼻旁置刀,意为割鼻子,即劓刑(▣,《合集》5997,5998)。"殄",《说文解字》释为"尽";《尔雅》除释"尽"外,又释"绝"。"劓殄"连用首出《尚书·盘庚》,而且此后有关"劓殄"的传、注、疏、解多源自该书。因此《尚书·盘庚》中的"劓殄"成为这段引文释义的关键。《尚书·盘庚》中:"我乃劓殄灭之,无遗育。"孔注:"劓,割了;育,长也。言不吉之人当割绝灭之,无遗长其类。"结合前引《尚书·盘庚》上下文来看,是说"不吉不迪,颠越不恭,暂遇奸宄"之人"当割绝灭之,无遗长其类"。即仅限"犯人"当割绝灭之,使他们断子绝孙,不让他们在新都里繁衍后代,似未割绝"父母兄弟妻子"等,这与"族诛"或灭族是有区别的。在此"劓殄",是割尽、割绝的意思。那么割尽、割绝什么呢?或者说将什么割尽、割绝,才能达到"无遗育,无俾易种于兹新邑"的目的呢? 如果从"劓"字本意来看,似乎是将鼻子割尽,即劓刑要彻底,但无论如何割鼻子,也达不到"无遗育,无俾易种于兹新邑"的目的! 我们认为只有将生殖器割尽或割绝,即施以宫刑才有这种可能。那么为什么《尚书·盘庚》中用"劓"字而不用宫刑或腐刑呢? 这的确是个谜。我们不妨再作一大胆猜测:这可能与甲骨文中"▣"和"▣"两字相似有关,而且甲骨文中"▣"字出现次数很多,早已被释为"劓"字,即劓刑;而"▣"字相对很少。因此,"我乃劓殄"中的"劓"字很可能是不察

"**𢀛**"与"**𢀜**"之别,而误认为是同一字,这样就释为"劓"了。若是这样,《尚书·盘庚》中"我乃劓殄,灭之无遗育,无俾易种于兹新邑"一句则可理解为,我乃将其生殖器割尽,使其无生育能力,不让他们在新都里繁衍后代。这仅是笔者的一种猜想,未必妥当,敬请专家学者斧正。

(五)甲骨文中的疾病和医疗知识

最早研究殷人疾病的,可能要数胡厚宣《殷人疾病考》一文。[1] 此后很多学者进一步做了研究。甲骨文有字作"**𤕫**""**𤕬**""**𤕭**"等形,丁山释为"疾",杨树达释为"疒",言"疒既像人有疾病依第之形,自含疾义,疒疾文虽小异,义实无殊"。[2] 某病通常称疾某,如疾首、疾目、疾耳、疾鼻、疾口、疾齿、疾舌、疾言、疾胸、疾腹、疾肘、疾止、疾骨等15种疾病。而治病的字,有针刺治疗"**𤖅**",字从身从 **↑** 又从 **屮**, **屮** 即手, **↑** 像尖锐器,疑为针,所以该字像一人身腹有病,一人手持针刺之形;[3] "**𤕺**"正像一个人因病仰卧床上,另人以手按摩其腹之形,胡厚宣认为由此字可知"殷人治病已知按摩之法,是无可怀疑的";[4] 另有"**𤕧**"字,从疒从木,胡氏释瘵字,亦即疒字,因而认为像一人卧病床上,从木,像以火艾灸病之形。[5] 当然,殷人对待疾病也有由于迷信而求神占卜的不在此列。

(六)甲骨文中的气象知识

甲骨文中与气象有关的字包括雨、雹、雷、虹、霰、云、雾、雪、风等9种。其中"雨"又分大雨、小雨、多雨、雨疾、烈雨、足雨、遘雨、从雨、征雨(连绵不断地下雨)、格雨(即雨,"格"训"至",表示今天有雨)、来雨(所谓"其自西来雨"——《合集》12870甲,此雨自西方来)、云雨等12种。"风"分为大骤风、大风、小风、风、西方风等5种称谓。值得一提的是,胡厚宣根据甲骨卜辞关于雨雪和延雨(连绵不断的雨)的记载,结合农作物的栽培和收获,水稻生产以及水牛之普遍和兕象之生长,还有殷墟发掘所得之哺乳动物群和森林草原状况,认为殷商时期"我国北方黄河流域之气候,必较今日为热",[6] 是很有意义的。

此外,甲骨文中还有大量的古地名、贡纳物品、狩猎活动以及冶铸、建筑、纺织、酿酒等手工业技术史料,可参考王宇信、杨升南主编的《甲骨学一百年》及其著录的参考文

---

[1] 胡厚宣:《殷人疾病考》,载《甲骨学商史论丛 初集》,齐鲁大学国学研究所,1944。

[2] 杨树达:《读胡厚宣殷人疾病考》,载《积微居甲文说》,上海古籍出版社,1986。

[3] 胡厚宣:《论殷人治疗疾病之方法》,《中原文物》1984年第4期。

[4] 胡厚宣:《论殷人治疗疾病之方法》,《中原文物》1984年第4期。

[5] 胡厚宣:《论殷人治疗疾病之方法》,《中原文物》1984年第4期。

[6] 胡厚宣:《气候变迁与殷代气候之检讨》,载《中国文化研究汇刊》第4卷,成都启文印刷局,1944,第1244-1248页。

献。另外,科技史著作中的各学科史往往对本专业的相关甲骨文也作过总结,如《中国数学史》《中国天文学史》《中国古代生物学史》《中国农学史》《中国古代动物学史》等,可资参考。但需要指出的是:甲骨文中约有四五千个字,目前能解释的字仅三分之一左右。在可识字中尚有不少字的释读还存在分歧,其中以天文历法和古地名的甲骨文存在分歧较多,更值得科技史工作者进一步研究。只要大家在充分继承前人研究成果的基础上,利用科技知识和新的研究方法,包括利用计算机软件对甲骨文天象资料进行验算等,肯定可以取得新的成绩。

主要甲骨文有关著作的作者、书名及其通用简称列于表5-1,以便检阅。

表5-1　主要甲骨文著作的作者、书名及其通用简称

序号	编　者	书　名	简　称
1	郭沫若主编 胡厚宣总编辑	《甲骨文合集》	《合集》
2	中国社会科学院考古所编	《小屯南地甲骨》上册	《屯南》
3	董作宾编	《殷墟文字·甲编》	《甲》
4	董作宾编	《殷墟文字·乙编》	《乙》
5	张秉权编	《殷墟文字·丙编》	《丙》
6	罗振玉编	《殷墟书契》	《前》
7	罗振玉编	《殷墟书契后编》	《后》
8	罗振玉编	《殷墟书契续编》	《续》
9	王国维编	《戬寿堂所藏殷墟文字》	《戬》
10	商承祚编	《殷契佚存》	《佚》
11	郭沫若编	《卜辞通纂》	《通》
12	郭沫若编	《殷契萃编》	《萃》
13	孙海波编	《甲骨文录》	《录》
14	刘鹗编	《铁云藏龟》	《铁》
15	金祖同编	《殷契遗珠》	《珠》
16	胡厚宣编	《战后宁沪新获甲骨集》	《宁沪》
17	胡厚宣编	《战后南北新获甲骨录》	《南》
18	胡厚宣编	《战后平津新获甲骨集》	《京津》
19	胡厚宣编	《甲骨续存》	《续存》
20	明义士编	《殷墟卜辞》	《明》
21	容庚、瞿润缗编	《殷契卜辞》	《燕》
22	林泰辅编	《龟甲兽骨文字》	《林》
23	方法敛编	《库方二氏藏甲骨卜辞》	《库》
24	方法敛编	《金璋所藏甲骨卜辞》	《金璋》
25	许进雄编	《怀特氏等收藏甲骨文集》	《怀特》
26	陈梦家编	《殷墟卜辞综述》	《综述》
27	陈邦怀编	《甲骨文零拾》	《甲零》
28	李学勤、齐文心编	《英国所藏甲骨集》	《英藏》

序号	编　者	书　名	简　称
29	王襄编	《簠室殷契征文》	《簠》
30	于省吾编	《双剑誃古器物图录》	《双图》
31	董作宾编	《侯家庄出土之甲骨文字》	《侯》

二、简牍中的科技文献

简牍文献是指以竹简木牍为书写材料的文献,它起源于何时,至今无定论。甲骨文和青铜器铭文中的"册"字很像竹简编缀的形式;《诗经·出车》中亦有"畏此简书"的诗句;《尚书·多士》更说"惟殷先人,有册有典",其"典"字又像"册"置于几上。因此有人认为商周之际已有简册。但迄今所见出土的简牍,最早是战国时期之物,而以秦汉时期为多。简牍至少一直沿用至公元四五世纪,即纸张发明后还沿用了很长一段时间。

一般而言,古代正式的书都写在简策上。"简"字从竹,竹帛并用屡见于先秦文献。据《仪礼·聘礼》说:"百名以上书于策,不及百名书于方"。郑玄注:"古曰名,今曰字"。即100字以上的长文要写在策上,不及100字的就写在[方]木版上。晋杜预《春秋左氏传序》云:"诸侯亦各有国史,大事书之于策,小事简牍而已。"唐吕向注曰:"大竹曰策,小竹为简,木版为牍。""牍"字的使用,迄今所知始见于汉代文献。木牍可能是作为竹简的辅助书写材料,通常用于记录短文,可能还用于绘图,但在北方边郡不产竹子的地区,如新疆、甘肃、内蒙古等地出土的简牍多为木牍。简的长短,根据古籍记载:"《春秋》二尺四寸""《论语》八寸""《孝经》一尺二寸"。但从出土竹简长度来看,似无统一规定,或说不同时代竹简长短不尽相同。如湖北望山出土的杂事札记简长60 cm,"遣策"简长64 cm,湖北随州曾侯乙墓的简长竟达72—75 cm,等等。同样,每简上的字数也不一样,少的只有几个字,多的有几十个字,超过100字的则极罕见。关于简牍制作的方法,王充《论衡·量知》篇中说:"截竹为筒,破以为牒,加笔墨之迹,乃成文字。大者为经,小者为传记。断木为椠,析之为版,力加刮削,乃成奏牍。"不过,竹简在书写之前还要经"杀青",又称"汗简",即除去竹子青皮,并烘干。这样既便于书写,又能防蛀。

自古以来,简牍的发现,我们分为3个阶段简述如下。

1. 见于古籍记载的简牍

一是《汉书·艺文志》记载:汉景帝时鲁恭王坏孔子旧宅,得战国竹简;二是《论衡·正说》篇记载:汉宣帝时河内女子于老屋内得古文书简;三是《晋书·束皙传》记载:晋太康二年(281年)汲郡人盗发魏王古墓,发现简书数十车,整理出古书75篇16种,共10余万言,包括史地、占卜、故事及其他古书。其中《竹书纪年》和《穆天子传》最著名。流传至今的只有《穆天子传》,而今本《竹书纪年》实为后人的几种辑佚本。但这两部书仍然是研究古代史和科技史的重要资料。此外,据说南齐、北周和宋代崇宁、政和年间都或多或少发现过简牍。但所有这些简牍原物早已荡然无存。

2. 20世纪上半叶,在我国西北地区的新疆、甘肃、内蒙古等地发现了大批简牍

如1901年,印度考察团的奥利尔·斯坦因(Aurel Stein)在新疆和田境内的尼雅古址发现东汉木牍40余件;1903年,斯文·赫定(Seren Hedin)在楼兰发现大批木牍、缣帛和纸质文件,其中木牍121件,属于公元266—269年间的西晋早期文献。1902—1904年,日本西本愿寺的大谷考察团也在此地发现过同时期的木牍。

1906—1916年,斯坦因又在敦煌附近和酒泉发现简牍千余件,此次发现的木牍为公元前98年至公元153年间遗物,内容有关文学、数学、占卜、天文、历书等,其中有公元前63年、59年、57年、39年及公元94年、153年的历书,值得重视,还有各兵站间的通讯记录和儿童读本《急就章》残篇。

1908年帝俄地理学会的科斯洛夫(P.K.Koslov)、1914年斯坦因、1930年中国西北科学考察团的斯文·赫定和贝格曼等人在居延弱水一带所获汉代简牍甚丰,总数约万余件。其中在破城子发现的木牍5 200余件,在红城子等地发现3 500余件。这批简牍很多记有公元前102年至公元30年的纪年。内容与上述在敦煌发现的文件相似,有报告公文、书信、历书、《急就章》、律令、药方等。其中永元五至七年(93—95年)间所写兵器册共77简,用麻绳两道编连,全扎展开约122 cm,为"册"字造字之推测提供了旁证。该简实物据说现存美国国会图书馆。

20世纪上半叶出土、发现的简牍中,1914年发现的敦煌汉简、1930年发现的居延汉简和罗布淖尔汉简影响最大。罗振玉《流沙坠简》、罗振玉与王国维《流沙坠简考释》(1914年)、张凤《汉晋西陲木简汇编》(1931年)、劳干《居延汉简考释》(1943年,1960年重订于台北)、黄文弼《罗布淖尔考古记》分别对上述3批简牍作了著录,或拓印,或考释和研究,可资查阅。其他还可参见法国人沙畹所编《斯坦因东土耳其斯坦考查所得中国古文书》、马伯禄《中国古文书》以及夏鼐《考古学论文集》等。

3. 20世纪下半叶,即从1951年至20世纪末,先后在湖南、湖北、河南、山东、江苏、安徽、江西、新疆、甘肃等省先后发现简牍30多批

现摘其有代表性的分地区、按出土年代顺序,简介如下。

(1) 从1951年到1956年,先后在湖南长沙五里牌、仰天湖、杨家湾,河南信阳长台关,湖北江陵望山的6座墓葬中出土过7批楚简800多枚(缀合后为530多枚)4 200余字。其字数远远超过楚地出土的金文。内容包括竹书、杂记、遣策及其他4类。这里的"遣策"是指在入葬时把主人生前喜爱之物和亲友所送礼物写于简上,一并入葬。这批遣策记录了1 000余件随葬品的名称和数量,为研究楚国历史、经济和手工业生产提供了重要资料。①

---

① 参见《考古学报》1953年第7期;《文物参考资料》1952年第2期,1954年第12期,1957年第9期;《文物》1966第5期。

（2）1959年，甘肃博物馆在武威一东汉墓中发掘简牍385件，其中大多是木牍，竹简极少，每简标有数字，有如现代书之页码。内有《仪礼》7章，用4道绳索编连；另有永平五年（62年）王杖木简10件，为汉代保护年长者的法令。

（3）1972年11月，甘肃武威旱滩坡汉墓出土92件汉代医方木牍，是考古界重大收获之一。由墓葬时代推算，简文中列有100种药物，比较完整的医方30多个（前述《流沙坠简》中医方仅有五六枚），考古学家认为武威医简的书写时间在光武帝或稍后的明帝、章帝时期，距今约1 900余年。这批医简比东汉末年张仲景的《伤寒杂病论》还要早一二百年，是我国迄今所知最早的、内容比较完整的古代医方文献之一①。

（4）西北地区的青海省，1978年在大通县上孙家寨115号西汉晚期墓中出土木牍400余件，主要内容属军事文书。②

（5）1972年4月，山东临沂银雀山一号西汉墓出土简书4 942枚，都用隶书写成，绝大部分是兵书。如《孙子十三篇》《六韬》《尉缭子》等，尤其是失传1 700多年的《孙膑兵法》；同时出土还有《汉武帝元光元年历谱》等佚书，以及《管子》《晏子》《墨子》残简。《孙子兵法》和《孙膑兵法》同时出土，解决了有关这两部书长期以来的诸多争论不休的问题。如这两部书曾被人们怀疑为伪书，或说《孙子兵法》属于伪托，或说孙武、孙膑原为一人，或说《孙子兵法》为孙膑所作，等等，众说纷纭，莫衷一是。至此，得以澄清，证明《史记·孙武吴起列传》中所记孙武（春秋末）、孙膑（战国）实为两人，以及《汉书·艺文志》著录《吴孙子》（即《孙子兵法》）和《孙子》（即《孙膑兵法》）是正确的。银雀山二号汉墓出土的《汉武帝元光元年历谱》共32枚竹简，它比前述《流沙坠简》中著录的"汉元康年谱"还早70余年，是我国迄今发现的最早、最完整的历谱，更比西方著名的《儒略历谱》要早80多年。这部历谱对研究古代历法有重要参考价值，所载朔晦、干支以及其他内容，可校正一些古书中的遗误。③如校正《资治通鉴目录》《历代长术辑要》和《二十二史朔闰表》等的差误。

（6）1972—1974年，考古工作者又在甘肃居延进行大规模的科学考古，获得20 000余件汉简，绝大部分是木简，竹简极少。这是我国历年来发现古代简牍数量最多的一次，内容十分丰富，包括律令、牒书、诏书、爰书、劾状等文书档案，已初步整理出70多个完整和比较完整的簿册。简影见《居延汉简甲编》《居延汉简乙编》，可以说是一部汉代编年档案史料集，成为研究汉代历史的可靠资料。④

（7）1972—1973年，湖南长沙马王堆两座西汉墓中分别出土竹简312枚和600余枚，其中大部分内容为随葬物清单，其他为医书。

（8）1973年，河北定州西汉中山怀王刘修墓中出土竹简一批，内有五凤二年（公元前56年）《起居记》及《论语》620简，计7 576字，章节、词句多与今本不同，又《文子》277

---

① 《文物》1973年第12期。

② 《文物》1981年第2期。

③ 吴枫：《中国古典文献学》，齐鲁书社，1982。

④ 《文物》1978年第2期。

简,计2 790字,亦多为今本佚文。这是秦代竹简首次出土,也是少见的秦代历史文献,记载有中国最古的法律条文。

(9) 1975年底至1976年初,考古学界在湖北云梦县睡虎地发掘了12座战国末年至秦代的墓葬,其中第十一号墓出土了一批秦代竹简,经整理拼复共有1 155枚,另有88枚残片。这是考古学界的一次重要发现,有简书共10种:《编年记》《语书》《秦律十八种》《效律》《秦律杂抄》《法律答问》《封诊式》《为吏之道》《日书》二种。简书属于秦始皇时期的文字(隶书),大部分是法律文书,而与科学史有关的内容有:《效律》包括对度量衡的检查;部分律篇《田律》《均工律》《工人程》等有关于农业、官营手工业制度及生产定额的规定;《日书》中有历法史料,如把一日分为十二时,还有一个字很像"纸"字,值得造纸史工作者的重视;《编年记》有秦昭王元年至秦始皇三十年的大事记,逐条记载秦统一全国的历次战事,其中还有一些人和事,属于年谱一类的文献,为研究秦代历史提供了前所未有的材料。

(10) 1977年,安徽阜阳出土西汉开国功臣夏侯婴之子夏侯灶(公元前163年卒)墓中一批竹简,内有《仓颉篇》《诗经》《周易》以及《年表》《大事记》《作务员程》等10多种古籍。

另据《文物》1983年第2期及1984年第3期报道,胡平生、韩自强等将阜阳汉简的部分残片缀合整理出130余枚,定名为《万物》。所谓《万物》的内容,包括医药卫生和物理、物性两个方面。其中有关药物效用的达70多种,治疗疾病的30余种。此外还有"事到高悬大镜也"等记载,对研究药学史和自然科学史具有重要意义。1998年,胡平生指出,阜阳双古堆汉简中有《周易》《日书》《刑德甲》《刑德乙》《向》《五星》《天历》《星占》《汉初朔闰表》《相狗》《算术》等,但由于残破严重,有几种书的划分和定名比较困难,只能参照已发表的出土资料,给它们安一个大体相应的名称。

(11) 1978年,湖北随州战国早期曾侯乙墓(前433年)中出土竹简240多枚,字数6 600余字,两面书写,字体与战国时期相似,内容记有丧仪中所用的兵甲、车马等。这可能是目前所知年代最早的一批竹简。

(12) 1979年,敦煌马圈湾汉代烽燧遗址中发掘简牍1 217件。年代为汉宣帝元康元年至王莽地皇二年(公元前65年至公元21年),这批简牍对研究玉门关的方位提供了重要线索。迄至20世纪80年代末期,敦煌地区又发现汉简数批,共得木牍2 000多件,都是有关军事、政治、烽火及驿站等制度的资料。

(13) 1983年,湖北江陵张家山汉墓出土大批西汉初期竹简,共1 000余件,为公元前2世纪西汉文帝至武帝时期遗物,共4万余字。内容有律令、奏谳书、《盖庐》《算数书》《脉书》《引书》、历谱、日书、遣策等西汉法律、军事、医学、数学等重要文献。其中500余简的律令,包括20多种律名,其主体比云梦出土的秦律更为充实、完整。此外,《算数书》100余简,其体例与《九章算术》相近,但成书较早,这是新发现的一部较早的算书。墓中有历谱两份,一为汉高祖五年至吕后二年(前202—前186年);一为汉文帝五年(前175年),这是已发现年代最早的历谱,较儒略历(Julian Calendar,前46年)约早

150余年。1985—1988年,该地再次出土竹简约1 200件,一部分用麻布包裹成卷形,内容为日书、遣策及律令,年代与前一批大致相同。[①]

(14) 1986年,甘肃天水放马滩出土竹简460枚,属战国时期,内容以日书为主。另有最稀见的木板3块,大小为286cm×15cm,正反面有墨绘地图7幅,上有山、水、沟溪、城邑、关隘、道路、地形,并注明地名59处及各地间的里程距离,为战国晚期秦国所属"邦丘"的地形和行政区域图,较长沙马王堆古帛地图约早100年,也是目前所见时代最早的古地图。

(15) 1987年,在湖北荆门包山出土战国竹简448枚,带字者278枚,简文12 500字,内单字1 605个,合文31个,字迹清楚,内容有司法文书、卜筮祭祷记录及遣策等类,部分为公元前322—前316的纪年。

(16) 1989—1991年,在湖北云梦龙岗出土竹简284枚,属秦代末期,内容以法律文书为主,涉及禁苑、驰道、马牛羊课、田赢等。

(17) 1990—1992年,敦煌附近的悬泉置汉代遗址发现一批数量甚多且内容广泛的简牍约3.5万余件,其中有字简达2.3万余件,年代最早的为西汉元鼎六年(前110年)。内容有官府文书、律令条文、簿籍、信札、医方、历谱,以及《论语》《相马经》等典籍,为汉武帝开发河西、经营西域的历史以及研究当时的人口、水利以及军事设施的重要史料。

(18) 1993年,湖北荆门郭店出土的战国中期竹简800余件,其中有《老子》及《论语》等古籍的最早版本。《老子》较马王堆帛书本约早100年,《论语》也有许多字句与今本不同。另一批有1 200多件于1994年由上海博物馆从香港购藏,可能同出郭店。其中有先秦古籍近100种,涉及儒、道、兵、杂等诸家的著述,字数达3.5万左右,都是现存最古的版本,也有很多是现已无存的逸书,而简文字数之多、内容包含之广,尤为这批竹简的特色。

(19) 1993年,江苏连云港尹湾西汉墓中发现竹简133件,木牍24方,约4万字,内有政府档案、术数、历谱、文书和汉赋,为迄今所见级别较高的地方文献。

(20) 1996年,长沙走马楼的古井中发现东汉至三国有年代的竹木简10万多件,其中木简2 400件,为三国吴嘉禾(232—238年)年间的佃田税务券书。另有竹简近10万件,年代仍以嘉禾为主,间有黄龙(229—231年)以及早至汉献帝建安二十五年(220年)的纪年简,为有关赋税和户籍的公牍及签牌、封检及封泥匣等,详细内容尚待整理公布。这是近年简牍出土数量最多的一次,也是少见的有关三国时代的简牍。

附: 2004年4月中旬,湖南省文物考古研究所为配合该省重点工程碗坡水电站建设,对龙山县里耶镇沿河大堤涉及里耶——战国秦汉古城进行了抢救性发掘。在30多个探方1 000 m²内出土简牍至少2万多枚,文字达数十万字,意义之大不言而喻,具体内容有待公布。

除竹木简之外,还有玉简书。早在殷墟发掘中即出现了玉版甲子表残片。1952年河南辉县固围村二号战国墓的祭坑中发现埋有50枚玉简,但未见文字。1955年底,山

---

① 钱存训:《书于竹帛》,上海书店出版社,2002。

西省侯马晋国遗址中,发掘出5 000余件距今2 400余年的"侯马盟书",其中约有三分之一是写在玉片上的。"侯马盟书"是春秋战国时期晋国赵鞅与有关国家订的盟约文书,具有极大的历史价值。

以上是20世纪下半叶以来有关简牍出土的主要情况,有关内容大多先发表在《文物》《考古》《文物参考资料》以及相关省区的考古刊物上,并已出版了若干专著。如《包山楚简》(北京,1991年)、《包山楚简文字编》(台北,1992)、《云梦龙岗秦简》(北京,1990年)、《上海博物馆藏战国楚竹书》(上海,2001年)、《居延汉简甲编》及《居延汉简乙编》(北京,1959年,1980年)、《居延新简》(北京,上海,1990—1994年)、《居延汉简考释》、《武威汉简》(1964年)等;另有一些考古发掘简报,如《马王堆一号汉墓发掘简报》等也有简牍出土情况。张有国《简牍学通论》(北京,1989年)对初治简牍者来说,值得一读;科技史中各专业史有时也需要引用简牍中的相关内容,如《中国科技典籍通汇》中有天文卷等就汇集了大量简牍资料。

前人的工作,值得很好地吸收和利用,但也不能盲从。由于年代久远,佚(缺)简、残简和整理工作中出现错简是难以避免的,加之其他原因,研究工作是在不断深入的,即使是现在相当好的研究成果也仍有继续深入研究之必要。

如:1983年,考古工作者在湖北江陵247号墓出土的一大批竹简中,除法律文书、兵书、医方书、历谱和遣策外,还有一部数学著作,该书的一支竹简背面有"算数书"3字,被定为这部著作的书名。考古学家推断该墓下葬于公元前186年或稍晚,《算数书》的编写自然要更早一些,因此被认为是迄今所见最早的中国数学著作,其内容相当丰富。李学勤1985年在《文物天地》第1期的一篇文章中称:这是"中国数学史上的最大发现",并引起了数学史界的高度重视。1988年杜石然发表了《江陵张家山竹简〈算数书〉初探》一文[1],由于当时《算数书》全文尚未公布,因而研究工作受到诸多限制。2000年,《算数书》释文发表于《文物》第9期后,彭浩[2]、郭书春[3]、邹大海[4]等对《算数书》开展了深入的研究。一致认为《算数书》是我国已知现存最早的数学著作,全书共有68个标题,内容涉及整数和分数四则运算,以及各种比例、面积、体积、负数、"双设法"等。其深度和广度虽稍逊于《九章算术》,但已包括了丰富的内容。郭书春在《〈算数书〉与〈算经十书〉比较研究》一文中,从体例、术文的抽象性、数学表达式、数学内容4个方面对《算数书》与《算经十书》中可与之比较的《九章算术》《孙子算经》《张丘建算经》《五曹算经》等进行了深入的比较,值得重视。郭书春最后指出:《算数书》反映了先秦数学的真实情况,它是研究先

---

① 杜石然:《江陵张家山竹简〈算数书〉初探》,《自然科学史研究》1988年第2期。

② 彭浩:《中国最早的数学著作〈算数书〉》,《文物》2000年第9期。

③ 郭书春:a.《〈算数书〉校勘》,《中国科技史料》2001年第3期。

　　　b.《试论〈算数书〉的理论贡献与编纂》,载《法国汉学》(第6辑),中华书局,2002。

　　　c.《试论〈算数书〉的数学表达方式》,《中国历史文物》2003年第2期。

　　　d.《〈算数书〉初探》,《国学研究》,北京大学出版社,2003。

　　　e.《〈算数书〉与〈算经十书〉》,《比较研究》。

④ 邹大海:《出土〈算数书〉初探》,《自然科学史研究》2001年第3期。

秦数学史的极为宝贵的原始资料。它表明中国传统数学的体例及数学的主要内容、方法和框架在先秦已经确定了;《算数书》杰出的数学成就说明先秦数学已经相当发达,为中国传统数学的第一个高潮不是开始于编写《九章算术》的西汉而是先秦的观点,提供了有力的佐证;《算数书》与《九章算术》的某些内容,应该有"血缘"关系,但从整体上看,《算数书》不是《九章算术》的前身;与《九章算术》现存诸本相比,《算数书》在中国数学史上的重要性仅次于《九章算术》,但成书年代却比《九章算术》要早得多。截至 2004 年 8 月,国内外有关《算数书》的论著,据邹大海搜集统计,至少有 50 多种,该年 8 月 12—14 日还在北京召开了"《算数书》与先秦数学国际学术研讨会"。

又如:在历法方面,前贤对简牍历书已经作过大量的资料整理和考释研究工作,今人罗见今对月朔考释甚详,发表了多篇论文[①],颇有代表性。我系邢钢、石云里就《中国科技典籍通汇·天文卷》中的"汉简历谱"进行了较深入的研究,除了发现该历谱在引用前人整理的资料时存在笔误或印刷错误 30 多处外,还指出有些历谱的内容尚未考释,即使在已定释的部分,仍然存在诸多疑点,他们对《通汇》中"汉简历谱"进行了补释,并且在参照前人的诸多论著的基础上结合与 liuxin 1.0 对比结果,以表格的形式对"汉简历谱"中存在的其他问题进行了补充说明,[②] 从而提高了《通汇》中"汉简历谱"的可靠性和准确性。武家璧对江陵楚墓出土的大量使用"亥正"历的竹简,通过文献引征、模拟计算等研究,认为楚墓出土的大量使用"亥正"的历简,可对应于《夏小正》经传中的"大正",取法于南门星,其定点星象正好对应于"亥正"历岁首和岁中,取象到颛顼帝曾命"南正重司天以属神"的记载,认为楚简历所用"亥正"正是取法于南门星的颛顼大正。[③] 这是颇有见地的新见解。类似的例证还有很多。笔者之所以引证这些新的研究,目的就是想表明,千万别以为很多出土文献已经有人研究过了,甚至已有很多名人做过研究就不必再研究了;其实出土文献中,除了缺简、错简、残简等原因外,还有时代久远,文字表述有差异,今人释读时未必符合原意;继续研究,尤其是运用新方法的研究还是大有文章可作的。

三、帛书中的科技文献

帛书起源于何时? 迄今无定论。早在春秋时期可能已有帛书。

---

① 罗见今:《〈居延新简——甲渠候官〉中的月朔简年代考释》,《中国科技史料》1997 年第 3 期。

　罗见今:《居延汉简中月朔简年代考释》,《治学研究》(台北)1999 年第 2 期。

　罗见今,关守义:《敦煌汉简中月朔年代考释》,《敦煌研究》1998 年第 1 期。

　李学勤:《〈居延新简——甲渠候官〉中与朔闰表不合诸简考释》,载《简帛研究》,广西师范大学出版社,2001。

② 邢钢,石云里:《汉简历谱》补释,《中国科技史料》2004 年第 3 期。

③ 武家璧:《天文考古若干问题研究》,博士学位论文 2004。

其一,《论语·卫灵公》有"子张书诸绅"之语;《周礼》卷30亦说:"凡有功者,铭书于王之大常"。这里的"绅"和"大常"虽不是作为书写用的普通之物,当然更不能称之为帛书,但可表明在孔子时代已有将文字写在缣帛制成的物品上了。

其二,帛作为书写材料的记载有:《墨子·明鬼》篇说"故古圣王……书之竹帛,传遗后世子孙";《韩非子·安危》篇亦说"先王寄理于竹帛";《晏子·春秋》卷8更明确地说齐桓公和管子时代有"著之于帛,申之以策"。这里书帛并提,或帛策连用,无疑都是书写材料。这3部著作成书较晚,大致属于先秦著作追述"古圣王""先王"以及齐桓公和管仲时代的事。相传范蠡曾说:"以丹书帛,致之枕中,以为国宝"。

战国时期使用书帛已有实物证据(楚缯书,见后文),大约秦汉时期缣帛开始普遍用于书写,尤其是汉朝用缣帛做书写材料是相当流行的,而且与简牍并行了很长一段时间。甚至距离纸张发明三四百年后的东汉和三国,书帛仍在流行。《北堂书钞》卷104引《三辅决录》说:东汉韦诞奏称蔡邕"兼斯喜之法,非纨素不妄下笔";崔瑗致葛元甫信中也说:"今遣送《许子》十卷,贫不及素,但以纸耳。"《三国志·魏志·文帝纪》裴松注中说三国时,曹丕把创作的《典论》和诗赋用白绢写一份送孙权,同时用纸抄另一份送给张昭。[1]东汉、三国时期,纸帛尚在并用(其实,前文已述及此时并用的还有简牍),但缣帛比纸张昂贵,因此纸张也就逐渐成为常用的书写材料了,同样原因也就有人以用帛来提高身价。不过直到晋代,帛并未退出书写材料的用途,据《全汉文》卷52记载,晋代还有治书史令领受书写的缣帛和笔墨的情况;《隋书·经籍志》在追述荀勖《中经新簿》录书情况时还有"盛以缥囊,书用细素"的记载。而南朝时情况就不同了,《隋书·经籍志》载:南朝宋武帝登基(420年)后曾广求书籍,尽其所能,"府藏所有,才四千卷。赤轴青纸,文字古拙"。可见此时的书籍大多已是用纸写成的,而书帛似乎不再通行了。隋唐以后,除了书法、绘画或某些特殊用途处,一般不再使用缣帛书写。

以上是有关文献记载的简况,而帛书的实物是20世纪初以来逐渐发现的。1908年斯坦因第2次考察时,在敦煌发现两封公元1世纪的缣帛信件,保存良好,两封信均是当时驻山西北部咸乐地方官致敦煌边关某人的信,内中有抱怨通讯困难的内容,其一约9 cm见方,另一长宽为15 cm×6.5 cm,插入6—7 cm的丝质信封。两封均不落日期,但同处发现不少公元15年至公元56年之物,现在一般认为是东汉时帛书。斯坦因还在敦煌附近发现一片素帛,一面印有黑墨图章,另一面载有一行28字,文曰:"任城国亢父,缣一匹,幅广二尺二寸,长四丈,重二十五两,直钱六百一十八。"[2]此处所述缣帛一匹的尺寸与《仪礼注疏》和《说文》所载相同,而缣帛的价格值得注意。古任城于公元84年建于今山东济宁市内,据研究此帛为公元1世纪遗物。

1930年,在罗布淖尔战国楚墓因盗掘出土一件驰名世界的帛书,通称"楚缯书",幅面长宽为47 cm×38.7 cm,上有毛笔书写的文字,全帛通计有1 000多字,其文四周绘有图像。有树木、鸟兽和奇形怪状的人物,四隅各有树木一株,分别以青、朱、黑、白4色绘

① 洪湛侯:《中国文献学新编》,杭州大学出版社,1994,第37页。
② 钱存训:《书于竹帛》,上海书店出版社,2002,第97页。

成,四周有神像12个,分别代表12个月,各神像下注有神名及其职司,并记有该月忌宜。"楚缯书"被发现后,中外学者纷纷加入研究,由于原件入土年代久远,已成深褐色,几不可读。研读其文得赖近人手摹本和以紫外线摄制的照片,而且各家考释意见各不相同,据说原件早在1946年已被美国柯克思取走,密藏于耶鲁大学图书馆。目前在国内比较好查找的文献有:安志敏等《长沙战国缯书及有关问题》(《文物》1963年第9期)、饶宗颐《楚缯书之摹本及图像》(《故宫季刊》第3卷第2期)、商承祚《战国楚帛书述略》(《文物》1964年第9期)等可资参考。据称,与此缯书同时发现的还有一些残帛出土,现存14片,最大的一片残存14字(见《文物》1992年第11期),内容是有关古代天文的占辞和术语。

1949年,在长沙另一古墓中又发现一件古帛,幅面高宽为28 cm×20 cm,帛上画一侧面蜂腰妇女图像,合掌而立,长衣曳地,头后有髻,发上有冠,反映了当时楚国妇女装的风尚,也有学者认为这是一幅晚周帛画。

1973年5月,湖南省博物馆又在长沙子弹库出土一批文物,其中有一件《人物御龙帛画》,为研究中国传说中的龙的演变提供了实物证据。

以上这些缣帛上的零星文字和图画的发现是很重要的,它们不仅是缣帛用于书写和绘画的早期证据,而且在纺织史研究中有重要的价值,不过它们恐非真正意义上的帛书。长篇帛书的发现当以1973年在长沙马王堆西汉古墓出土的一批数量最多的古帛书最为重要。此次出土古帛书共有10多种,约12万字,同时出土的还有600多枚简牍,这是我国考古界一次空前的惊人发现,其中有不少是失传一两千年的古籍,包括《老子》乙本卷前的《经法》《十大经》《称经》和《道原经》4种文献,历来都无传本;还有《周易》、《易说》、类似《战国策》的《战国纵横家书》,以及《五星占》《五十二病方》《相马经》等古籍。其中《周易》较今本多出4万字,《战国纵横家书》有12 000多字,大半为今本《战国策》所无;还有与科技史关系密切的相马经、医经方、天文星占以及用帛绘制的导引图、地图、帛画等,内容涉及历史、哲学以及天文、地理、军事、医学等诸多方面,极其丰富。根据同时出土的纪年简牍,考古学者结合其他证据,断定该墓下葬的年代是汉文帝十二年(前168年),那么这批帛书的成书和抄写年代当然在此之前,下限是公元前168年。

1976年,在山东临沂金雀山的西汉古墓中发现帛画一幅,幅面长宽为200 cm×42 cm,内容是在晴朗的天空背景下,于帷幕之中,墓主及亲朋、仆从的歌舞、游戏和生产的情景。此画与前述长沙古帛画相似,画中妇女左衽短衣,反映的可能是楚国遗风,若是如此,则说明战国末期至西汉初期山东南部曾受到楚国文化的影响。

下面我们着重介绍几部与科技关系密切的古帛书。

1.《五星占》

《五星占》,原无题,约8 000字,作于公元前170年左右,它是我国现存最早的一部天文帛书。全书共分9部(章):木星、金星、火星、土星、水星、五星总论、木星行度、土星行度、金星行度。其书保存有石申、甘德天文书的部分内容,列述从秦始皇元年(前246年)至汉文帝三年(前177年)凡70年间木星、土星和金星的位置,并描述3颗星在一个周期内的动态。帛书对金星的记载最多,占有一半篇幅。不但记载金星会合周期,且注意到

5个会合周期恰巧等于8年,并利用它列出70年的金星动态表,知道金星在上合和下合时亮度变化。关于木星的恒星周期的记载,继承甘、石天文数值,以12年为一个周期,而会合周期为39505/240日,比《史记》和《淮南子》更进一步。占文关于岁星纪年的记载,是研究秦汉时代木星纪年的宝贵资料。关于五星行度,已把快、慢、逆、留加以区别。从占文中可以看出当时人们已经知道时间乘速度等于距离的道理,把行星动态研究与位置推算联系起来,成为后世历法中"步五星"的先声。帛书所载金星会合周期为584.4日,比今测准确值大0.48;土星会合周期为377日,比今测准确值小1.09;恒星周期为30年,比今测值大0.54年。[①]《中国科学技术典籍通汇·天文卷》第一分册收有《五星占》全文,并有席泽宗院士撰写的一篇内容提要。

2.《五十二病方》等医学文献

《五十二病方》帛书,出于《内经》之前,是战国时期的著作,书中还提到不少病名,合计约100余病,每病附方,少者1—2方,多者20余方,共记280余方;方中所用药物,初步统计,共得240余种,其中约有三分之一见于以后的《神农本草经》。除药方外,还有灸方、熨法9、熏法8、手术法3,以及洗浸法、药摩法、砭法、角法等,其中特别值得注意的是关于痔疮的一种手术疗法,即把狗的膀胱套在竹管上,插入肛门,吹胀,把直肠下部患处引出,然后开刀割治,再敷以黄芩。这是非常巧妙的一种手术设计。总之,这卷方书的发现,填补了《内经》以前缺乏临床医学资料的空白,其意义是十分重大的。

此外,这批帛书资料中还有脉法、灸法、砭法以及所谓"死候"辨别等记载,而且还提到"治病者取有余而益不足"的治疗原则,可见当时的诊断治疗,已经积累了一定的经验,开始向理论方面飞跃了。可能是受道家思想的影响,帛书中还有辟谷、食气和导引的具体方法,特别是一幅工笔彩绘的导引图,描绘了40多个各种姿势的图像,而且有的图像还标以名目,或说明其形象,或说明其作用,如"鹞背""熊经""引烦""引聋"等,反映了当时"养生"的概貌。

3. 地图

长沙马王堆出土的古帛地图,包括地形图、驻军图和城邑图(有人称街坊图)3种,均为彩色绘制,出土时是折叠存放在漆盒里的,绘制时间为西汉汉文帝十二年(前168年)之前。其中地形图是长宽各为96 cm的正方形,具有鸟瞰图性质,全图用黑、青、棕3色绘制,图中有山脉、山峰、河流、居民聚落、道路等,并用各种线和符号加以标识。据研究,该图为当时"长沙国"的南部,包括现在湖南省湘江上游潇水流域一带,所有比例缩尺约为十八万分之一,精度相当高。驻军图长宽为98 cm×75 cm,用朱、青、黑3色绘制而成,其地域相当于地形图的四分之一,表示9支驻防军队的营地分布、中心城堡及边塞烽火燧点等。以上两图的水系都用单线绘出,上游细,下游粗;山脉在地形图上用闭合曲线加晕线表示,颇似现在的等高线画法。两图的地名都按政区等用彩色标绘四方形的城垣、堡垒、楼阁、街道、宫殿、街坊、庭院均清晰可见,但无文字。这3种地图是我国迄

---

① 中国天文学史文集组:《中国天文学史文集》第1辑,科学出版社,1978。

今所知最早的缣帛地图，在地理学史尤其是地图史上具有重要价值。1997年已出版了《马王堆汉墓帛书古地图》，可供进一步研究、利用。

4. 马王堆汉墓出土的相马帛书

详见《长沙马王堆汉墓出土的相马帛书》(《文物》1977年第8期)一文。其中用“得兔与狐、鸟与鱼，得此四物，毋相其余”，概括了相马的经验要领，具体说就是“欲得兔之头与肩；欲得狐周草与其耳，与其肫；欲得鸟目与颈膺；欲得鱼之耆与脊”。这就形象地描述了对良马的外形要求，此外相马帛书还总结了根据马的外形识别不同用途马种的经验。[①] 笔者认为目前所公布的相马帛书释文尚有不少令人费解之处，值得进一步研究。

四、敦煌纸卷中的科技文献

甘肃省敦煌县东南鸣沙山麓有三界寺，寺旁石室千余，旧名莫高窟，俗称千佛洞，壁画和佛教塑像极多。自晋至元代都有建造。1900年，道士王圆箓在莫高窟第17窟清扫沙尘时，于夹墙破损处见藏经室，首次发现敦煌纸卷20 000多件，此后还有新的发现，如1944年、1965年又发现了大批敦煌纸卷。敦煌纸卷多为写本，也有印本。目前所知敦煌纸卷总数已超过40 000件(有的学者估计有50 000万件)。这是20世纪中国古文物的又一重大发现。

由于清王朝的腐败没落和当时莫高窟主持人的愚昧贪婪，未对这批珍贵文献妥善保护，嗣后便有英、法、日、俄等国的“探险队”和“探险家”接踵而至，携宝而去。劫余之物后被运至北京京师图书馆(今国家图书馆前身)。由此造成敦煌文献分藏世界各地的局面。这批敦煌纸卷的下落和已公布的收藏最集中的几处数字情况介绍如下。

1907年、1908年，英国人斯坦因和法国人伯希和先后来到敦煌，通过贿买王圆箓等手段，斯坦因从中精选珍贵纸卷7 000卷和其他文物(一说共劫走9 000多件文物)，现藏于英国图书馆，其中380卷标有年代，为406—995年之纸卷；伯希和携走3 000余卷，现存巴黎国家图书馆，其中标有日期年代者，最迟是995—996年；约有10 000卷现存俄罗斯亚洲民族研究所；另有400余卷为日本人所掳。残存9 871卷于1910年为中国政府收藏于北京图书馆，其中有43卷标有日期年代，为458—977年之物。此后国内还有零星纸卷发现，估计目前北京图书馆收藏约10 000多件。还有2 000多卷散存于世界各地为公私收藏。敦煌研究院收集的纸卷是非常丰富的，但大都是世界各地收藏的敦煌纸卷的复制品。从敦煌纸卷的原件收藏数量来说，以北京和俄罗斯为最多；巴黎的收藏被认为最精，伦敦收藏的卷轴纸质保存最善。据研究，敦煌纸卷中现已发现年代最早的一件是魏甘露元年(256年)写本《譬喻经》，现藏日本书道博物馆；另一件为三国吴景帝建衡

① 梁家勉：《中国农业科技史稿》，农业出版社，1989，第222页。

二年(270年)索紞写本《道德经》残卷,现存美国普林斯顿大学美术馆。这样看来,敦煌纸卷实际上是三国、西晋至北宋约800多年的纸质文献,但汉文写本的绝大多数是写于中唐至宋初,因此有人认为它们是研究隋唐五代和宋初历史的重要资料。

敦煌纸卷的内容,绝大多数为佛典,包括经、律、论及其疏释,另有赞文、发愿文、忏悔文等;非佛教文献大概不到10%,涉及经、史、子、集4部,其中有一些很有价值的佚书,还有名目繁多的公私文书。有学者认为这些公私文书是敦煌纸卷中最珍贵的资料,因此也有人以"敦煌文书"来概称"敦煌纸卷"的。

近百年来国内外研究敦煌文物的学者其多,研究范围包括敦煌书卷、敦煌建筑、敦煌壁画以及其他敦煌文物等,早已形成一个国际性的"敦煌学",内容涉及几乎历史上的所有学科。就研究敦煌书卷而言,最好能见到原件,但非常困难。一般来说,研究者首先利用目录之类的文献,然后在不能见到原件的情况下,可利用已整理出版的有关敦煌纸卷的专书或其他复制品。在目录方面,如《国立北平图书馆馆刊》第7卷(1933年)中有《巴黎图书馆敦煌写本目录》,陈垣《敦煌劫余录》(收8 679卷,胡鸣盛补1 192卷),许国霖《敦煌石室题记》,北京图书馆、北京大学图书馆、天津美术馆等单位收藏敦煌文献均有各自的目录,而上海图书馆和上海博物馆收藏的敦煌文献都是与各自所藏吐鲁番文书合并在一起编目的,可资查阅。据不完全统计,关于敦煌文献目录至少有15种以上,而有关敦煌学研究的论著目录也有五六种之多。在敦煌学目录方面最值得重视的是王重民主编的《敦煌遗书总目索引》(1962年商务印书馆排印本,1983年中华书局重印修订本)、黄永武主编《敦煌遗书最新目录》(1986年台湾新文丰出版公司出版)、施萍婷编著《敦煌遗书总目索引新编》(2000年中华书局排印本)等,检索极为方便。已整理出版的敦煌文献不少于20种。早期的有清末王仁俊辑有《敦煌石室真迹录》3册,此书系法国人伯希和所劫敦煌文献及其归国报告书中摘要选录有关历史、地理、宗教、文学等加以考定而成的,所录的内容多为唐代敦煌地区史料;近人罗振玉辑有《敦煌石室遗书》13种,所收均为敦煌鸣沙山石室里发现的唐代的手写之古籍,如《尚书》是出现于现存本以前的不同传本,《沙州志》《老子化胡经》等是久佚之书,在学术上很有价值,每书附有辑者考证或校记;中国社会科学院历史研究所还编有《敦煌资料》分集发行,可资参考。黄永武主编的《敦煌宝藏》共14辑140大册(1981—1996年台湾新文丰出版公司影印出版),共收英藏、法藏和北图藏敦煌文献8 000余件,是迄今收集影印敦煌文献最大的合集。全书汇编缩微胶片20万张,艺术图片千余张。与科技史关系密切的有郑炳林撰《敦煌地理文书汇辑校注》(1989年甘肃教育出版社出版)、马继兴主编《敦煌古医籍考释》(1988年江西科技出版社出版)、邓文宽《敦煌天文历法文献辑校》(1996年江苏古籍出版社出版,它是该社《敦煌文献分类录校丛刊》之一),等等。最令人欣慰的是,最近几年国外所藏敦煌文献已影印出版,如《英藏敦煌文献》,以及上海古籍出版社出版的《敦煌吐鲁番文献集成》中的《法藏敦煌西域文献》《俄藏敦煌文献》等,为研究工作提供了极好的条件。

敦煌文献中的科技史料是很值得重视的。现已知道其中含有数学、天文历法、医药、农学、水利以及造纸和印刷等珍贵的科技史料和实物。此外敦煌壁画中也有十分丰富的科技史信息，其中著名的有曲辕犁、三脚楼、手摇磨、马挽具、钉马掌、独轮车、蒸馏器(涵)、木风扇、火轮、马蹬等，甚至壁画上的颜料都是科技史研究的范畴，难以尽述。下面仅就天文历法、数学、农学和医学等传统学科略举一二，以窥一斑。

1. 在天文历法方面，最著名的要数敦煌星图和历书

敦煌星图：1907年被英国斯坦因劫走，现藏于大英博物馆，编号S3326。李约瑟博士首先发现这件星图的价值，认为这件星图的抄绘年代大约在705—710年，绘有1 348颗星，称它是一切文明古国流传下来的星图中最古老和画星最多的星图。其画法是从十二月开始，按每月太阳位置分为12段，先画赤道附近诸星，再把紫微垣画在以北极星为中心的圆形平面投影图上。此画法与西方麦卡托圆柱投影法近似(1568年刊印)，但时间上却早了800多年。其中的恒星画法，继承了三国陈卓和刘宋钱乐之之法，用黑点表示甘氏星，用圆圈表示石氏星、巫氏星，配有文字说明。敦煌星图是一件十分珍贵的文物。

另一编号为P2512的《石氏甘氏巫咸氏三家星经》是一份写于唐初的星表。文中说明石氏星"赤"，甘氏星"黑"，巫咸氏星"黄"，说明3家星是分别记录的，该书对以石氏星为主、3家星拆散排列的《开元占经》的校勘有重要价值。如《开元占经》在卷66"太微星占四十六"和卷67"三台占五十三"之间脱漏了"黄帝座""四帝座""屏""郎将""常陈"等6官，敦煌此卷"石氏中官"部分保存完整，可补《开元占经》之脱漏。[①]

敦煌历书：历书又称"历日"，敦煌文献中发现的历书共有40多件，迄今所知最早的一件是北魏太平真君十一年(450年)的《北魏太平真君十二年历日》，最晚的一件是北宋淳化四年(993年)的《宋淳化四年癸巳岁具注历日》[年代未详的历日(包括残片)不在此内]，时间跨度长达544年，经历6个世纪之久，具有重要的学术价值和研究意义。罗振玉、章用、董作宾、严敦杰、苏荣辉、施萍亭、邓文宽以及日本薮内清、藤之晃等都做过程度不同的研究，这里重点列出几篇文献：王重民《敦煌本历日之研究》(1937年)、薮内清《斯坦因敦煌文献中的历书》(1964年)等文值得一读，他们在历日考论、对比研究、定年方法等方面颇有建树。从文献角度来看，邓文宽《敦煌天文历法文献辑校》(1995年江苏古籍出版社出版)一书可谓是集大成之作，另外邓文宽还将敦煌出土的历书40多件与吐鲁番出土的4件历书，一并收录在《中国科技典籍通汇·天文卷》中，并有提要一篇，查找较为方便。敦煌历书的大量发现，填补了从汉简历谱到南宋宝祐四年《会天万年具注历》之间的空白，即公元153年至1256年之间的空白，亦可补其阶段各正史有关各种历法的编撰经过和推步数据之不足，并使描绘中国古代历法演变轨迹成为可能；这批历书还包含有重要的天文史料，如从《北魏太平真君十二年历日》中可知北魏王朝曾做过两次日食的准确预报，从而反映出此时我国对交食的认识以及推步的精确程度等。此外，敦煌历书中的丰富历史文化及其对现今港台地区和东亚文化圈的民用历书之影响还值

---

① 杜泽逊：《文献学概要》，中华书局，2001，第514-515页。

得进一步研究[1];《历日推步术》,已不是一般的历日(历书),而是讲推步方法的著作,值得重视。

2. 在数学方面,敦煌纸卷中的古代数学文献,包括算书、算经、算表等手抄本

多为汉文,也有古藏文写本"乘法九九表"和数码,还有回鹘文数字等。敦煌数学文献大多收藏在英国伦敦大不列颠博物馆和法国巴黎国家图书馆。现已见诸报道的敦煌数学文献共有17件(见表5-2),其中3件只见目录或书名而未见具体内容,另外14件已先后刊布出来被多种文献收录和研究。20世纪80年代由黄永武主编的《敦煌宝藏》(1986年台湾新文丰出版公司印行)已将这14件数学文献全部收录,敦煌研究院等单位也有缩微胶卷,可供查阅。

表5-2　敦煌纸卷中17种数学文献简表

序　号	编　　号	书　　名	缩微胶卷图片数	《敦煌宝藏》卷数	备　注
1	P2667	算书	7	123	
2	P2490	算表	6	121	
3	P3349	算经一卷(并序)	7	127	
4	S19	算经一卷(并序)	1	1	
5	S5779	算经一卷(并序)	1	44	
6	S930	立成算经一卷	7	7	
7	S4661	算经	2	37	
8	S4760	算经	1	37	
9	S4569	算经		36	
10	S5859	算经	2	44	
11	S6161	算经	1	45	
12	S6167	算经	1	45	
13	S663	算经	1	5	
14	P3102	算经	1	126	
15	孟02792	算经			
16	李0226	算学			不详
17	中村不折	算书			不详

注:摘自王进玉:《敦煌遗书中的数学史料及其研究》,《数学史研究文集》第2辑,内蒙古师范大学出版社、九章出版社,1991。

从已公布的数学文献看,没有一件是首尾完整的。14件影印刊布的数学文献中,P2667、P2490、P3349和S930等4件篇幅较长;S19和S5779,据向达研究认为是P3349《算经一卷(并序)》的一部分,S19是该书第29行至55行,S5779是该书的第100行至末尾部分。自20世纪20年代以来,先后有李俨、凌大廷、严敦杰、李约瑟、薮内清、那波利

---

[1] 邓文宽:《敦煌吐鲁番出土历书提要》,载《中国科技典籍通汇·天文卷》第1分册,河南教育出版社,1993。

贞、许康、李迪、王进玉等对 S19、S930、S5779 和 P2667、P2490、P3349 等 6 件数学文献研究较多。研究认为其内容涉及古代乘法口诀、乘方、十进制筹算、数码、密度，以及有关田亩、堤坝、度量衡的测量和计算等问题。其中算表首见于敦煌纸卷，填补了唐、五代间的空白。其中王进玉《敦煌遗书中的数学史料及其研究》一文，是一篇总结性的研究论文，综述了前人的研究成果，并附参考文献，为查找早期研究文献提供了方便，可资参考。

3. 在医药学方面，敦煌纸卷中的医药书已知者约有80余种

其中包括传世的古医书，如《素问》《伤寒杂病论》《脉经》等，但大量的是已佚失的古医书，其中有见于古代书目著录的，也有不见于书目著录的。这些新发现的敦煌医书，虽然很多残缺不全，但对了解古代，尤其是隋唐时期我国的医学成就意义重大。关于脏象学说的有《张仲景五脏论》《明堂五脏论》等；脉学方面有《平脉略例》《玄感脉经》等；关于药物学的有陶弘景《本草经集注》、唐代官修《新修本草》《食疗本草》等；医方有1 000多首；针灸学方面有《灸法图》《新集备急灸经》，内有迄今最古的绘有人体穴位的灸法图谱；还有关于气功、辟谷、石药服饵、房中术等方面的医书。我国有效地使用硝石雄黄散剂治疗急心痛（即心绞痛）也见于文献，这比西方用硝酸甘油治心绞痛要早1 000多年。下面对敦煌纸卷中陶弘景《本草经集注》"叙录"一卷和《唐新修本草》卷10（残）和卷18片断做一讨论。

"叙录"是陶弘景阐述他的药学思想的重要篇章，不但阐明他对《神农本草经》将药物分为上、中、下三品分类的看法和药物君臣佐使的原则，而且有药性和用药服药宜忌、七情和合等内容，敦煌纸卷"叙录"的发现是有重要意义的。

《唐新修本草》卷10（残）和卷18片断，分别存放在英国伦敦大不列颠博物馆和法国巴黎图书馆（1952年罗福颐将其摹写残片收入《西陲古方技书残卷汇编》中），为手抄本，背面有"乾封二年"（667年）字样，该年距《新修本草》颁行的时间仅8年，是非常珍贵的。我们知道，《新修本草》是我国政府主持集修、编、颁布的第一药典，比有些人认为世界上最早的国家药典——《纽伦堡药典》还要早9个世纪。可是《新修本草》早已在国内散失（约在宋代嘉祐时已无药图版本，但其内容分散地通过《蜀本草》、苏颂《图经本草》而被保存在唐慎微的《证类本草》中；其本草部分约在11世纪也基本上亡佚了），而日本"遣唐之使"可能在日本天平三年（731年）从中国带走一部《新修本草》卷子本，也已成为残卷，被傅云龙于光绪十五年（1889年）在日本得到，连同日本小岛宝素从《政和本草》中辑出的《新修本草》的3卷，一并模刻收入他编辑的《纂喜庐丛书》中。尚志钧先生在极端困难的条件下，正是以敦煌文献《新修本草》上述残卷和片断与《纂喜庐丛书》中的《新修本草》本为主，参考前贤的工作，终于完成了现在最好的《唐新修本草〔辑复本〕》，其功不可没也。此外，敦煌纸卷中还有白行简的《天地阴阳交欢大乐赋》残卷，这是有关性医学的重要资料。

4. 在农学方面,我们知道的实在有限,但传统农学包括畜牧兽医在内

在伯希和掠走的敦煌纸卷中第1062、1065编号的纸卷背面,是用藏文书写的医马、驯马内容,翻译出版时分别题作《医马经》《驯马经》。其中《医马经》共110行藏文,译成汉文约3 000字,内容涉及马病治疗的各个方面,既有阉马技术的"骟(骗?)马之方",也有误食中毒、物理创伤等马病;对所述马病均载其病因、病症及其治疗方法。而治疗方法除用药物外,还有扎、灸、熏、压等技术,以及放血、扎针、血针、火针、炮烙、灌药等疗法。《医马经》的发现,可以了解唐代藏族医马技术的高超水平;通过与李石《司牧安骥集》的比较研究,可望找出藏族医马技术的基本特点以及与中原交流的痕迹。《医马经》和《驯马经》的发现,反映了唐代藏民族地区畜牧业的发达①。

总之,敦煌纸卷中的科技文献是十分丰富的,难以尽述,以上仅举中国古代四大传统学科的一些例证以引起大家的重视。

附:吐鲁番文书

新疆维吾尔自治区吐鲁番古墓区出土的东晋到元代(公元4—14世纪)的纸文书,与敦煌纸卷颇有相似之处,故附录于此。主要是汉文,也有古粟特文、突厥文、回鹘文、吐番文等。20世纪上半叶,在敦煌文献被外国人劫掠的同时,吐鲁番文书也先后遭到俄、英、德、日等国人的掠夺。20世纪中叶,我国考古学者黄文弼两次赴新疆吐鲁番地区考察发掘,其主要研究成果发表在《吐鲁番考古记》(1954年)中。自1959年起,新疆考古工作者又在吐鲁番墓葬区进行了10多次大规模的发掘和清理,写成的发掘报告和文书简报在60年代以后大多已出版或在《文物》等刊物上发表。目前还不知吐鲁番文书的总量,只知道文书的性质大致可分为4类:公府文书、私人文书、古籍、宗教典籍和文书;其中以唐代公私文书数量最多,是研究这一历史时期的政治、经济、文化生活(包括科学技术)等方面的原始文献资料,值得重视。

虽然我们对吐鲁番文书中科技史料的多少及其价值知之甚少,但是我们还是想在前述提到的4件吐鲁番历书(日)以外,举一有关指纹史的例子:德国指纹学家海因德尔(Robert Heindl)根据贾公彦在为《周礼》注疏时将"下手书"释为画指卷,而断定"中国第一个提到用指纹鉴别个人的是唐代的作家贾公彦"。他在《指纹鉴定》一书中还引用两件唐代中文契约为证。我们在吐鲁番文书中发现以指节间距离画线、按指印和按全掌印代替本人(或双方)签名的3种形式,其中以指节间距离画线数量最多,海因德尔所引用的也属这一种形式;而按指印和按全掌印者,迄今只分别发现各有一件,但它的应用却是最科学的。这些画按指印的契约上往往都有:"两和立契,画指为信""两和立契,按指为信""画指为凭"等字样,充分表明至迟至唐代我国人民已经认识到用画指印来代替本人签名,从而为我国是世界上最早认识和利用指纹的国家提供了最早而形式多样的实物证据。只要进一步查找,肯定还会在吐鲁番文书中发现其他新的科技史料。

① 倪根金:《未被农史界关注的唐代藏兽医文献——敦煌藏文与卷〈医马经〉述论)》,载《第十届国际中国科学史会议论文集》,第513页。

五、明清档案中的科技史料及其查找方法

档案是人类活动过程中形成的具有考查、使用价值,并经过立卷归档集中保存起来的文献资料的总称。戴逸教授称:"档案是历史正在进行过程中形成的各种文书,事后归档存贮,以便印证稽查。因此它是历史活动的直接记录。"[①] 历史档案是历史文献的一个重要组成部分,它是人类历史活动的最原始最真实的记录。因此,一般认为它比其他经过人们重新整理的史料甚至典籍更加可靠。所谓"据档修史""以档证史"或"史档结合",都是视档案为第一手资料,用来考订史实、充实历史内容,也可纠正历史记载或传说的错误。从某种意义上说,我国许多历史著作如《尚书》、各种政书、历代实录等都是历史档案的汇编,或者说主要是根据历史档案编纂而成的。

我国档案的历史悠久(甲骨文等均可视为档案),内容十分丰富。据我国3 000个档案馆的统计,现存历史档案总数近3 000万卷,这还不包括全国各地图书馆、博物馆和一些研究机构的收藏,更不包括分散在国外的相当数量的档案。[②] 2004年,据国家档案局介绍,中国目前仅31个省区市综合档案馆的馆藏档案就有1.3亿卷。这些档案既是悠久中国文明的历史见证,也是人类的共同财富,受到了"世界文献遗产"工程的关注,中国馆藏的清代内阁秘本档案、纳西东巴古籍和中国传统音乐录音档案等3件已入选《世界记忆名录》。我国已评选83件(组)珍贵档案入选《中国档案文献遗产名录》并将在国内外巡回展出。[③] 在这些历史档案中,主要是明清档案和民国档案。以下着重介绍中国第一历史档案馆的明清档案。

明清时期档案的收集和管理制度是比较完善的,但明代档案由于大多毁于战乱,现存较少。现存于中国第一历史档案馆1 000多万件(册)明清档案中,明代档案仅有3 600余件(册),以天启、崇祯朝为最多,其他朝的档案较少,主要是各种题本、题行稿和奏本。它反映的主要是明朝后期社会、政治、经济、阶级关系和民族关系,其中以明清关系和明末农民战争的史料为详。

清代档案则有900多万件(册)。有皇帝发布的制、诏、诰、敕、谕、旨,有各级臣工向朝廷奏报的题、奏、表、笺、单、册,有各衙门上下和左右相互行文的咨呈、咨文、札付、移会、申文、关文、交片、牌文、照会、译文,有专门记载皇帝言行的起居注和为皇帝修造家谱的玉牒、星源集庆,还有各种舆图,等等。清档的内容几乎包括了清代的政治、经济、

① 秦国经:《中华明清档案指南·序言》,人民出版社,1997,第1页。

② 英国在第二次鸦片战争中从广东掳走大批档案,英国出版的费正清编《清代广东省档案指南》,其目录就有200页;日本外务部保存的我国档案达2 116卷等,见王余光:《中国历史文献学》,武汉大学出版社,1988,第100页。

③ 《中国档案珍品展开展》,人民日报(海外版)2004年11月1日,第8版。

军事、刑法、民族、外交、教育,以及有关科学技术方面的珍贵资料。其中科技方面以天文历书、地图、建筑、工矿、农、兵器、火药档案为主(较多),也有缎匹纸张和印刷方面的档案,还有反映清代中医临床水平的太医院档案和反映清代最高工艺水平的内务府《活计档》,以及度支部的《印刷章程》《造币厂章程》和农工商部的《矿务章程》等,都与清代科技史有密切关系。此外,当时清政府同外国科技文化交往活动的情况也有反映。清代档案起讫年从清朝建国(1616年)之前九年(1607年)至宣统三年(1911年),甚至还有溥仪退位后于1912年至1940年间形成的档案。就文字而言,绝大多数是汉文档案,也有少数满文档案或满汉合璧档案,还有一些其他少数民族文字档案和外文档案。

中国第一历史档案馆所藏明清档案共有74个全宗,它们是:明朝档案、清内阁大库档案、军机处档案、宫中各处档案、内务府档案、宗人府档案、吏部档案、户部-度支部档案、礼部档案、陵寝礼部档案、兵部-陆军部档案、刑部-法部档案、工部档案、外务部档案、学部档案、农工商部档案、民政部档案、巡警部档案、邮传部档案、理藩部档案、乐部档案、责任内阁档案、弼德院档案、都察院档案、资政院档案、翰林院档案、大理院档案、会议政务处档案、督办盐政处档案、总理练兵处档案、清理财政处档案、管理前锋护军等营事务大臣处档案、侍卫处档案、禁卫军训练处档案、尚虞备用处档案、京城巡防处档案、京防营务处档案、京城善后协巡总局档案、禁烟总局档案、顺天府档案、会考府档案、醇亲王府档案、军谘府档案、宪政编查馆档案、修订法律馆档案、国史馆档案、方略馆档案、太仆寺档案、太常寺档案、光禄寺档案、鸿胪寺档案、神机营档案、健锐营档案、火器营档案、钦天监档案、国子监档案、大清银行档案、近畿陆军各镇督练公所档案、京师高等审判厅档案、检查厅档案、长芦盐运使司档案、銮仪卫档案、八旗都统衙门档案、步军统领衙门档案、山东巡抚衙门档案、黑龙江将军衙门档案、宁古塔副都统衙门档案、珲春副都统衙门档案、阿拉楚喀副都统衙门档案、北洋督练处档案、税务处档案以及溥仪、端方、赵尔巽档案和舆图汇集。

以上74个全宗,基本上是按照原来的机构分宗立档的,其中清内阁大库档案、军机处档案、宫中各处档案、内务府档案、宗人府档案5个系统的档案最多,约占全部档案总数的百分之七八十,而另外69个全宗的档案数量加起来还不到全部档案总数的30%。

这种以机构为主分宗的方法,固然事出有因,有些全宗名称也能反映它的基本内容。如钦天监档案,显然是掌管天文气象观测和历书编制的机构档案,容易引起科技史,尤其是天文学史工作者的重视,再去查找便知该档现存9卷,上起康熙、下讫光绪,主要内容包括颁领时宪、天气观测(记录)、观测日月食的奏副和图表、康熙五十四年(1715年)七政经纬宿度五星伏见目录、雨雪阴晴统计表、风占图册等,还有监正、监副等官员变更以及国子监算书隶钦天监等文献。这样便可很容易查到自己所需要的资料。

同样工部档案(其中土木工程、交通、军工与科技史研究相关)、农工商部档案(其中农业、工矿与科技史关系密切)、火器营档案等均可引起科技史相关学科的重视,比较容易查到各自所需的档案资料。但是,按机构分宗的档案,大多更难从全宗的名称去了解其具体内容,或者说是很难了解是否含有你需要的档案的。尤其是上述"清内阁大库档案"等5个系统的档案,不但数量大,而且内容庞杂,从其全宗的名称很难确定是否含有你所需要查找的资料,只能依靠相关目录。例如清内阁大库档案,多达2 714 851件(册),内容包括政治、经济、军事、文化、科技、民族和宗教等方面,而档案的形式几乎包括清代档案的各种式样,仅经内阁进呈的文书,就有题、奏、表、笺以及随本进呈的黄册和乡试录等140万件(另有残题本170余万件),如果没有目录,简直无法下手。好在内阁档案经过前人60多年的整理已编有档案目录230多册,可供检索。现以题本目录为例,以窥一斑。中国第一历史档案馆收藏完好的题本约140万件,已基本上按吏、户、礼、兵、刑、工6科编有目录。其中户科的田赋类(内有田地、禾苗受灾和要求减免赋税等资料)、货币类(内有鼓铸钱币、奏销铜铅锡和采办运输铜铅等史料)、库储类(内有缎匹、颜料、织造及陶瓷等方面档案)、礼科的天文气象类(有关日月食、星异、历法等资料)、学校科举类(有县以上各级学校、书院、同文馆的设立,乡试、会试和殿试以及图书编购、查禁和印刷史料)、兵科军需类(军械等),工科的建筑工程类(涉及陵寝坛庙、衙署城垣、营房塘房、道路桥梁等工程史料)、军需工程类(涉及军营修建、军装器械、火药枪弹及购买硝磺等史料)、水利工程类(涉及河湖渠堰的修筑疏浚和水势题报等史料)、造船工程类(包括一般船只和战船的修造)等,都与科技史研究有关。这些仅是从清内阁大库档案中进呈文书之一的题本相关科别目录中获得的信息,足见档案目录对查找资料的重要性。

从20世纪20年代故宫博物院开始编辑档案目录以来,明清档案目录已有很多。仅明代档案就有文献馆编制的《内阁明档目录》《明题行稿目录》《明选簿目录》、北大文研所编制的《明档目录》、罗氏库籍管理处编制的《大库明朝史料目录》等;清代档案目录更多,仅清内阁大库档案就有230多册,军机处档案目录也有10多种(其中《地震史料目录》《黄河水文灾情史料目录》《清末洋务运动史料目录》《筹办夷务始末稿本目录》等专题目录,对研究自然灾异和西方科技的传入更为适用),其他各宗均有数量不等的目录,不再赘述。总之,到中国第一历史档案馆查找明清档案一定要先查阅档案目录,前贤的工作成果要充分利用,以便快速查到自己所需的资料。

需要指出的是,按机构分宗的档案,不但有上呈下达的文件档案,而且有各部之间相互来往的文件档案,尤其是各机构的管理范围往往有相互交叉,因此在查找目录时,一定不要忘记相关机构的目录。例如,舆图房(包括天文、舆地、江海、河道、武功、巡幸、名胜、瑞应、效贡、盐务、山陵、寺庙、风水等13类)、内阁大库(有会典馆编纂会典图之稿本及其参考资料)、军机处(有中国与邻国分界图,各省、府、州、县图,口岸和河道堤工图,矿厂建筑图等)都有舆图。因此,查找舆图,至少要查阅这3个方面机构的档案目录。又如"钦天监档案"是天文历法史实集中之处,但有些天文历法史料并不全在这里,因此还需要到礼部档案、会议政务处档案或其他部档案中检索。秦国经著《中华明清珍档指南》(1994年人民出版社出版)值得一读。笔者从中引录了不少资料,特此声明致谢。此外,徐艺圃、秦国经主编的《明清档案工作标准文献汇编》(1995年)也很有参考价值。

另外,我们到档案馆或图书馆查找资料遇到困难时,一定要虚心请教,咨询那里有经验的老同志,他们对馆藏情况了如指掌,如数家珍,往往能帮助我们解决一些难题。

国外一般以为单株选择法是维尔莫林在1856年发明的,但事实上,在他之前100多年康熙皇帝就通过单株选择法培育了一种水稻优良品种——"御稻",这在《康熙几暇格物编》中已有记载,达尔文在《动物和植物在家养下的变异》书中说到中国选种时曾说连中国皇帝都很重视选种,可能指的就是这件事。于是笔者到中国第一历史档案馆去,想看看是否有更详细的档案资料。可是当时正值"文化大革命"期间,不仅没有档案目录可查,而且要求先提出具体档案名称,一周后打电话询问是否有这种档案?如果有,再约时间来看。笔者当时根本提不出具体档案名称,只好向该馆的一位老同志请教,当笔者讲到这种"御稻"曾推广到江苏、安徽、江西一带种植时,他立即想到江南织造的奏折较多。在他的帮助下很快就找到了苏州织造李煦的奏折,结果笔者在这卷奏折中发现了苏州织造李煦从康熙五十四年至六十一年(1715—1722年)的19次奏折中(有的还有朱批)详细地记载了"御稻"推广、试种、品种对照试验,证明增产效果明显、品质良好、适宜于大面积种植,还可以改单季稻为双季稻;何时浸种、何时插秧甚至遇到大风暴都有奏折。这可能是我国古代规模最大的一次农业科学实验,这19次奏折和朱批档案成了我国难得的科学实验的记录,而单株选择法也是我国育种史上又一杰出成就。[①] 后来《李煦奏折》也出版了。这一事例说明,如果不是请教档案馆管理人员,很难想象苏州织造会与御稻生产有什么关系,当然就不可能去查李煦奏折档案了。类似的例子还有一些,就不再赘述了。

查阅明清档案,最好是看原档,但已经出版的档案(尤其是因条件限制而无法看到原档时)同样可以利用。从1925年起,故宫博物院就先后编辑出版过各种档案史料的汇编、目录、图集、论文集等约50多种370多册,其中《文献丛编》《清代文字狱档》《筹办夷务始末》等都为当时的史学研究提供了不少新的史料,引起学术界重视。《文献丛编》共印36辑,内容非常丰富,其中有圆明园史料。《筹办夷务始末》包括道光朝事80卷、咸丰朝事80卷、同治朝史事100卷。后来蒋廷黻又编《筹办夷务始末补遗》,对前书作了较多的补充。科技史研究应注意其中有关近代军火机器、交通运输、纺织工业和教育等档案史料。新中国成立至1985年的37年中,中国第一历史档案馆先后编辑出版的史料有21种74册,约2 472万字。[②] 此后又有许多新的史料汇编,如《中葡关系档案史料汇编》,以及与其他机构合编的《明清时期澳门问题档案文献汇编》6册(381万字)等。

此外,我国还有很多明清档案分散在全国各地,如台湾、辽宁、黑龙江、吉林、四川、西藏、云南、贵州、山东、河南、安徽、福建、浙江、广东、青海、甘肃、新疆、内蒙古、上海、天津等省市的有关档案馆或图书馆都收有数量不等的明清档案。其中"台北故宫博物院"文献馆藏40余万件珍贵的清代档案,这是1949年从大陆运往台湾的,内有宫中档案、军机处档案、内阁档案、史馆档案。"台北故宫博物院"印有《故宫博物院清代档案文献

---

① 张秉伦:《中国古代的单株选择法》,载《中国古代农业科技》,农业出版社,1980。

② 洪湛侯:《中国文献学新编》,杭州大学出版社,1994,第52页。

总目》、庄吉发著《故宫档案述要》可资检索、参考;并出版过《宫中档康熙朝奏折》《宫中档雍正朝奏折》《宫中档光绪朝奏折》,还有《袁世凯奏折》《年羹尧奏折》等专辑。

"台湾研究院"历史语言研究所藏有明清档案约31万件,也是1949年由大陆运往台湾的。这部分档案原藏内阁大库,内容涉及明清两代政治、经济、社会、军事、文化和天文地理等。20世纪30年代曾编印过《史料丛书》一种和《明清史料》4册;1949年以后李光涛继续编印《明清史料》,张伟仁主持影印出版了《明清档案》324册。

辽宁省档案馆有明代档案1 080件,清代档案20万卷(册),民国和伪满时期档案90余万件,"满铁"档案资料68 000余卷。已出版过《辽东都司档案史料》《编修地方志档案选编》等史料。

吉林省档案馆藏有清代档案10余万件,该馆已将其中重要档案以《清代吉林档案史料选编》的总名陆续出版,其中"蚕业"辑,收有147件有关兴办吉林蚕业、推广桑蚕缫丝织染等方面的档案,是蚕桑史研究的重要资料。

四川省档案馆藏有清代档案115 000余卷;巴县清代档案约有113 000余件[从乾隆二十二年至宣统元年(1757—1909年)],内有农业、手工业、交通等史料;自贡市档案馆收藏盐业档案3万件,盐业契约3 000余件,出版有《自贡市盐业契约档案选辑》一书。其他省市收藏的明清档案不再赘述。需要者可去上述各省市档案馆按上述方法进一步查找。

第六章　少数民族科技史文献

中国是一个统一的多民族国家。我国少数民族对祖国历史文化的发展起了重要作用。中国科学技术史就是中华各民族的科学技术史。

少数民族的科技史文献,大致可分为3类:(1)汉文类,即历史上少数民族的学者用汉文写的科技文献;(2)少数民族文字类,即历史上用某种民族文字写成的科技文献;(3)两种文字对照类,主要是汉文与某一少数民族文字对照写成的科技文献。其范围除科技著作外,当然还包括各类史籍中所含有的文献资料。

1949年以来,尤其是近年来,少数民族科技史研究发展很快。不少单位成立了专门的研究机构,配备专门的研究人员,其中包括一批少数民族科技史的研究生,1986年还成立了中国少数民族科技史专业委员会,定期召开全国少数民族科技史学术研讨会。研究成果迅速增加,出版了不少少数民族科技史著作和刊物,如《蒙古族科学家明安图》、《彝族天文学史》、《苗医简史》、《蒙医简史》(蒙文)、《古代藏医史略》,以及《中国天文学史文集》(第二集)、《中国少数民族科技史研究》(一)等。下面介绍几个情况比较清楚的少数民族的科技文献以及与科技史有关的历史文献,并附少数民族历史文献分类检索工具书。

一、藏文文献

藏族是一个具有悠久文化传统的民族,藏文属于古老的拼音文字,创立于公元六七世纪。藏文文献包括金石铭刻、竹木简牍、文书写卷等早期历史文献。14世纪以后,藏族学者的著作大量涌现,包括经卷、文学、史传、天文历术、医药及因明等。这些内容丰富、卷帙浩繁的藏文文献,至今尚未完全整理出来,数量多少目前尚无确切统计。仅明代成书的札贡巴·丹巴若杰的《安都政教记》中就列举了藏文史传文献达600多种,另外原西藏政府的档案也有20 000件之多,还有堆放在布达拉宫28间房子里的20 000多部经书,已整理出来的地震资料就有30多条,其价值是十分珍贵的。

(一)主要藏文文献

已知主要藏文文献有:引起国内外藏学界注目的敦煌文献中P.T.1286—1288三个

卷本,布敦·仁钦朱的《布敦佛教史》(1332年成书),蔡巴司徒·贡噶多杰的《红史》(1346年成书),萨迦·索南坚赞的《王统世系明鉴》(约1388年成书),桂洛·宣奴贝的《青史》(1476年成书),巴卧·祖拉陈哇的《贤者喜宴》(1564年成书),昂旺罗桑嘉措的《西藏王臣记》,多卷本英雄史诗《格萨尔王》等。著名藏文石刻有《长庆唐蕃会盟碑》,是汉藏历史上友好往来的历史见证;还有吐蕃王朝时期的《桑耶寺碑》《恩兰·达扎路·恭纪功碑》《琼结墀德松赞赞普碑》,宋代的《西夏黑水建桥碑》,元代的《国师法旨碑》,明代的《瞿昙寺圣碑》,清代的《康熙平定西藏碑》《乾隆十全武功碑》,民国时期的《诺那呼图克图碑》等。

(二) 主要科技著作

藏文科技文献中,医学著作最为可观。唐贞观十五年(641年)文成公主出嫁入藏,据《吐蕃王朝世系明鉴》记载,藏族译师达玛郭卡译成第一部藏文医书——《医学大全》;以后唐朝名医韩文海著有《新酥油药方》,大食名医嘎列内著有《无畏的武器》7部,并被译成藏文。

唐景龙四年(710年)金城公主入藏,又带去大批医药书籍,后由汉族医僧善恕、于阗译师盖珠卡根和藏族译师琼布孜兹、琼布顿珠、觉拉门巴等共同译成藏文,又由汉族医僧悟慎和藏族译师维洛扎那综合译稿,吸取西藏民间及外国医学经验,编成藏医名著《月王药诊》。《医学大全》及《无畏的武器》均已亡佚,故《月王药诊》则成为我国现存最古老的藏文医籍。它论述了人体的解剖生理、病原、病理和各种疾病的治疗方法,并介绍了西藏特产飞燕草、螃蟹甲、翼手草、藏黄麻、藏黄连、船形乌头、纤毛婆婆纳、喜马拉雅紫茉莉等300多种药物;对于当时西藏多发的天花、炭疽、雪盲、痛风、关节炎、腮腺炎、瘿瘤等疾病,也有较详细的描述。书中介绍的灌肠、放血、艾灸等许多治疗方法,至今仍被使用。该书反映了古印度医学和佛教思想对藏医的影响。该书曾自西藏传入天竺,译名为《索玛拉扎》。

公元8世纪,于阗名医比吉·赞巴希拉汉应聘入藏,担任王室侍医,曾把自己翻译的《医学宝鉴》《伤科精义》《尸体图鉴》《甘露宝鉴》等10余种医书献给藏王,藏王赤德祖赞令人将书集中收藏,统一命名为《王室养生保健全书》。

吐蕃王朝第五代藏王赤松德赞(754—797年在位)时期,汉医僧善恕、王室侍医比吉·赞巴斯拉曾与天竺医生达玛热扎合作,编写过《汉地脉诊妙诀》《消肿神方》《放血铁莲》《穿刺七巧技》《养生晶珠》等30余部医药著作,并翻译了《秘宝详解》《杂病精解》等医书;应聘入藏的汉族僧人园净与天竺学者米来旺赞扎合译了《精治宝灯》和《医药概论》,汉族高僧善思翻译了《温病明鉴》《临症精髓》等医籍。比吉·赞巴斯拉告老返回故国前,曾将有关人体解剖测量的书籍和包括诸症治疗、切脉秘诀等内容的医学巨著《黄色比吉经函》(藏名译音《比吉布狄卡塞》,此后改名《佐王长寿经》)一起献给藏王赤松德赞,珍藏在王宫内。赤松德赞还下令将聘请的各位名医的医药书籍译成藏文,主要有《杂病治疗》《艾灸明灯》《配方玉珠》《甘露药钵全书》《外治九则》《外伤治疗全书》《采药指南》《放血术》《草药生态》《医药珍宝汇集》《特效解毒方续》《中风治疗方集》《医学妙鉴》《房术明灯宝库》《医学方宝全书》等。赤松德赞把它们合称为《紫色王室保健经函》。

大唐东松嘎瓦定居西藏后，成为塔西家族的始祖，赤松德赞从全藏选出9名青年跟他学医，后来成为吐蕃王朝中九大名医，其中最著名的是宇妥·云丹贡布，即宇妥宁玛·云丹贡布(708—833年)，后被任命为吐蕃王朝首席侍医。他认真总结前人的医药经验，不断总结自己的医疗实践，并广泛吸取《医药大全》《月王药诊》《黄色比吉经函》《紫色王室保健经函》等医药书籍和同代医家著述的精华，经过20多年的辛勤努力，终于编成举世闻名的藏医经典著作《四部医典》。

《四部医典》(藏名译音《居悉》)，汉名又译作《四部医续》，共156章24万多字，成书于公元8世纪，全书分为4部：一为总则，是医学总论；二为解剖生理、病理病因、药物、器械和疾病的治疗原则；三为临床各论，讲述内、外、妇、儿、五官各科疾病的症状、诊断及治疗方法；四为除了补充脉诊和尿诊外，着重介绍药物的炮制和用法。[①]此书有近百种注释，20世纪还有俄文译本，近年来又译成汉文。五世达赖(1617—1682年)时期，根据注释本《四部医典兰琉璃》编绘了一套79幅医药彩色挂图，约1 000张，分人体解剖、药物、器械、尿诊、脉诊、饮食卫生、防病等部分。无论在中国还是在全世界这都是一个创举。

1840年，帝玛尔·丹增彭措的《晶珠本草》(藏名《协称》)是一部药物学专著，共载药物2 294种。

此外，西藏的天文历法文献也很多。拉萨藏医院(藏名"门孜康")是原西藏地方政府官办的医算局，除设有藏医研究室，又增设藏历编辑室，后者已扩大为西藏天文研究所；1981年又成立了西藏天文历算学会，已经整理研究出不少西藏天文历法史料，崔成群觉等还编有《藏族天文历法史略》。

附：西藏文献工具书备览

(1)《西藏图籍录》，吴玉年编，载《禹贡》第4卷第2期。

(2)《西藏图籍录再补》，郑允明编，载《禹贡》第6卷第12期。

(3)《西藏文籍目录》，陈寅恪等编。

(4)《藏族史料书目举要》，吴丰培编，载《西藏研究》创刊号。

(5)《西康研究资料分类编目》，1941年西康经济研究所编印。

(6)《关于研究西藏问题中外书目举要》，何景编，载1935年《康藏前锋》第2卷第10、11期，第3卷第3期。

(7)《有关西藏的图书目录》，1959年中国科学院民族研究所编印。

(8)《馆藏有关西藏问题书目索引》，1959年甘肃省图书馆编印。

(9)《中国科学院图书馆藏有关西藏图书目录》，1959年中国科学院图书馆编。

(10)《关于西藏问题资料索引》，1959年中国人民大学图书馆编印。

(11)《古代西藏文献典籍分类简介指津》，1966年中央民族学院语文系编印。

(12)《康藏论文索引》，北平图书馆舆图部编，载《禹贡》第6卷第12期。

---

① 王镭：《古代藏医学史略》，《中华医史杂志》1981年第1期。

余慎初：《中国医学简史》，福建科学技术出版社，1983。

二、古突厥文、回鹘文和阿拉伯文文献

维吾尔族的最后形成虽然较晚,但其历史文化渊源却很长,在漫长的维吾尔族文明史上它先后用过古代突厥文、回鹘文、摩尼文、婆逻米文、阿拉伯字母的文字等多种文字,记录和保存了大量有关社会、历史、经济、宗教、部族、语言、天文、医学等文献。由于有些文字的文献不多,加之现存的研究还很不够,这里只介绍3种。

(一)古突厥文文献

它产生于公元6—8世纪的突厥汗国时代,8世纪中叶回鹘汗国建立后的一个时期仍在沿用。现存的主要是一些碑文,其中《保义可汗碑》(又称《九姓可汗碑》)还是用突厥文、粟特文和汉文3种文字刻成的。回鹘汗国的文书写本在新疆和甘肃敦煌石室均有发现,较重要的有《占卜书》及一些军事、经济方面的文书。

(二)回鹘文文献

回鹘文是回鹘西迁建立高昌王国后使用的文字,它渊源于粟特文,在新疆哈密、吐鲁番地区一直使用到十四五世纪。但回鹘文留下的文献也不多,主要是一些碑刻和契约,据说也有一些天文、历法、医学文献,尚待进一步发掘研究。

(三)阿拉伯文文献

公元7世纪以来,少数波斯人和阿拉伯人久居中国;13世纪又有一部分中亚细亚人、波斯人和阿拉伯人迁入中国。他们在与汉、维吾尔、蒙古等族长期相处的过程中形成了回族,散布全国,以西北地区为多。他们多信仰伊斯兰教,至14、15世纪,伊斯兰教成为天山南北占统治地位的宗教,阿拉伯字母的文字也日渐成为维吾尔人的通行文字。出现了大量的以阿拉伯字母文字书写的维吾尔族的历史文献,其代表作有:

(1)马赫穆德·喀什噶尔的《突厥语大辞典》。该书不仅是一部用阿拉伯文拼写、解释突厥词汇的辞典,而且也是一部11世纪前后中亚社会的百科全书。书中引用了大量的社会资料,举凡突厥语族原族名、民族、部落、职官、年事、宗教、文化、饮食、习俗、医药、天文、矿产、风土、地理等,都有记录,为研究黑汗王朝时期维吾尔族的社会历史和文化科学史提供了丰富的可靠资料。

（2）举世闻名的长篇叙事诗《福乐智慧》85卷1 300多行。作者是11世纪维吾尔族的诗人和哲学家。集哲学、文学、语言于一书，它的价值远远超出了文学范畴，成为那个时代的又一部百科全书。其中究竟有哪些科技史信息，尚待进一步研究。

（3）米尔咱·马黑麻·海答儿的《拉失德史》（又称《中亚蒙兀儿史》）。作者生活于明正德、嘉靖年间，原书用波斯文写成，后译成阿拉伯文。这是一部历史著作，值得注意其中有关水利灌溉、农业收获等资料。

除这3部代表作外，还有《喀什史》《伊斯兰文书》《和单传》《哈米德史》《史集》《阿古柏》《阿古柏史》《布格拉汗传》《和卓世系》等。

阿拉伯文献中不乏科技史料。据元王士点、商企翁《秘书监志》卷7"回回书籍"载：至元十年（1273年），回回司天台"见合用经书"中有《兀忽烈的四擘算法段数》15部、《罕里速窟允解算法段目》3部、《撒唯那罕答昔牙诸般算法段目并仪式》17部、《呵些必牙诸般算法》8部等数学书籍。据严敦杰先生考证，回回书即阿拉伯文书籍，"兀忽烈的"是欧几里得的译音；[1]据杜石然考证，"罕答昔牙"是几何学的意思；[2]日人考证，"呵些必牙"是算法的意思。[3]

1956年，在西安市郊元安西王府旧址发掘出的阿拉伯数码"纵横图"铁板，是阿拉伯数字传入我国的最早物证。元政府设立"回回天文台"，回族科学家扎马鲁丁撰进《万年历》，造星盘等天文仪器共7件，还负责纂修《地理图志》。[4]至元七年（1270年）设"广惠司"，它是一种阿拉伯式的医院组织，专用阿拉伯医生配制的回回药物治疗患病的卫士；1292年"广惠司"又在北京、多伦两地各设"回回药物院"，有《回回药方》传世。明洪武十五年（1382年），回、汉天文学家合译的阿拉伯天文书《明译天文书》和成化十三年（1477年）贝琳介绍阿拉伯天文学的《七政推步》中，都有极其珍贵的阿拉伯天文年表。

三、蒙古文和满文文献

（一）蒙古文文献

蒙古文最先是用回鹘字母拼写的，这种文字称回鹘式蒙古文或畏兀儿何蒙古文。用这种蒙文写的文献，散失严重，流传下来的多是一些碑刻和残卷。现存蒙古文历史文献，主要是用在回鹘式蒙古文基础上经过改造和创新的规范化蒙古文。据1979年《全国

---

① 严敦杰：《欧几里得几何原本元代输入中国说》，《东方杂志》1943年第39卷13号。

② 现代波斯文中"几何学"一词的音仍为handasat，参见杜石然：《试论宋之时期中几和伊斯兰国家的数学交流》，载《宋元数学史论文集》，1966。

③ 算法（hisab）一词变为阴性形容词则为（hisabiyat），参见（日）田坂兴道：《史学杂志》第53编4号，1942。

④ 郭金彬等：《自然科学史导论》，福建教育出版社，1988，第316页。

蒙文古旧图书资料联合目录》著录,在国内60家图书馆中,收藏1949年前出版或抄写的蒙古图书资料约1 500余种,共计7 000多册,内容包括历史、哲学、宗教、政治、法律、军事、经济、教育、语言文字、文学艺术、地理、天文、医学、金石拓片以及期刊等15类,如此众多的图书资料,为研究蒙古的历史和文化提供了可靠的资料,其中《蒙古秘史》《蒙古黄金史纲》《蒙古源流》3书,号称蒙古文三大典籍。蒙古文《蒙古秘史》已失传,今存汉文本《元朝秘史》(有15卷与12卷之别)。此外还有"百科全书"式的风俗学著作《蒙古风俗鉴》(1918年成书)、17世纪蒙古族法典《卫拉特法典》抄写孤本、《阿剌坦汗传》、《白史》、《黄史》、《恒河之流》等。

在科学著作方面,内蒙古图书馆藏有蒙文写本《天文书》,内有"步天歌""全星图";呼和浩特五塔寺后照壁上有蒙文石刻天文图;18世纪前期在清朝钦天监任职的蒙古族科学家明安图著有《割圆密率捷法》,并参与《律历渊源》《历象考成后编》《仪象考成》3部专著的编撰;北京图书馆藏有傅启(伯启)《勾股形内容三事和较》的道光抄本。医学著作中还有不少汉文和藏文医药书的编译本,如《蒙藏合璧医学》《医学四部基本理论》《医学大全》《本草纲目》等。

蒙医的主要特点是人体解剖、骨伤外科比较发达,早在1262年,蒙古军匣剌在战场上被"矢镞中左肩不得出,钦察惜其骁勇,取死囚二人,封其肩,视骨节浅深,知可出,即为凿其创,拨镞出之,匣剌神色不为动";后来又出现很多正骨专家,13世纪时就使用了皮疗术,即用动物的皮披在患者身上或裹在患者患病部位的一种疗法;对"脑震荡"的治疗也很特殊:是一种以震治震,震静结合,先震后静的辨证学说;在食疗方面,多用牛羊肢体和乳制品,这在忽思慧《饮膳正要》中表现得非常明显。

随着藏医学传入内蒙古,在蒙医内部出现了三派和主张蒙藏医相结合的近代蒙古医派,三派通过争鸣,促进了蒙医药的发展。从17世纪到19世纪,留下了《方海》《四部甘露》《蒙药正典》等几十部古典蒙医著作(参见巴·吉格木德《蒙医史初探》)。

(二)满文文献

满文是明万历二十七年(1599年),额尔德尼和噶盖奉清太祖努尔哈赤之命,在蒙古文字母的基础上创造的,最初是无圈点的"老满文",通行仅30余年,现仅存《满文老档》等早期珍贵文献。《满文老档》是一部编年体史书,比较系统地记载了满族的源流,清朝前期的政治、军事、经济、文化状况,以及当时与朝鲜、蒙古、明朝及其叛将毛文龙的往来文书,是研究满族的兴起和发展、清初社会性质和当时东北边疆史地的主要依据。清太宗天聪六年(1632年),达海改进"老满文",在字母旁加点或圈,又增加一些汉语语音的新字母、新形式,称为"新满文",曾被定为国语,又称"清文"。"新满文"文献极其丰富。1979年《北京地区满文图书资料联合目录》收录满文文献814种,《北京地区满文石刻拓片目录》收录642种。中国第一历史档案馆藏有150万件档案,主要是清代皇帝的制、诏、诰、敕、表奏、题本等,大都是满、汉两种文字兼备的。而军机要务等机密文件则只有满文书写,是汉文中难以见到的重要史料。这些文书记录了官员升迁、奖惩、抚恤、赈济、礼仪、营制、训练、防务、军需、军械、律则、案件审理、地丁、钱粮、赋役、水利、工矿、商业交通、工程、科举、学校、秘密结社等情况,是研究满族和清朝的历史文化的重要资料。尤其是清圣祖玄烨(康熙皇帝)爱好自然科学,请外国来华传教士南怀仁、白晋、张诚等在内廷讲授数学、天文学、测量学、物理学、人体解剖学和医学等。因此,许多西方科学书籍,如古希腊欧几里得《几何原本》、法国巴蒂《实用和理论几何学》以及一些三角、测量、天文、人体解剖生理等方面的近代科学著作都译成了满文,有的还出版发行了。

四、契丹文、西夏文、女真文科技史文献

契丹族、党项族、女真族是我国北方的少数民族,他们在中国历史上先后建立了辽王朝、西夏王朝、金王朝,留下了不少各自的民族文献资料。

(一)契丹文科技史文献

契丹文是契丹族于公元10世纪创造的文字,曾在东北地区流行了二三百年。据《辽史》记载,辽代曾用契丹文翻译了不少汉文书籍,但这些书籍现已失传,目前所见的契丹文献,主要是墓志、摩崖洞穴墨书,以及镜、符牌钱、印章等中的文字,加之契丹文至今尚未完全解读,因此契丹文献尚未得到充分利用。不过中国火药在伊斯兰国家被称为"契丹火花",中国传统数学中的"盈不足术"被伊斯兰国家称为"契丹算法"。13世纪初,意大利数学家菲波拿契(Fibonacci Leonardo)所著《算法之书》(Liber Abacci,1202年)中也有一章"契丹算法"(regulis eichatya)等。[①]这些是有关中国科学技术传到西方的明证,很值得重视,随着契丹文献研究的深入,或许可望找到应有的重要资料。

(二)西夏文科技史文献

据《辽史》《宋史》记载,西夏李德明时期,"制蕃书十二卷,又制字,若符篆";1036年,其子李元昊整理西夏文字,使其规范化。西夏文献,除文书、碑文石刻、题字、印章外,还有很多刊本和写本,仅1908年沙俄军官柯兹洛夫(л·k·kozoв)在我国黑水城(今内蒙古额济纳旗境内)遗址,一次就盗走了大批文物,其中有举世闻名的西夏文刊本和写本,包括《蕃汉合时掌中珠》《文海》等字典韵书12种;《孝经》《论语》《孙子兵法》等译著12种;

---

① 钱宝琮主编《中国数学史》,科学出版社,1981,第220页。

《西夏诗集》《圣立义海》《新集锦合辞》等文字作品和文学体类书15种。从所记天干朔闰看，宋停赐以后的西夏历法，其朔闰与宋历只是偶有差异。[①]此外，西夏壁画中有一些与科技有关的壁画，如甘肃安西县榆林窟现存有西夏晚期的"锻铁图""犁耕图""舂米图"和"酿酒图"，有人认为可能是一家庭作坊正在蒸馏酿酒，[②]值得进一步研究。

（三）女真文文献

金代女真人参照汉文文字创造了女真文字，从金代天辅三年(1119年)创立至明中叶渐废，共行使了近400余年。目前所见到的主要是石碑铭文，如镌刻于金大定二十五年(1185年)的《大金得胜陀颂碑》(有汉文对译的女真文官方石刻)，记载了金太祖完颜阿骨打举兵抗辽的记功碑；《奴儿干都司永宁寺碑》(用汉、女真、蒙古3种文字书写)记载了明朝皇帝派遣内官亦失哈到黑龙江北岸奴儿干地方建立都司衙门，授官爵印信、赐衣服布钞、造寺塑佛的事迹；《宴台女真进士题名碑》《朝鲜庆源郡女真国书碑》中有一些金史中不见的姓氏和地名；此外明代所编《华夷译语》中收有《女真馆来文》《女真馆杂文》，可资研究女真族史、明王朝与女真诸部之关系。有关女真文中的科技史料，目前尚未揭示，有待研究。

五、彝文和傣文科技史文献

（一）彝文科技史文献

我国西南地区的彝族文字，在汉文文献中称"爨文""韪书""倮倮书"和"夷文"，何时创造，无定论。彝文文献十分丰富，涉及历史、哲学、文艺、风俗、天文、医学、技术等内容。明清以来的彝文碑碣、谱牒、文书、契约等流传至今的更是不胜枚数。

彝文碑刻是有确切世年的最早彝文文献。其中明代云南禄劝的《鏊字崖碑》和贵州大方县的《千岁衢碑》都是16世纪中叶所刻；《水西大渡河建桥记》是迄今所见最长的明代彝文碑记等。

主要彝文著作有《西南彝志》26卷，这是一部百科式的彝文历史文献，其中不乏科学内容。卷1至卷5上，是有关彝族先人创世的记载，包括宇宙起源、人类起源、万物起源，以及先人们对天地方位、疆域和自然界的认识等；卷5下至卷12，重点记彝祖"六祖"等谱牒世系和历史；卷13至卷26，则是有关彝族与其他民族的先人们在政治、经济和文化等方面交往的杂记。此外还有《古史通鉴》《水西传》《水西制度》《彝汉天地》等彝文历史著作。

①《甘肃武威发现的一批西夏文物》，《考古》1974年第3期。
②王小林：《西夏农业及其在西夏经济中的地位》，硕士学位论文，中国科学技术大学科学史与科技考古系。

彝文文献早已受到汉族学者的重视,已有不少被整理翻译成汉文。如20世纪30年代后期,丁文江曾在贵州大方县彝族地区收集彝文文献,得书9种,由彝族人罗文笔翻译编成《爨文丛刻》(甲编),1939年商务印书馆出版,内有《说文解》《帝王世纪》《献酒经》《解冤经》《天路指明》《神权经》等彝文经典。新中国成立后,贵州毕节地区民族事务委员会曾在民间收集到280余部彝文古籍,并组织翻译。1955—1966年,经罗国义、王兴友等人释译了25种,其中有《西南彝志》《六祖纪略》《笃慕史纪》《泸祖论》《洪水泛滥史》等;1977年,翻译组又恢复了中断10年的工作,相继译出《宇宙人文论》《奴仆工匠记》等书。云南楚雄地区还从民间征集到明万历年间的彝文医学典籍;在四川甘洛发现了彝文天文学《年算书》等。研究彝族科技史是大有作为的。陈久金、卢央、刘尧汉等通过实地调查和搜集文献资料相结合,率先刊行专著《彝族天文学史》,影响颇大。

(二)傣文科技史文献

主要分布在云南省的傣族,历史上使用过4种不同形式的文字,即傣绷文、傣哪文、金平傣文和傣仂文。在流传下来的文献中以傣仂文为最多。由官府保存或在民间流传的傣文典籍,均用当地制作的构树皮棉纸书写,内容十分丰富。

傣仂文《囊丝本勐》是最重要的傣族历史文献,意为地方志,汉译为《泐史》或《勐泐古事》,即西双版纳的历史。此书由傣族车里宣慰使司编成。明洪武间,封傣族酋长刀坎为车里军民宣慰使,设宣慰使司,世代袭职,直到新中国成立后新民主主义革命完成为止。刀氏自明初开始用傣文追记本民族的历史,继以逐年记事,他以后的车里宣慰使续为此事,直到1949年前。全书记事远自南宋淳熙七年(1180年),记载了西双版纳地区傣族近9个世纪的历史梗概,是研究傣族科技史不可少的文献。此外还有编年体史书《车里宣慰世系》《叭真以来四十四代召片领世系》;有关于某一历史事件的专著,如《大勐笼人民起义书册》以及《大勐笼的历史疆域》等。属于科技著作的有:《腕纳巴微特》是傣文著名的医典文献;《巴夏登》是傣历年历本,分《巴夏登滇》《巴夏登贡》两种,前者可译为《精密年历》(如中国历史博物馆1962年收集到的一个本子,书名《历书与占卜》,内有从傣历1166年至1260年(1804—1898年)的年历,并有干支计算日月食的方法及算命占卜等材料),后者可译为《民用年历》(如中央民族学院所编《西双版纳傣历年历汇编》中的《傣历年历》《历法·法律·医药·算命占卜书》《历书》《百年年历》等)。此外还有《苏定》《苏力牙》《西坦》《胡腊》《历法星卜要略》《纳哈答勒》等,都是傣文天文历算书。《大勐笼的历史疆域》和《议事庭长修水利令》等,可视为傣族的地理和水利书籍。

附:少数民族科技史文献工具书备览

(1)《少数民族研究资料索引》(1958—1959年),1959年中央民族学院图书馆编印。

(2)《少数民族研究资料索引》第2辑,1955年中央民族学院图书馆编印。

(3)《少数民族研究资料索引》第3辑,1956年中央民族学院图书馆编印。

（4）《少数民族研究资料索引》第4辑，1957年中央民族学院图书馆编印。

（5）《民族资料合辑本目录》，1958年中央民族学院图书馆编印。

（6）《中央民族学院研究部现存汉文有关民族问题参考图书草目》，1954年中央民族学院研究部图书资料编译室编印。

（7）《馆藏民族研究参考书目》，中央民族学院图书馆编印。

（8）《我国少数民族的原始、奴隶、封建农奴社会情况资料索引》，1961年民族文化宫编印。

（9）《古籍草目》（关于民族历史部分），1958年民族出版社出版。

（10）《近代我国民族学译著目录》，邓衍林编，1939年中山文化教育馆编印。

（11）《民族问题研究资料索引》第1辑，1957年广西民族学院图书馆编印。

（12）《少数民族问题研究资料索引》，1960年中央民族学院图书馆编印。

（13）《民族文化宫图书馆有关中国民族问题研究参考书籍草目》，1959年民族文化宫图书馆编印。

（14）《中国少数民族史论文资料索引》，中央民族学院历史系1978级、图书馆合编，1982年印。

（15）《中央民族学院图书馆藏有关中国民族研究文献书籍草目》，1958年中央民族学院图书馆编印。

（16）《少数民族研究资料索引》第1辑，1954年中央民族学院图书馆编印。

（17）《东北地区民族历史地理文献目录》，1973年中央民族学院研究室编。

（18）《馆藏蒙古民族文献及地方资料目录》，1958年内蒙古图书馆参考研究室编印。

（19）《云南民族史史料目录解题》，方国瑜编，1957年云南大学印。

（20）《有关广西少数民族研究资料目录》，1958年广西第一图书馆编印。

（21）《贵州少数民族资料索引》，1958年贵州省图书馆编印。

（22）《古代西藏文献典籍分类简介指津》，1966年中央民族学院语文系编印。

（23）《康藏论文索引》，北平图书馆舆图部编，载《禹贡》第6卷第12期。

（24）《西藏图籍录》，吴玉年编，载《禹贡》第4卷第2期。

（25）《西藏图籍录再补》，郑允明编，载《禹贡》第6卷第12期。

（26）《西藏文籍目录》，陈寅恪等编。

（27）《藏族史料书目举要》，吴丰培编，载《西藏研究》创刊号。

（28）《廿三种正史清史中各族史料汇编及引得》，芮逸夫编，1972年台北"中央研究院"历史语言研究所编印。

第七章　研读古籍的方法

研读古籍的方法主要有辨真伪、识部类、辑佚书、纪版本4种。识部类在前几章中已有详论,这里着重谈其他3种方法。

一、辨真伪

郭沫若在《十批判书·自我批判》中说:"无论做任何研究,材料的鉴别,是最必要的基础阶段,材料不够,固然大成问题;而材料的真伪或时代性如未规定清楚,那比缺乏材料还更加危险。因为材料缺乏,顶多得不出结论而已;而材料不正确,便会得出错误的结论。这样的结论,比没有更要有害。"他还说:"研究中国古代,大家所最感受着痛苦的,是仅有一些材料,却都是真伪难分,时代混沌,不能作为真正的科学研究的素材。"我们想从3 000多年来遗留下来的断简残篇中得出正确的历史知识,考订参考资料的真伪、时代,是一项复杂而困难的工作。

辨伪工作,一开始即与校对工作结合在一起。汉代学者们也是通过校书来考订古书真伪和时代的。《汉书·艺文志·诸子略》中农家有《神农》20篇。颜师古注引刘向《别录》云:"疑李悝及商君所说。"后来刘向的独生子刘歆在《七略》中也有不少辨伪的论证。《七略》虽佚,但绝大部分保存在《汉书·艺文志》中,其中也有班固的意见。张舜徽对《汉志》所载传疑之书考之,归纳为6例:

(1)明定某书依托,但未能确指某人。如"兵书略"阴阳类有《封胡》5篇,注云"黄帝臣,依托也"。

(2)从文辨方面审定,系后人依托。如"诸子略"杂家有《大禹》37篇,注云:"传言禹所作,其文似后世语"等。

(3)从事实方面审定,系后人依托。如"诸子略"道家有《文子》9篇,班固注云:"老子弟子与孔子并时,而称周平王问,似依托者也。"

(4)明确指出依托之时代。如"诸子略"道家有《黄帝君臣》10篇,注云"起六国时"。又农家有《神农》20篇,注云:"六国时诸子疾时息于农业,道耕农事,讬之神农"。

(5)明确指出系后世增加。"诸子略"道家有《太公》237篇,注曰:"吕望为周师尚父,本有道者。或有近世又以为太公术者所增加也。"张舜徽云:"按此注末十五字,句意欠安。当为'或又以近世有为太公术者所增加也。'文字有误倒耳。"

（6）不能肯定，暂时存疑。"诸子略"杂家有《孔甲盘盂》26篇，注云："黄帝之史，或曰夏帝孔甲，似皆非。"[①]

古籍中记载的科技创造发明者，其中我国古代四大发明等已举世公认，而《世本·作篇》所记黄帝所创制者有5事：① 黄帝见百物始作穿井；② 黄帝乐名"咸池之乐"；③ 黄帝造火食；④ 黄帝作旃冕；⑤ 黄帝作冕旒。其言黄帝臣之发明者有9事：① 黄帝使羲和作占日；② 常仪作占月；③ 叟区占星气；④ 伶伦作律吕；⑤ 大挠作甲子；⑥ 隶首作算数；⑦ 容城作调历；⑧ 沮涌苍颉作书；⑨ 伶伦作磬。[②]

最先对黄帝之事怀疑，当推司马迁。《史记·五帝本纪》："太史公曰：百家言黄帝，其文不雅驯。（《史记正义》：驯，训也。谓百家之言，皆非典雅之训。）荐绅先生难言之。"后来刘向、刘歆、班固言黄帝之书多不可信；再后，东汉有马融之否定《尚书·泰誓》，北齐颜之推《颜氏家训·书证》篇里怀疑《世本》《列仙传》。至唐代，辨伪风气日趋兴盛，贞观间国家颁布的《五经正义》已怀疑《史记》所载孔子删诗之说，对于《竹书纪年》《国语》《世本》《管子》《孔子家语》等书都发生怀疑，有所议论；刘知幾作《史通》，其中《疑古》《惑经》《申左》诸篇对古书、古史提出了许多大胆的怀疑；柳宗元作《辨列子》《辨文子》《论语辨》《非国语》等。至宋代欧阳修、程大昌、王应麟、郑樵以及程颐、朱熹等也提出很多辨伪问题。明初宋濂作《诸子辨》，所辨子书有44种，胡应麟《四部正讹》，论及的书达100余种。清初姚际恒《古今伪书考》，把当时人们不敢轻议的经书如《易传》《孝经》《尔雅》都列为伪书之列，加以考辨。近人顾实作《重考古今伪书考》、黄云眉作《古今伪书考补证》；张心澂作《伪书通考》，收集前人写过的一些辨伪专著、论文、摘要整理而写成，间附按语，阐明己见。此书1957年修订本收录考辨的书达1 104部，是目前一部常用的辨伪工具书。

辨别伪书的办法举例如下。

（一）胡应麟《四部正讹》列出8法

（1）核之《七略》以观其源。

（2）核之群志以观其绪。

（3）核之并世之言以观其称。

（4）核之异世之言以观其述。

（5）核之文以观其体。

（6）核之事以观其时。

（7）核之撰者以观其托。

（8）核之传者以观其人。

---

① 张舜徽：《广校雠略》，中华书局，1963，第101–102页。

② 齐思和：《黄帝之制器故事》，《史学年报》1934年第2卷第1期。

（二）梁启超《古书真伪及其年代》列出两个系统 13 类

梁启超于1927年9月至1928年1月在清华国学研究院开设"古书真伪及其年代"课（见周传儒、姚名达、吴其昌笔记，1928年讲义，油印本，1955年排印本），其中总论第四章把辨别伪书和考证年代的方法，归纳为两个系统，13类。

甲　从传授统绪上辨别

1. 从旧志不著录而定其伪或可疑。

2. 从前志著录，后志已佚，而定其伪或可疑。

3. 从今本和旧志著录的卷数篇数不同，而定其伪或可疑。

4. 从旧志无著者姓名，而定后人随便附上去的姓名是伪。

5. 从旧志或注家已明言是伪书，而信其说。

6. 后人说某书出现于某时，而那时并未看见那书，由此可断定那书是伪。

7. 书初出现，已发生许多问题或有人证明是伪造，我们当然不能相信。

8. 从书的来历暧昧而定其伪。

乙　从文义内容上辨别

1. 从字句罅漏处辨别。

（1）从人的称谓辨别。

① 书中引述某人语，则必非某人作；

② 书中称谥的人出于作者之后，可知是书非作者自著；

③ 说是甲朝人的书，却避乙朝皇帝的讳，可知一定是乙朝人做的（肯定不是甲朝人的书）。

（2）用后代的人名、地名和朝代名。

（3）用后代的事实或法制。

① 用后代的事实。

a. 事实显然在后的；

b. 预言将来的事是显露为迹的；

c. 伪造事实的。

② 用后代的法制。

2. 从抄袭旧文处辨别。

（1）古代书聚敛而成的。

① 全篇抄袭他书的；

② 一部分抄自他书的。

（2）专心作伪的书，剽窃前人的。

（3）已见晚出的书而剽袭的。

3. 从佚文上辨别。

（1）从前已说是佚文的，现在反有全部的书，可知书是假冒。

（2）在甲书未佚以前，乙书引用了些，至今犹存；而甲书的今本却没有或不同于乙书所引的话，可知甲书今本是假的。

4. 从文章上辨别。

（1）名词，从书名或书内名词，可以知道书的真伪。

（2）文体，这是辨伪书的最主要的标准。因为每一时代的文体各有不同，只要稍加留心便可分别。

（3）文法，凡伪造的不能不抄袭旧文，我们观察它的文法，便知从何处抄来。

（4）音韵，历代语言的变迁，从书本上还可以考见，先秦所用的韵和《广韵》有种种的不同。

5. 从思想上辨别。

（1）从思想系统和传授家法辨别。

（2）从思想和时代的关系辨别。

（3）从专门术语和思想的关系辨别。

（4）从袭用后来学术辨别。

以上梁氏所举，有些烦琐，而所举例证多为先秦典籍，前人已有考订。

（三）洪湛侯《古籍的考释》列出 5 类

近人洪湛侯作《古籍的考释》概括为 5 类，举例为汉以后，间有意见，录之供参考。

1. 查明传授源流

目录学与辨伪的关系非常密切，通常一些提要式的书目里，常有关于古籍考辨的记载。唐智升《开元释教录·序》明确提出："夫目录之兴也，盖所以别真伪，明是非。"在佛经目录中，有的还专门列有"疑经录"以别真伪。史书（包括地方志）中的"艺文志"或"经籍志"里，不但可以看出各个朝代藏书的情况、学术发展的概貌，更可以从中考察某一部书的流传过程。我们利用各种书目提要，查明书籍流传、版本特点，对辨别伪书，将有很大的参考价值。

2. 查核历史事实

辨伪工作应该是文献学和史料学的一个重要内容。缺乏史料固然得不出结论，如果史料不真实，得出错误的结论，后果将更加严重，所以弄清事实，是一切科学研究的前提。故考辨古籍，首先必须辨清史事的真伪。

3. 考查作者生平

古人所作传记、碑铭之类，对其人的生平事迹、重要著述，言之唯恐不及，因而考辨古籍的真伪，查核作者生平的情况，也是一个重要途径。

4. 分析作品内容

这方面涉及的范围比较广，书中的历史事实自然包括在内，但上文已有专项论及，这里且就作品所表现的学术思想、文体、文法、语言文学（包括特定时代方言）以及一些称谓、提法等,作为考辨古籍真伪的参考条件,来略加讨论。

5. 研究版刻特征

我国的刻书事业始于中晚唐,而唐、五代刻本流传下来的已极为少见。宋元版书现在已经是珍本了。宋元以后出现的伪书,除了考核它的内容史实以外,一般还可以结合版刻特征来进行判断。对于宋元以来各个时代的版刻特征,通行的一些版本学的专书多有论及,我们从各个时代刻书的版式、行款、字体、墨色、纸张以及有无牌记、讳字等进行鉴别,辨明真伪。①

前述张心澂《伪书通考》收录伪书多达 1 104 部,如何对待这些伪书? 张舜徽《广校雠略·伪书不可尽弃》说:"学者如遇伪书,而能降低其时代,平心静气以察其得失利弊,虽晚出赝品,犹有可观,又不容一概鄙弃也。"如《列子》不是战国时与孟子并世的列御寇所作,经马叙伦著《列子伪书考》举证 20 事,考定为晋王弼著;今日通行本《尚书》58 篇,经清初阎若璩考订,举出 128 条证据,撰成《尚书古文疏证》一书,后丁晏作《尚书余论》定为魏王肃所作。以上二书,我们不认为它是战国、西汉的作品,而定在魏晋时期,仍不失古籍的价值,因为魏晋人的著述保存到现在的不多了,岂不珍贵?

二、辑佚书

古书,由于兵燹、水火、查禁销毁或因年代久远自然淘汰等原因,造成了大量亡佚,于是通过其他著作中引用的资料,重新搜辑、整理出书,力求恢复已佚之书的原貌或恢复其中部分内容,这便是辑佚。

辑佚古书起源于何时,尚无定论。据叶德辉《书林清话》卷 8 称:北宋学者曾从唐马聪《意林》和唐李善《文选注》、鲍照《舞鹤赋》中辑出已佚古书《相鹤经》,是辑佚之始。

按:若是如此,最早辑佚古书则是从与科技相关的著作开始的。章学诚在《校雠通议·补正篇》追溯辑佚之源时,却是从南宋王应麟说起的。我们认为,至迟在宋代就有辑佚书了,而且南宋郑樵《通志·校雠略》中已经提出:"古书有亡者,有虽亡而不亡者。"并举出许多例子说明有些古书虽然亡佚了而实际并未亡佚。按照郑樵的说法,一类是有的古书亡佚了,还可以根据另外的古书重新编写(如《三礼目录》虽亡,可取诸《三礼》等);另一类是有的古书亡佚了,它的内容还保存在另外古书中,可以重新录出(如唐人小说,多见于《语林》等)。后者对于从古籍中辑佚古书,确实很有启发。这也是郑樵对辑佚古书的理由和方法的初步总结。

明代也不断有人从事裒辑亡书的工作,最典型的例子是孙毂辑录两汉谶纬书的佚

---

① 孙钦善:《古代辨伪学概述》上、中、下,载《文献》第 14、15、16 辑,可参考。

文为《古微书》。此外冯惟讷辑《诗纪》、梅鼎祚辑《文纪》、张溥辑《汉魏六朝百三家集》等也带有辑佚的性质。而且祁承爜在《澹生堂藏书约·藏书略》中进一步指出："如书有著于三代而亡汉者,然汉人之引经多据之;书有著于汉而亡于唐者,然唐人之著述尚存之;书有著于唐而亡于宋者,然宋人之纂集多存之。每至检阅,凡正文之所引用,注解之所证据,有涉前代之书而今失其传者,即另从其书,各为录出。"虽然明代辑佚古书范围还不算广,但祁承爜的"另从其书,各为录出"的辑佚方法显然比郑樵的说法前进了一步,对清代辑佚古书的蓬勃兴起,影响较大。

清代辑佚古书成绩最大。清人所辑佚书在千种以上,辑佚至此形成专门之学。最著名的有以下几类。

(一)从《永乐大典》中辑佚古佚书

《永乐大典》是明成祖朱棣在明永乐元年(1403年)下令由太子少保姚广孝和翰林学士解缙主持,由3 000多文臣耗时4年编纂而成的,共辑录图书8 000多种,上自先秦,下迄明初,天文地理,人事名物,无所不包。整部大典共22 877卷,装成11 095巨册,全部用毛笔楷书写成,由于卷帙浩繁,从未刊刻过。1557年皇宫大火,嘉靖帝立即命左右登文楼抢运《永乐大典》,一夜中竟下谕三四次,终于使《永乐大典》幸免于难。可见《永乐大典》在嘉靖帝心目中的地位。嘉靖皇帝于1562年9月11日正式下令,由大学士徐阶组成专门班子,开始抄录《永乐大典》副本,以备不虞。此次重抄,规格款式均依原书,随抄随校,有错即重抄,决不苟且。由于严格要求书法,故仅选得109人从事(各部派员参与组织和保证后勤供应不在其内),依每人每天3页的定额进行。由于不求快而求好,一直拖到1567年5月24日才完成,比当时初编纂时还多用了两年时间。副本抄成后藏于皇史宬。

正本《永乐大典》在嘉靖后再无人提起,一说毁于明末宫中大火;另一说法,是栾贵明认为有可能珍藏在明十三陵之一的永陵中。后者只能有待于物理探测和辅以卫星遥感技术探测,或适当时候发掘该陵才能证实。而副本《永乐大典》也在八国联军侵占北京时毁散了。经过数十年反复搜寻,现存海内外各地博物馆、图书馆的仅300余册,约800余卷,不到原书的4%。[①]2005年报道,在东北又有新的《永乐大典》散本发现。

关于从《永乐大典》中辑佚古佚书,可追溯到嘉靖后期张四维参与重抄《永乐大典》副本时,从《永乐大典》中辑出《名公书判清明集》14卷[隆庆三年(1569年)盛时选所刻]和《折狱龟鉴》2卷(隆庆五年(1671年)淮安知府陈文烛序而刻之)。黄永年先生指出这是从《永乐大典》中辑佚书之始,只是这时的辑佚仍带有偶然性。[②]康熙中,徐乾学曾有辑录《永乐大典》古佚书之议,唯未见诸实行;嗣后查慎行预纂《佩文韵府》,拟奏请发《永乐大典》翻阅增补,而阻之者谓卷帙浩繁,恐致污损,也未行;雍乾间,全祖望、李绂等曾

---

① 栾贵明:《在那个该找而没有找过的地方》,《科学时报》1999年6月24日,8B。
② 杜泽逊:《文献学概要》,中华书局,2001。

从《永乐大典》中辑出《尚书讲义》、《周礼新义》、永乐《宁波府志》等10来种古书。

乾隆三十八年(1773年),安徽学政朱筠上奏由《永乐大典》中辑佚古籍云:"臣在翰林,常翻阅前明《永乐大典》,其书编次少伦,或分割诸书,以从其类。然古书全而世不恒觏者,辄具在焉。臣请敕择取其中古书完者若干部,分别缮写,各自为书,以备著录。书亡复存,艺林幸甚。"(《笥河文集·谨陈管见开馆校书折子》)高宗采纳了他的建议,从此开始大规模从《永乐大典》中辑佚书。关于从《永乐大典》中辑佚古书的数量,说法不尽相同,据曹书杰统计[①],先后从《永乐大典》中辑出之书,录入《四库全书》和登记在《四库全书总目》中"存目"的,计经部71种,史部42种,子部102种,集部175种,小计390种;存目者128种,共计518种(包括校补书26种,未佚书42种)。当时四库馆臣辑出的重要典籍如《元和姓纂》《旧五代史》《建炎以来系年要录》《直斋书录解题》《宋景文集》《彭城集》《宋元宪集》等,都是赫赫有名的著作。而从《永乐大典》中辑出的科技书籍约40多种,详见表7-1。

表7-1 从《永乐大典》中辑出的主要科技著作一览表

序号	朝代	作者	书名与卷数	版本	备注
1	宋	程大昌	《禹贡山川地理图》2卷	(1)	(1) 指海本
2	宋	王安石	《周官新义》16卷,附《考工记解》2卷	(2)(3)(4)	(2) 墨海金壶本 (3) 经苑本 (4) 粤雅堂丛书本
3	唐	樊绰	《蛮书》10卷	(5)(6)(7)(8)	(5) 聚珍版本 (6) 桐花铅刊本 (7) 琳琅秘室丛书本
4	元	瞻思	《河防通议》2卷	(9)(10)	(8) 浙西村舍丛书本 (9) 明辩斋丛书本
5	元	王喜	《治河图略》1卷	(2)	(10) 守山阁丛书本 (11) 榕园丛书重刻聚珍本
6	元	任仁发	《浙西水利议答录》10卷		(12) 知不足斋丛书本 (13) 丛书集成初编本 (14) 涵海本
7	宋	陈武	《江东地利论》1卷		(15) 学津讨原本 (16) 当归草堂丛书本
8	唐	刘恂	《岭表录异》三3卷	(5)(11)	(17) 珠丛别录本 (18) 四库全书珍本初集本
9	宋	周去非	《岭外代答》10卷	(12)(13)	(19) 长恩书屋丛书本 (20) 半亩园刊本 (21) 微波榭刻本
10	宋	赵汝适	《诸蕃志》2卷	(14)(15)	(22) 白芙堂算学丛书本

① 曹书杰:《四库全书采集永乐大典本数量辨》,《图书馆研究》1986年第1期。

序号	朝代	作者	书名与卷数	版本	备注
11	元	官 修	《农桑辑要》7卷	(5)(8)(13)	（23）岱南阁丛书本
12	元	王 祯	《农书》12卷	(5)(13)	（24）嘉靖吴氏刊本 （25）道藏本11卷
13		佚 名	《颅囟经》10卷	(14)(16)(13)	（26）常熟屈氏刻本 （27）四部丛刊本
14	宋	王 衮	《博济方》5卷	(2)(17)	（28）汲古阁影宋本 （29）宜禄堂丛书本 （30）文学古籍刊行社影印 本1935年出版
15	宋	董 汲	《脚治法要》2卷	(18)	
16	宋	董 汲	《旅舍备要方》1卷	(2)(13)(17) (29)(21)	
17	宋	韩祗和	《伤寒微旨论》2卷	(2)(17)(19)(13)	
18	宋	王 貺	《全生指迷方》4卷	(2)(17)(19)(13)	
19	宋	夏 德	《卫生十全方》3卷， 《奇疾方》1卷		
20	宋	东轩居士	《卫济宝书》2卷	(16)	
21		李师圣等	《产育宝庆方》2卷	(14)(16)	
22	宋	李 迅	《集验背疽方》1卷	(18)	
23	宋	严用和	《济生方》8卷	(16)	
24		不著撰人	《产宝诸方》1卷	活字印本(16)	
25		不著撰人	《水牛经》3卷		
26	宋	王 普	《官历刻漏图》2卷		
27	元	赵友钦	《原本革象新书》5卷	(18)	

序号	朝代	作者	书名与卷数	版本	备注
28	晋 唐	刘徽撰,李淳风等注	《海岛算经》1卷	(5)(13)(21)	
29	北周	甄鸾	《五经算术》2卷	(5)(13)(21)	
30	元	李冶	《益古演段》3卷	(12)(13)(22)	
31	宋	宋慈	《洗冤录》2卷	(23)(24)	
32	宋	沈括 苏轼	《苏沈良方》8卷	(5)(12)(13)	
33		佚名	《急救仙方》6卷	(25)	
34	元	萨理弥实	《瑞竹堂经验方》5卷	(16)	
35			《九章算术》9卷	(5)(22)(13)(26)	
36			《孙子算经》3卷	(5)(12)(13)(21)	
37		旧题 夏侯阳	《夏侯阳算经》3卷	(5)(13)(22)	
38	宋	秦九韶	《数学九章》18卷	(13)(29)	
39	宋	张虑	《月令解》12卷		
40	后魏	郦道元	《水经注》40卷		

注:今人胡道静从《永乐大典》残本中辑出宋吴怿撰《种艺必用》和元代张福撰《种艺必要补遗》;朱启钤和刘敦桢从《永乐大典》残本中辑出元代薛景石撰《梓人遗制》这部重要古代工程书;等等,未列入此表内。

以上是从《永乐大典》中辑出的40多种科技著作,实属不易。如戴震一入四库馆,便开始从《永乐大典》将依韵编排而离散错出的古算书逐一加以哀辑整理。他悉心耘治,焚膏继晷,靡间春秋寒暑,历时5年,共辑出《周髀算经》《九章算术》《海岛算经》《孙子算经》《五曹算经》《五经算术》《夏侯阳算经》《数学九章》《益古演段》等9种,以及搜集到的影宋版《张丘建算经》《缉古算经》《数术记遗》校刊后,一并收入《四库全书》,并将前7种收入《武英殿聚珍版丛书》,使这些古算书失而复得,为中国古代算学的存亡继绝做出了杰出的贡献。在戴震辑佚和校勘工作的影响下,随后中国古代算学名著《测圆海镜》《四元玉鉴》《算学启蒙》《详解九章算法》《杨辉算法》等又陆续被发现、校勘,掀起了乾嘉时期研究中国古代数学的高潮。裒辑、校勘古算书,实乃戴震首创,成绩最大,功著千秋。①

第二次较大规模地从《永乐大典》中辑古佚书,要数嘉庆十三年(1808年)开唐文馆时,从《永乐大典》中辑出不少佚文。这里需要提出的是,时任提调兼纂官徐松(1781—1848年)利用辑全唐文之便,辑出《宋会要》约五六百卷,但他未及整理付梓而卒。此后辑稿几经易主,后归吴兴刘承干,乃延请刘富曾等整编,分为初续两编(有删并,已非原貌)。1931年北平图书馆购得此稿,由陈垣主持分编为17门200册,凡800万字,是为今本366卷。《宋会要》所记不仅详于宋代典制,于当时大政往往随文附见,不少方面也超过《文献通考》,含有未见他书记载的珍贵史料甚多,是研究宋代经济、政治最为集中的资料,科技史料价值也很高(1936年北平图书馆和1957年中华书局分别据原稿影印过——中缝处还有"全唐文"字样)。以抄《全唐文》之便从《永乐大典》中辑佚的大部头还有《宋中兴礼书》和《续中兴礼书》150卷。此外,徐松和文廷式还从《永乐大典》中辑出《经世大典》的部分内容:如《大元马政记》《大元仓库记》《大元毡罽工物记》《元代画塑记》《元高丽纪事》《大元官制杂记》等6篇,都已收入《广仓学宭丛书》。

近世从《永乐大典》残本辑佚古书的学者仍有不少。如赵万里辑《元大一统志》《析津志》,张国淦辑出方志60余种,陈香白辑出《潮州三阳志》12卷,徐松辑出佚文200多条等。栾贵明从《永乐大典》残本中辑得别集内容甚多,编辑出版了《四库辑本别集拾遗》(中华书局出版)。他还与别人合编了《永乐大典医药集》,是将《永乐大典》中有关中药的理论和古医方提炼出来,由人民卫生出版社重印;此外还有《永乐大典方志集》,将《永乐大典》残存的方志全部汇集起来。栾贵明编著的《永乐大典索引》,可资参考。

(二)清代其他学者的主要辑佚

自四库馆臣和《全唐文》馆员对《永乐大典》的辑佚后,清代辑佚之学有了很快的发展,很多学者的辑佚都卓有成就。下面仅介绍主要的辑佚。

嘉庆十三年(1808年),清政府开全唐文馆,编修《全唐文》,有名之士多被邀请,严可均(1762—1843年)却未被邀请,心有不甘,乃用27年心血,发奋独自辑校编成《全上古三代秦汉三国六朝文》746卷,共收3 497人作品,分代编成15集:《全上古三代文》《全秦文》《全汉文》《全后汉文》《全三国文》《全晋文》《全宋文》《全齐文》《全梁文》《全陈文》《全后魏文》《全北齐文》《全周文》《全隋文》,以及朝代不明的文章别为《先唐文》1集,网罗广泛。由此可见唐以前现存单篇文章,包括一些史论和子书未见著录者,可作《全唐文》的前接。虽然此书有部分考证不精、真伪不辨、张冠李戴、时有重出等缺点,但作为一部大

---

① 张秉伦:《戴震的科技著作与"治经闻道"》,载《第七届国际中国科学史会议文集》,大象出版社,1999,第104—110页。

书,且是以一人之力辑成,恐在所难免,不宜苛求,尤其是严可均新收文章来自群书,凡新收录皆注明见某书某卷,或再见,甚或数十见,也都一并注出,以备复检。此外严可均还曾校辑诸经逸注及佚子书数十种,合经、史、子、集为《四录堂类集》1 200卷。

黄奭曾辑有《汉学堂逸书考》285种,该书曾雕版,未及印行,恰遭兵乱,版片零落很多。后人搜集版片,加以补阙。光绪年间刘良甫重编目录,成《汉学堂丛书》215种,其中经解逸书考85种,通纬逸书考56种,子史钩沉逸书考74种。[①]另据杜泽逊说:黄奭之《黄氏逸书考》341种291卷,是1934年朱长圻就道光原版增刻本,为黄氏辑佚书较全之本(附刻7种非辑佚书未计)。[②]

《玉函山房辑佚书》是我国最大的一部私家辑佚书,清马国翰辑,全书共739卷,分经、史、子3编,共辑632种。自周秦迄隋唐,凡群经注疏、音义及史传、类书,片言只语,无不搜罗。每一种书首都作一序录,注明本书来历及存佚沿革。民国时王仁俊又增辑了《玉函山房辑佚书续编》和《玉函山房辑佚书补编》14卷400种。另有《十三经汉注》40种40卷,《经籍佚文》116种121卷。

这些仅是几种大型的辑佚书。关于辑佚书的总成绩,可参考孙启治、陈建华《古佚书辑本目录》。其中历算、医、农及其他主要科技著作的辑佚本见表7-2(有些著作往往有多人不同辑本,一并列入,以便查考)。

表7-2　历算、医、农及其他主要科技著作的辑佚本

序号	辑者	书　名	主要版本	备注
1	王仁俊	《盖天说》1卷	玉函山房辑佚书续编·子编·天文类	
2	王仁俊	扬雄《难盖天》1卷	玉函山房辑佚书续编·子编·天文类	
3.1	张溥	张衡《灵宪》	汉魏六朝百三名家集·张河间集	
3.2	王谟	《灵宪》1卷	重订汉唐地理书钞	
3.3	洪颐煊	《灵宪》1卷	问经堂丛书·经典集林	
3.4	马国翰	张衡《灵宪》1卷	玉函山房辑佚书·子编·天文类	
3.5	严可均	张衡《灵宪》	全后汉文 卷55	
4.1	明张溥	张衡《浑仪》	汉魏六朝百三名家集·张河间集	
4.2	洪颐煊	张衡《浑天仪》1卷	问经堂丛书·经典集林	
4.3	马国翰	张衡《浑仪》1卷	玉函山房辑佚书·子编·天文类	
4.4	严可均	张衡《浑天仪》1卷	全后汉文 卷55	
5.1	李锐	汉《乾象术》2卷	李氏遗书	
5.2	黄奭	刘洪《乾象术》1卷	汉学堂知足斋丛书·通纬等	
6	王仁俊	郗萌《宣夜说》1卷	玉函山房辑佚书续编·子编·天文类	
7.1	马国翰	姚信《昕天论》1卷	玉函山房辑佚书·子编·天文类	
7.2	严可均	姚信《昕天论》	全三国文 卷71	
8.1	黄奭	徐整《长历》1卷	汉学堂知足斋丛书·子史钩沉	

① 王余光:《中国历史文献学》,武汉大学出版社,1998,第249页。

② 杜泽逊:《文献学概要》,中华书局,2001,第222页。

序号	辑者	书　　名	主要版本	备注
8.2	傅增湘校	徐整《长历》1卷	说郛（宛委山堂本）卷60	
8.3	马国翰	徐整《三五历记》1卷	玉函山房辑佚书·史编·杂史类	马氏云亦名《长历》
8.4	王仁俊	徐整《三五历记》1卷	玉函山房辑佚书补编	
9.1	严可均	王蕃《浑天象说》1卷	全三国文　卷72	
9.2	王仁俊	王蕃《浑天象说》1卷	玉函山房辑佚书续编·子编·天文类	
10	马国翰	皇甫谧《年历》1卷	玉函山房辑佚书·史编·杂史类	
11.1	马国翰	虞耸《穹天论》1卷	玉函山房辑佚书·子编·天文类	
11.2	严可均	虞耸《穹天论》	全晋文　卷82	与虞昺《穹天论》雷同
12.1	马国翰	虞喜《安天论》1卷	玉函山房辑佚书·子编·天文类	
12.2	严可均	虞喜《安天论》	全晋文　卷82	
13.1	严可均	刘智《论天》	全晋文　卷39	
13.2	王仁俊	刘智《论天》1卷	玉函山房辑佚书续编·子编·天文类	
14.1	严可均	祖暅《浑天论》	全梁文　卷63	
14.2	王仁俊	祖暅《浑天论》1卷	玉函山房辑佚书续编·子编·天文类	
15.1	严可均	姜岌《浑天论》	全晋文　卷153	
15.2	严可均	姜岌《浑天论答难》	全晋文　卷153	实为一书
15.3	王仁俊	姜岌《浑天论答难》1卷	玉函山房辑佚书续编·子编·天文类	
16	王仁俊	《素问佚文》1卷	经籍佚文	
17.1	孙星衍、孙冯翼	《神农本草经》3卷	问经堂丛书；丛书集成初编等	
17.2		《本草经》3卷	四部备要·子部·医家类	
17.3	黄奭	《神农本草经》3卷	汉学堂丛书·子史钩沉·子部·医家类	
17.4	姜国伊	《神农本草经》3卷	守中正斋丛书	
17.5	顾观光	《神农本草经》4卷	武陵山人遗稿·古书遗文	
17.6	王仁俊	《神农本草经》1卷	玉函山房辑佚书续编·子编·医家类	
18	王仁俊	刘安《淮南枕中记》1卷	玉函山房辑佚书续编·子编·艺文类	
19.1	傅增湘校	李当之《药录》1卷	说郛（宛委山堂本）卷106	
19.2	黄奭	《晋李当之药录》1卷	汉学堂知足斋丛书·子史钩沉	
20	王仁俊	郑玄《汉宫香方郑注》1卷	玉函山房辑佚书补编	
21	马国翰	尹□《尹都尉书》1卷	玉函山房辑佚书·子编·农家类	
22	马国翰	蔡癸《蔡癸书》1卷	玉函山房辑佚书·子编·农家类	
23.1	洪颐煊	氾胜之《氾胜之书》2卷	问经堂丛书·经典集林	
23.2	宋葆淳	氾胜之《汉氾胜之遗书》1卷	昭代丛书（道光本）癸集萃编	
23.3	马国翰	《氾胜之书》2卷	玉函山房辑佚书·子编·农家类	

序号	辑者	书　　名	主要版本	备注
23.4	杜文澜	《氾胜之书》	曼陀罗华阁丛书·古谣谚 卷37	
23.5	顾观光	《氾胜之书》	武陵山人遗稿·古书逸文	
23.6	王仁俊	《氾胜之书》1卷	经籍佚文	
24	马国翰	佚名《家政法》1卷	玉函山房辑佚书·子编·农家类	
25	王仁俊	《(齐民)要术佚文》1卷	经典佚文	摘自《漫叟诗话》
26	王仁俊	刘安《蚕经》1卷	玉函山房辑佚书续编·子编·艺术类	
27.1	郝懿行	《相马经》	郝氏遗书·晒书堂笔记	
27.2	郝懿行	《相马经》1卷	玉函山房辑佚书续编·子·艺术类	
27.3	顾观光	《伯乐相马经》	武陵山人遗稿·古书逸文	
27.4	陶　栋	《相马经》1卷	辑佚丛刊	
28.1		宁戚《相牛经》1卷	百川学海(重辑本)癸集	
28.2	郝懿行	宁戚《相牛经》	郝氏遗书·晒书堂笔记	
28.3		《相牛经》1卷	玉函山房辑佚书续编·子部·艺术类	
28.4	顾观光	《宁戚相牛经》	武陵山人遗稿·古书逸文	
29	马国翰	卜式《养羊法》1卷	玉函山房辑佚书·子编·农家类	
30.1		范蠡《养鱼经》1卷	说郛(宛委山堂本) 卷107	
30.2		《养鱼经》	说郛(商务印书馆本) 卷15	
30.3	马国翰	范蠡《养鱼经》1卷	玉函山房辑佚书·子部·农家类	
30.4	顾观光	范蠡《陶朱公养鱼经》	武陵山人遗稿·古书逸文	
31.1		朱仲《相贝经》1卷	说郛(宛委山堂本) 卷97	
31.2		《相贝经》	说郛(商务印书馆本) 卷15	
31.3	顾观光	朱仲《相贝经》	武陵山人遗稿·古书佚文	
31.4	王仁俊	严助《相贝经》1卷	玉函山房辑佚书续编·子编·艺术类	
31.5		朱仲《相贝经》1卷	惜寸阴轩丛钞·土集(清抄本)	
32.1		浮丘公《相鹤经》1卷	说郛(宛委山堂本) 卷107,(商务印书馆本) 卷15等。	
32.2	郝懿行	《相鹤经》	郝氏遗书·晒书亭笔记	
32.3	郝懿行辑 王仁俊补	淮南八公《八公相鹤经》1卷	玉函山房辑佚书续编	
32.4	顾观光	《淮南八公相鹤经》	武陵山人遗稿·古书逸文	
32.5	陶　栋	浮丘公《相鹤经》1卷	辑佚丛刊	
32.6		《相鹤经》1卷	惜寸阴轩丛钞·上集(清抄本)	
33.1		刘安《淮南万毕术》1卷	说郛(宛委山堂本) 卷5	
33.2	孙冯翼	《淮南万毕术》1卷	丛书集成初编·哲学类	
33.3	茆泮林	《淮南万毕术》1卷、《补遗》1卷、《再补遗》1卷	丛书集成初编·哲学类	

序号	辑者	书　名	主要版本	备注
33.4	黄　奭	《淮南万毕术》1卷	汉学堂丛书·子史钩沉·子部艺术类	
33.5	丁　晏	《淮南万毕术》1卷	稿本(北京图书馆)	
33.6	沈小垣	《淮南万毕术》1卷	清抄本,马钊校(南京图书馆)	
33.7	王仁俊	《淮南万毕术》1卷、《补遗》1卷、《附录》1卷	玉函山房辑佚书续编·子编·艺术类	
33.8	叶德辉	《淮南万毕术》2卷	观古堂所著书 第二集,郋园先生全书	
34.1	王　谟	阮籍《乐论》1卷	汉魏遗书钞·经翼 第二册	
34.2	严可均	阮籍《乐论》	全三国文 卷46,另见李吉钧《阮籍集》	
35.1	孙星衍	杨泉《物理论》1卷	丛书集成初编·哲学类	
35.2	孙星衍	杨泉《物理论》1卷、附录1卷	清风室丛刊	
35.3	黄　奭	杨泉《物理论》1卷	汉学堂丛书·子史钩沉·子部儒家类	
35.4	杜文澜	杨泉《物理论》	曼陀罗华阁丛书·古谣谚 卷34	
35.5	王仁俊	杨泉《物理论》	玉函山房辑佚书续编·子编·儒家类	

（三）辑佚的方法

辑佚就是辑录已经散佚的古代著作——佚书或佚文,其目的是使一些古代著作失而复得,力求恢复原貌或恢复部分内容。因此要尽量收全已佚的内容,力求避免漏辑和误辑,当然也要避免重辑。尤其是不能误辑,误辑属于指鹿为马,误辑之害远大于漏辑,漏辑只是不全而已,可由他人补辑。辑佚对保存中国古代文献的贡献是不言而喻的,对后人的研究工作可以说是"功德无量"之举。但辑佚是一门学问,绝非仅是"抄书匠之能事",它要求辑者熟悉文献,非文献学功底深厚者恐难胜任。下面简单介绍辑佚的一般方法。

1.首先是辑佚的取材,也就是佚文何处去查找

就辑佚古代著作而言,主要有以下几种:

（1）类书。古代类书是将古书内容分类编纂而成,保存了大量的古代文献的内容,是辑佚的宝库,尤其是唐宋时期编纂的类书,多存先秦两汉六朝隋唐佚文,是辑录唐宋以前古佚书的重要资料来源。诸如《北堂书钞》《初学记》《艺文类聚》《太平御览》《册府元龟》《玉海》等都是辑佚的宝库。仅就科技著作辑佚而言,农业技术方面的《范子计然》和《氾胜之书》就是因《太平御览》的征引,才使后人能略窥其梗概。明初编纂的《永乐大典》虽然稍晚一些,但它收集宋元以前重要图书七八千种,清代编《四库全书》已从中辑出388种,其中科技著作就有40多种。

（2）古注。历史上很多古注往往旁征博引,保存了不少已佚古书的内容或只言片语。其中郦道元《水经注》、《世说新语》刘孝标注、《文选》李善注、《史记》三家注(南朝宋

裴骃集解,唐司马贞索隐和张守节正义)、《三国志》裴松之注、《后汉书》刘昭注以及《十三经注疏》所引汉魏六朝旧注等,都是辑佚工作特别值得重视的古注。

（3）小学类的古书。如《原本玉篇》《一切经音义》《经典释文》等,也是辑佚工作不可忽视的。

（4）子史群书,尤其是隋唐以前的古书,也是辑佚取材对象之一。由于这类书比较分散,查找佚文比较困难或比较费时,但其辑佚价值是值得重视的。例如《开元占经》就有不少佚书引文;《齐民要术》中有一条资料,现有《淮南万毕术》的几个辑本均未辑入。

（5）考古出土文物和石室秘藏的佚书,包括金石、简牍、帛书、敦煌纸卷等。其他为总集类《文选》《故苑》《文苑英华》《玉台新咏》《唐文粹》等是辑佚诗文不可或缺的重点;杂纂杂抄,甚至地方志等都可作为辑佚取材对象,不再赘述。

2. 其次是如何辑佚,或者说辑佚的具体方法和步骤是什么

（1）在正式动手辑佚之前,要对拟辑佚的古书进行调查,包括作者和书名、卷数、价值等。其中价值是确定某人某书是否值得辑佚的重要标准之一,一般来说没有价值或价值不大的书可以不辑或缓辑;另外还要调查前人是否有过辑佚,已有辑本,甚或多个辑本并存的情况下,除非已发现存在重要缺失或错误,否则暂不列入辑佚对象。

（2）确定查找佚文的初步范围,认真查找,发现佚文,随时摘录,并在佚文下注明出处,一定要注到书名、卷次、篇名,如果注明版本、页码更好! 随录随校,这对保证辑佚质量和今后校对工作是非常重要的,而且可以节省很多时间。

（3）分类整理。所辑佚文,往往因各书所引内容侧重不同,所引原文就有别;即使相同内容,各书所引原文字也有大同小异、详略不同,需要分类整理,将内容相同的佚文排列在一起,形成佚文资料长编,以便下一步分析和校勘。

（4）通过对所辑佚文及其出处的分析,可以选出底本。通常是选择时代较早,引文最多、最详,文意比较正确的著作(典籍)为底本。同一条佚文,均以底本为基础,以其他著作所引佚文作为补充、校勘之用。对于各书中异同,辑者可择善而从,但切不可轻易删去自以为的错字错句,应在校注或夹注内说明。

（5）恢复篇第。佚文散见各书、东鳞西爪、不相连续,这就要求辑者参照他书,考其体例,分类排列,方可成编。恢复篇第,难易不一,如果底本较好,可依底本为基础,参照其篇目,厘定成编,以其他本佚文充实到各卷中,补阙定误即可。如果底本和其他各本内容都很分散,难以评估原书原貌,在不得已的情况下,可根据辑者理解,自行分类条编,但须在序言中加以说明,以免误导读者。[①] 刘琳、吴洪译著《古籍整理学》(四川大学出版社,2003 年)有关辑佚的步骤和方法甚详,可资参考。

三、纪版本(缺)

---

① 参见洪湛侯:《中国文献学新编》第 5 章,杭州大学出版社,1994。

第八章　关于科技文献的标点问题

古人著书、作文，不加标点符号，而读者或教书人则需"句读"。"句"，即句中或句末的停顿，相当于现代用逗号或句号的地方；"读"，即并列词或词组之间的小停顿，相当于现代用顿号的地方。《礼记·学记》中说"一年视离经辨志"，这里的"离"就是断句、分清句读的意思。古人有时也使用过一些简单的句读符号，对古书进行"点书""点句"。例如宋代皇帝读书所用的本子往往先由学者"点句"。如范祖禹《范太史集》卷14，《点〈论语〉劄子》："臣等昨进讲《论语》，伏见旧本点句差误不少。臣等虽逐受改正，尚未能尽。窃虑御前见用本亦有误点，欲乞降付讲筵所，臣等参详改正进入，以备温览。"馆阁所藏之书，在校勘的同时也要点句。据岳珂《刊正九经三传沿革例》说，南宋建阳的一些刻本也仿馆阁校书式加了点。读书人一边读书，一边加点比较普遍。《宋史·何基传》云："凡所读，无不加标点，义显意明，有不待论说而自见者。"这可能是"标点"一词的最早出现。而且对标点主要作用也说得相当正确。可惜古人没有把这种做法加以发扬，所以我们今天所见古代线装书（包括科技著作）几乎都是没有标点的书。吕叔湘先生说："标点是整理古籍的第一关"。科技史工作者研读古籍，无论是一段有价值资料的引用，还是某本古代科技专著的标点、校勘，标点是必不可少的。

正确标点古代科技文献，首先要求标点者要有广博的学识，正如唐人李匡乂说："学识如何，观点书"。说明标点绝非小技，而是学术水平的反映。对科技文献的标点至少要具备古汉语知识、历史知识、地理知识和相关科技知识。另外，还要有严谨的学风，要认真、仔细，理解了文意后才能标点；遇到难断的句子，更要认真阅读原文，反复推敲，切不可妄然武断，也不能简单地利用所谓"规律"，凡遇"之乎也者矣焉哉"之类的字样，一律用逗号、句号或问号点断[①]；初步标点而无把握时，还要反复斟酌其是否合于文理、事理或事实，上下文是否可通，是否符合原文的脉络与层次等，当然也可以请教高手。但是标点古文并非易事，正如鲁迅先生所说："标点古文不但使应试学生为难，也经常害得有名的学者出丑。"可谓深知甘苦之言。鲁迅先生对中国古代文学有极深的研究，但他所辑录的《古小说钩沉》在标点时仍然有不少错误；中华书局出版的《二十四史》标点本，是集中全国最有名的历史学家进行标点的，但初版中仍有不少错误；1956年《资治通鉴》标点本，虽然有聂崇岐、王崇武、容肇祖、齐思和、顾颉刚、张政烺、周一良、邓广铭等著名学者参加标点，同样错误不少。后经叶圣陶、吕叔湘等对《资治通鉴》的标点做过一次检查，吕叔湘写了一篇《〈资治通鉴〉标点斠例》，共选出132例错误，分为30类。吕叔湘先

---

① 陈新：《请提高质量》，《读书》1983年第11期。

生非常重视古籍标点,近年写了不少批评古籍标点错误的文章,后集成一本,名曰《标点古书评议》①,值得一读。另外,刘琳、吴洪泽著《古籍整理学》②,专门写了一章"古籍标点",也值得一读。我们这些理工科出身的科技史工作者,学习这两本著作,肯定可以从中获益良多。此外,科学史专家汪前进先生对郭郛、李约瑟、成庆泰著《中国动物学史》中标点错误批评一文,也为我们做出了榜样。

下面从他们著作中选出一些与科技史有关的标点错误,间附笔者发现的典型标点错误,以供借鉴。

(一) 1956 年版《资治通鉴》中科技史料的标点错误

1. "岭南尝献入筒细布一端八丈,……"(P3745)

应于"细布"后加逗号,若无逗号则所贡者仅一端而已,不近情理;有逗号则"一端"作"每一端"讲。端之长有一丈六尺、二丈、六丈诸说,八丈而仍"入筒",极言其细也。

2. "渠绕兴安界,深不数尺,广丈余,六十里间,置斗门三十六,土人但谓之斗舟,入一斗则复闸,斗伺水积渐进,故能循岸而上,建筑而下,千斛之舟,亦可往来。"(P8106 胡注引《桂海虞衡志》)

斗门的作用是启闭闸门,使水面逐段升降,以便通航。原文中"斗舟""斗伺水积渐进"皆费解,应改为"土人但谓之斗。舟入一斗则复闸一斗,伺水积渐进"。疑脱"一"字。

(二) 安徽黄山书社的点校本《尔雅翼》中的标点错误

扬子云亦云:"螟蛉之子殪而逢蜾蠃,祝之曰:类我类我,久则肖之矣。"唯陶(弘景)隐居云:"今一种黑色,腰甚小,衔泥于人壁及器物边作房,如并竹管,其生子如粟大,置中乃捕取草上青蜘蛛十余枚满中,仍塞口以拟其子,大为粮也。其一种入芦竹管中者,一名蜾蠃,亦取草上青虫,《诗》之螟蛉有子,蜾蠃负之,言细腰蜂无雌,皆取青虫教祝,便变成其子,斯为谬矣。"

这段引文标点符号有多处不当,其中"仍塞口以拟其子,大为粮也"是典型的破句。破句是古籍标点的硬伤,不但文义不通,而且把陶弘景的进步认识又拉回到圣人郑夫子尤其是扬子云时代的错误上去了,好像细腰蜂还是取青蜘蛛,"以拟其子",这是极其错误的。现将该段原文重新标点如下:

"扬子云亦云:螟蛉之子殪而逢蜾蠃,祝之曰:'类我!类我!'久则肖矣。"唯陶(弘景)隐居云:"今一种黑色,腰甚小,衔泥于人壁及器物边作房,如并竹管。其生子如粟大,置中。乃捕取草上青蜘蛛十余枚,满中,仍塞口,以拟其子大为粮也。其一种入芦竹管中者,一名蜾蠃,亦取草上青虫。诗之'螟蛉有子,蜾蠃负之。'言细腰蜂无雌,皆取青

---

① 吕叔湘:《标点古书评议》,商务印书馆,1988。

② 刘琳,吴洪泽:《古籍整理学》,四川大学出版社,2003。

虫教祝,便变成其子,斯为谬矣。"

（三）上海人民出版社 1984 年版标点本《王国维校水经注校》中的当断不断,而不当断又断的错误

"徐水屈东北径郎山,又屈径其山南,岑山兢举,若竖鸟翅立,石崭巖亦如剑秒,极地险之崇峭。"

这样标点,使整个句子不知所云,又属于典型破句。应改为

"徐水屈,东北径郎山;又屈,径其山南岑。山岑兢举,若竖鸟翅,立石崭巖,亦如剑抄,极地险之崇峭。"

又如:

"(清水)南流西南屈瀑布,垂岩悬河,注壑二十余丈,雷扑之声震动山谷,左右〔石〕壁层深,兽迹不交,隍中散水雾合,视不见底,南峰北岭,多结禅栖之士,东岩西谷,又是刹灵之图,竹柏之怀,与神心妙达仁智之性,共山水效深,更为胜处也。"

如此标点,简直不知所云。其主要原因是没有读懂原文,也未注意到《水经注》多用骈体的特点,以致一逗到底,而且多处误断。标点者昏昏,岂能让读者一看便明白呢?这种标点不但无助于读者阅读,而且可能误导一般读者。刘琳、吴洪泽著《古籍整理学》改断如下:

"(清水)南流,西南屈。瀑布垂岩,悬河注壑,二十余丈,雷扑之声,震动山谷。左右〔石〕壁层深,兽迹不交;隍中散水雾合,视不见底。南峰北岭,多结禅栖之士;东岩西谷,又是刹灵之图。竹柏之怀与神心妙达,仁智之性共山水效深。更为胜处也。"

骈体起于汉魏,形成于南北朝。通常以双句(即俪句、偶句)为主,讲究对仗、声律和藻饰。其以四六字相间定句者,世称四六文,即骈文中的一体。

（四）中华书局标点本《张耒集》页 874《庞安常墓志铭》中百余字一逗到底,致使眉目不清

例:

(庞安常)又曰:"予欲以其术告后世,故著《难经解》数万言,观草木之性与五脏之宜,秩其职位,官其寒热,班其奇偶,以疗百疾,著《主对集》一卷,古今异宜,方术脱遗,备伤寒之变,补仲景《伤寒论》,药有后出,古所未知,今不能辨,尝试有功,不可遗也,作《本草补遗》一卷。吁,其备矣。"

这一段是庞安常自述他的著作,并略述其内容。断句未错,但由于标点者未弄清层次,百余字之文一逗到底,致使眉目不清。宜将"著《难经解》数万言""著《主对集》一卷""补仲景《伤寒论》"之后的逗号改为句号或分号。

传统医药学,专业性很强,非中医药专业的标点者经常出错,下面再举一例,中华书

局标点本《游宦纪闻》第43页：

"按《本草》,薏苡仁上等上上之药,为君主养命,多服不伤人。"

如此标点,好像薏苡仁专为"君主"养命,"多服不伤人"。其失误的主要原因是不知中医配伍方剂学中有君、臣、佐、使之分。此句宜点作：

"按《本草》:薏苡仁,上等上上之药,为君,(或。)主养命,多服不伤人。"

（五）1957年中华书局出版的《新校正梦溪笔谈》排印本中有些标点错误,而1975年科学出版社的《梦溪笔谈选读》有所改正

《新校正梦溪笔谈》1957年版

（1）日月相值,乃相陵掩。正当其交处则蚀;而既不全当交道,则随其相犯浅深而蚀。（校正84）

《梦溪笔谈选读》1975年版

日月相值,乃相陵掩。正当其交处则蚀而既,不全当交道,则随其相犯浅深而蚀。（选读74）

按："食而既"是"全食"的意思,不当断开。

（2）后因伐木,始见此山,山顶有大池。相传以为雁荡下有二潭水,以为龙湫。（校正238）

后因伐木,始见此山。山顶有大池,相传以为雁荡;下有二潭水,以为龙湫。（选读42）

按："山顶有……;下有……"层次清楚,"校正"本欠当。

（3）月本无光,犹银丸,日耀之乃光耳。光之初生,日在其傍,故光侧而所见才如钩;日渐远,则斜照,而光稍满如一弹丸。以粉涂其半,侧视之,则粉处如钩;对视之,则正圆。（校正238）

月本无光,犹银丸,日耀之乃光耳。光之初生,日在其傍,故光侧而所见才如钩;日渐远,则斜照,而光稍满。如一弹丸,以粉涂其半,侧视之,则粉处如钩;对视之,则正圆。（选读42）

按:月"光满"是个正圆面,不会如"弹丸";"以粉涂其半","其"指何物呢？难道能将月亮以粉涂其半？下文也不通;《选读》本改正是对的。

（4）如云'一木五香:根旃檀、节沈香、花鸡舌、叶藿、胶薰陆'。此尤谬。旃檀与沈香,两木元异。鸡舌即今丁香耳,今药品所用者,亦非藿香,自是草叶,南方至多。薰陆,小木而大叶,海南亦有薰陆,乃其胶也,今谓之乳头香。五物迥殊,元非同类。（校正238）

如云'一木五香:根旃檀、节沈香、花鸡舌、叶藿、胶薰陆'。此尤谬。旃檀与沈香,两木元异;鸡舌即今丁香耳,今药品所用者亦非;藿香自是草叶,南方至多;薰陆,小木而大叶,海南亦有薰陆,乃其胶也,今谓之乳头香。五物迥殊,元非同类。（校正238）（选读42）

按:《校正》本第三句在"者"字后断,而不在"非"字后断,文义不通,《选读》本改正甚是;另外,"海南亦有"后应断,"薰陆乃其胶也"中间是不应点断的。[①]《选读》本也沿袭了《校正》本之误。文中两个"元"字,后人作"原",可作"本来""原先"解释。

---

① 以上4条,参见吕叔湘:《标点古书评议》,商务印书馆,1988,第79,81页。

第九章　关于避讳

　　古人在书写或言谈时避免直接出现帝王或尊长的名字,称为避讳。古书上因避讳而出现的字,称为讳字。这是中国封建制度在文化领域的反映,也是中国古代特有的社会习俗。

　　避讳源于何时,尚难定论。远在周代可能就开始讲究避讳了。《周礼·春官》载"则诏王之忌讳",东汉郑玄注曰:"先王死日为忌,名为讳。"所谓"诏王之忌讳",意思是说:晓谕臣民知道忌日,不能作乐;知道名讳,不能称说。大概当时只避真名,不避嫌名。如《礼记·曲礼上》载"礼不讳嫌名"(嫌名,谓姓名中声音相近的字,如禹与雨、祯与贞等),宋洪迈《容斋随笔》卷11"帝王讳名"条便说避讳起于周代。秦汉时期,避讳事例日增,不但避名讳,而且连嫌名也要避了,如《史记·秦楚之际月表》中因避秦始皇"政"讳,改"正月"为"端月";又如汉宣帝名询,连著名学者荀卿(即荀子)也被时人改为"孙卿"了。从此,避讳习俗断断续续,时宽时严,但总体来看前后垂延了 2 000 年。其中以唐宋以后盛行避讳,尤以两宋、明代万历以后,清代康乾时期避讳制度最严。宋程大昌在《演繁露》中说:"时君之名,则命为御名;若先朝帝名,即改名为讳,是为庙讳。"封建时代皇帝和先王的名字神圣不可侵犯,《唐律疏议》明确规定:"诸上书若奏事,误犯宗庙讳者,杖八十。"朝廷命官犯讳都要"杖八十",一般人岂敢以身试法?否则轻者革职除名,重则家破人亡。如乾隆四十二年(1777年),江西举人"王锡侯《字贯》案",上谕中说"阅其进到之书(按即《字贯》)……竟有一篇将圣祖、世宗庙讳及朕御名字样开列,深堪发指,此实大逆不法……罪不容诛,即应照大逆律问拟。"下面列举科举考试中犯讳两条资料,以窥一斑:其一,金代著名医家张元素27岁试经义进士,就因为犯庙讳而落第;其二,清桐城吴肖元《童子问路·犯讳字例预宜讲明》载考试规定:"多一点(即避讳该缺一点而未缺者),则主考罚俸,房官革职,本生停科。"也就是说,考生用到应避讳之字该缺一点而没有缺一点,不但考生要"停科",而且考官也要"罚俸""革职",可见监考查讳之严。

　　历史上避讳习俗是非常复杂的。

　　(1)避讳的范围各不相同:有的只避当朝皇帝本名,有的还要避同音字或近音字的嫌名,有的新旧名都要避,甚至皇帝的父亲、祖父、尊祖、高祖、始祖之名也要避讳;更有甚者还要避皇室外戚家之讳的;地方官和名人避讳或避家讳者也不少见。

　　(2)讳字多少悬殊很大:有的书中只有一种讳字,有的书中讳字多达数个、十余个,甚至个别的书中讳字多达56个,如孝宗淳熙刊淳祐修小字本《资治通鉴纪事本末》。

　　(3)避讳的方法多种多样,一般以改字、缺笔和空字为常见,但据张秀民先生总结:

宋代避讳方法约有10种,除缺笔、改字者外,还有注御名或庙讳、缺笔加圆围、黑围不缺笔、黑地白文、空阙、去偏旁、作从某、删字等。①

下面介绍3种最常见的避讳方法。

(1) 改字。用改字的方法来避讳,不仅是最常见的避讳方法,而且也是最难识别的一种方法,在研读古文献时尤其值得注意。此法大约到秦代就很盛行了。《史记·秦始皇本纪》载:"二十三年,秦王复召王翦使将击荆。"据张守节"正义"曰:"秦号楚为荆者,以庄襄王名子楚,讳之,故言荆也。"又秦始皇名政,故改"正月"为"端月",这是避嫌名的早期例证。同样琅琊台刻石曰"端平法度""端直敦忠",也都是以"端"代"正"。汉承秦制,汉高祖名邦,故改邦为国。如《论语·微子》"何必去父母之邦",汉代改为"何必去父母之国";汉惠帝名盈,汉改"盈数"为"满数";汉文帝名恒,故改"恒山"为"常山";商代纣王之兄为"微子启",但因汉景帝名启,故改为"微子开";汉光武帝名秀,故改"秀才"为"茂才"……有的朝代连从"某"字也得改。如唐太宗名世民,因避讳,不但改"世"为"代",改"民"为"人"或"甿",而且从"世"或从"民"之字也要改,如从"世"之字改从"曳"(《太素》注文"殢泄"作"殢洩"),从"民"之字改从"氏"("緡"作"緍")。据《旧唐书》记载,唐太宗深叹避讳改字"有违经典",曾在武德九年(626年)甲子被立皇太子时下令说:"依礼,二名不偏讳。近代以来,两字兼避,废阙已多,率意而行,有违经典。其官号、人名、公私文籍,有世民两字不连续者,并不须讳"。此后改名之风一度有所收敛。看来避讳之风可能是左右大臣们为了拍马屁而推波助澜,才越来越复杂的。

(2) 缺笔。后人避孔丘讳,除改"丘"为"邱"外,还有把"丘"写成"丠";唐代避太宗李世民讳,也有把"世"写成"卋"或"丗";宋人避太祖赵匡胤讳,把"胤"写成"胤"或"亂";清人避康熙帝玄烨讳,把"玄"写成"玄",等等。缺笔避讳虽然使字残缺不全,但容易识别。

(3) 空字(或曰某,或作口)。如因避讳汉文帝之子汉景帝启字,《史记·汉文帝本纪》改"启"为"某":"子某最长,请建以为太子"。《南唐书》因避梁武父萧顺之讳,凡"顺"字皆改为"从",遇"顺之"则空字。在《豫章文献王嶷传》里,嶷《上武帝启》中有"前侍幸口宅"语。口下注"顺之,宋本讳"五字,可见"幸口宅"就是"幸(萧)顺之宅"。这也说明避讳而出现的空字"口"未必都是一个字。

避讳的各种方法,有时在同一朝代是几种方法同时使用,改字和缺笔同时使用者较为常见。清代避康熙帝玄烨讳除缺笔外,也有改字避讳的。清代医籍中对"玄参""玄明粉""玄胡索""玄府"(即汗孔)等名词术语也有分别改为"元参"、"元明粉"、"元胡索"(即延胡索)、"元府"的。

避讳方法多种多样,讳字甚多,特别是宋代对嫌名的避讳很严,与本字同音或读音相近的字也要避。根据宋理宗绍定间官修《礼部韵略》所载:为避宋仁宗赵祯讳,不仅要避本字"祯",而且连音同、音近的字,如桢、贞、侦、徵、旌、癥等也要避;高宗赵构,其避讳的字包括了遘、购、诟、句、彀等共55字。因此,由于避讳而改的字很多(初步统计中国历

---

① 张秀民:《中国印刷史》,上海人民出版社,1989。

代帝王宫廷避讳者至少有350多人,因避讳而改写的更多),不但给书写者、刻字工增添了麻烦,稍有不慎,便会犯罪受罚,而且造成了书中诸多错乱,"鲁鱼亥豕"。更给后人阅读理解造成了困难,甚至产生了错觉。现将历史上避讳现象初步归类如下。

1. 因避讳而改姓

前述荀卿(荀子)因避汉宣帝刘询讳改为孙卿,就是此例。另外,郑樵《通志·氏族略》中总结了13例避讳改姓氏,如庄氏因避汉明帝刘庄讳改为严氏;庆氏因避汉安帝父(清河孝王刘庆)讳改为贺氏;姬氏因避唐明皇(李隆基,姬属嫌名)讳改为周。《挥尘前录》更记有一姓改成数姓的混乱情况:"太上皇帝(即宋高宗赵构)中兴之初,蜀中有大族犯御名之嫌者,而游宦参差不齐,仓卒之间,各易其姓。仍其字而更其音者,勾涛是也;加金字者,钩光祖是也;加纟字者,绚纺是也;加草头者,苟谌是也;改为句者,句思是也;增而为句龙者,如渊是也。繇是析为数家,累世之后,婚姻将不复别。"

2. 因避讳而改名,相当普遍

改名的方法主要有3种情况:有的是改称字,如《新唐书·刘知幾传》:"刘子玄名知幾,以玄宗(李隆基)讳嫌,故以字行。"有的是去一个字,如《新五代史·前蜀世家》:"黔南节度使王肇。"这里的王肇实为王建肇,因避蜀主王建讳,删掉了"建"字,只称肇。同样著名医学家陶弘景,因避宋太祖父名(弘殷)讳,而删掉了"弘"字成了陶景(见《开宝重订本草序》)。但更多的是改字,如《南齐书·萧景先传》:"本名道先,建元元年乃改避上(即南齐高帝萧道成)讳。"有时因避讳,一个人名字改成了多个名字,如元代著名农学家王祯的名字在清代不同著作或《农书》的不同版本中出现过三四种写法。如康熙《江南通志》因未避讳仍作王祯,而乾隆《江南通志》、同治《广丰县志》均作王贞,乾隆《宁国府志》又作王桢;同治《广信府志》更作王正等,极其混乱,如果不结合他的著作,则可能认为是不同的人。如果不知避讳,则易认为是错字。甚至今人著书作文时仍有讹作王桢者,而给学者以不知避讳之笑柄。不知避讳,有时会将一人误认为两人,特别是对外国人来说更是如此。如唐《新修本草》主要作者苏敬,有的版本因避讳宋太祖赵匡胤祖父讳,改"敬"为"恭"。但《旧唐书·经籍志》下著录苏敬著作《新修本草》等均用苏敬而俱不避讳。可是李时珍《本草纲目》未加说明,亦未核考,沿用苏恭之名,难道明代还在避宋讳吗?以至李约瑟《中国科学技术史》在引用《本草纲目》时也沿用了李时珍之误。这样苏敬和苏恭就好像成了两个人了。又如台湾黄一农先生发现《清史稿》不知避讳而将吴明炫与吴明烜误为兄弟,实乃吴明炫为避康熙帝玄烨讳,改"炫"为"烜"(xuǎn),字中博,沈抄本《阄志》称"中傅",与刘抄本"中博"字形相近,不知何者正确?黄一农先生能发现《清史稿》中不知避讳误将一人当作两人实为不易,对字"中博"与"中傅"不知孰是孰非,姑且存疑也是可以的。笔者认为,此乃不知字号与名字关系所致。"烜"是盛大之意,故字应为"中博",而不应是"中傅"。正如沈括,字"存中"。"括"只能读作"guā"(盛容的意思),而不能读作"kuò"(矢之尖端)、"huò"(相逢的意思),否则与"存中"不一致。

3. 因避讳而更改地名

三国吴大帝孙权的太子名和,改"禾兴县"为"嘉兴县"(在浙江);三国景帝避"休"改"休阳县"为"海阳县";晋愍帝名业(邺),改"建业"为"建康"(今南京);避隋高祖父(忠)字讳,改"中牟县"为"内牟";避隋炀帝(广)字讳,改"广川县"为"长河县",改"广武县"为"雁门县";唐代宗名豫,改"豫州"为"蔡州"(今河南汝南);唐德宗名适(音括),改"括州"为"处州"(今浙江丽水地区),改"括苍县"为"丽水";宋太宗名光义,改"义兴县"为"宜兴县"等,一直沿用至今,可见影响之大。避宋孝宗眘讳,改"慎县"为"梁县"(今肥东县梁园一带)。

4. 因避讳而更改干支和节气之名

唐高祖之父名昞,故在唐代嫌讳丙,凡遇"丙"字多改为"景"。如杨上善撰注《黄帝内经太素》,凡注文中"甲乙丙丁"皆作"甲乙景丁";另外唐修八史:《晋书》《梁书》《陈书》《北齐书》《北周书》《隋书》《南史》《北史》中,丙均作景。又阜阳双古堆出土汉简《天历》中有"四启"——"启春""启夏""启秋""启冬",而同墓出土的一个式盘上却写有"立春""立夏""立秋""立冬"。为何同墓出土的文物中"四启"与"四立"互见?研究者费了很大劲才知道汉时书写为了避汉景帝刘启之名讳,才改"启"为"立"的。从此,"四立"沿用至今。清代避讳"危"而将危星的"危"字改为"枵",很容易使读者误认为是两颗星。

5. 因避讳而改物名

据《史记·封禅书》载:吕后名雉,因改呼雉为野鸡。《隋书·刘臻传》载:刘臻性好啖蚬,因音同父讳(名显梁,寻阳太守)而呼为"扁螺"。《野客丛书》载:"杨行密据扬州,扬人呼蜜为蜂糖"。唐避高祖李渊祖父讳(虎),改虎为兽、为武、为豹或为彪,更为荒唐:虎、豹为两个物种,虎与武、彪意思相去甚远。薯蓣因避唐代宗名预讳,改为薯药;后因英宗讳曙,又改为山药。因此,《尔雅翼》载:"预药似蓣,盖尝以为贡。唐氏讳预,至本朝治平间复讳具上,今谓之山药。"如果不知避讳,初学者很容易将预药和山药误以为两物,甚至三物。

6. 因避讳而改书名

三国魏张辑撰《广雅》10卷,为增广《尔雅》而作。因避隋炀帝杨广讳而改名《博雅》,隋曹宪为本书增加音切,间作释义之简短补正,他的新作取名《博雅音》。清代避高宗弘历讳,改《时宪历》为《时宪书》等。

7. 因避讳而更改常语

晋人避景帝(名师)讳,改称"京师"为"京都";唐人避太宗讳,改称"厌世"为"厌代"、"世官"为"代官"、"除名为民"为"除名为百姓"等。另据《老学庵笔记》载:"田登作郡,自讳其名,举州皆谓灯为火。上元放灯,许人入州治游观,吏遂书榜曰:'本州依例放火三日'。"民谚曰:"只许州官放火,不许百姓点灯",即源于此。

8. 因避讳而更改官名

《晋书·职官志》载:"太宰、太傅、太保,周之三公官。魏初唯置太傅,以钟繇为之;末年又置太保,以郑冲为之;晋初以景帝(名师)讳故,又采用周官官名,置太宰以代太师之任,秩增三司,与太傅、太保皆上公。"又《旧唐书·高宗纪》载:"贞观二十三年六月,改民部尚书为户部尚书,七月改治书侍御史为御史中丞、改诸州治中为司马、别驾为长史、治礼郎为奉礼郎。"这是由于贞观二十三年(649年)唐太宗世民卒,高宗李治继位而避讳造成的。为避宋钦宗赵桓讳,齐桓公改为"威公"等。

9. 因避讳而改族名、年号,甚至国名

例如避辽兴宗"宗真"讳,改"女贞"族为"女直"族;避清高宗弘历讳,改"弘治"年号为"宏治";据说,为避金太子光英讳,还改"英国"为"寿国"等。

10. 很多文人避家讳,著书时而改字

例如司马迁之父名谈,《史记·赵世家》改"张孟谈"为"张孟同",《佞幸传》改"赵谈"为"赵同";范晔的父亲名泰,《后汉书》改"郭泰"为"郭太","郑泰"为"郑太";淮南王刘安的父亲名长,即改"长"为"修",故《淮南子·齐俗训》引《老子》"长短相形,高下相倾",作"高下相倾,短修相形"等。凡此种种,难以尽述,仅此列举,以窥一斑。

总之,避讳类型五花八门,弊端甚多。但如果掌握了避讳知识,完全可以加以利用。因为各朝的讳字几乎不相同,正好成为这个时代的标志之一。过去已有不少学者通过对历代讳字的研究,发现利用讳字可以作为判断成书时代或版本时代的又一重要依据。其成绩最著者当数陈垣《史讳举例》,他在该书的序言中深有体会地指出:避讳习俗"其弊足以淆混古文书,然反而利用之,则可以解释古文书之疑滞,辨别古文书之真伪及时代,识者便焉"。这就明确指明了讳字在鉴定古文书真伪和版本年代方面的重要作用。下面试举几个科技文献方面利用讳字鉴定文书年代或版本的例证,以窥一斑。

避讳在出土简牍帛书的抄写年代推断、古籍校勘、版本鉴别等方面都有很大的应用价值,应该充分加以利用才是。现列举数例,以窥一斑。

1. 利用讳字推断书籍抄写年代

1973年12月,长沙马王堆出土的帛书《老子》乙本,字为隶书,书中避刘邦讳,改"邦"为"国",而不避惠帝刘盈讳。考古学者据此推断该帛书《老子》抄写年代可能在惠帝之前或吕后时期,约前194—前180年。又该墓下葬年代,据同时下葬的木牍纪年,认为是汉文帝十二年(前168年),两相参照,此帛书抄写年代的推断是比较合情理的。(按:定在惠帝即位之前可能更合理一些。)

石云里在《朝鲜传本〈步天歌〉考》中发现歌辞和分区星图中北方斗宿的"建星"(四见)全部改名为"立星",而且西方毕宿中"旗下直建九斿连"的"建"也改为"立"。这显然是避高丽开国之君王建(918—942年在位)之讳,因为高丽早期有"文物礼乐,悉遵唐制"的规定,结合《高丽史·天文志》从1032年至1352年10月的19条记录中所有建星都未改,只有1306年2月甲晨星犯建星被记作"荧惑犯立星"(可能是疏忽所致),因此推断朝鲜本《步天歌》可能抄于918—1032年,甚或就是高丽王王建在位期间(918—942年)抄写的。

2. 利用避讳断定古书成书朝代

虞世南(558—638年)在隋任秘书郎,入唐任秘书监、弘文馆学士等职,撰有《北堂书钞》160卷。《四库全书》类书类署为唐虞世南撰,并置于唐《艺文类聚》之后。如果说虞世南入唐仍仕,署为唐人符合《四库全书》惯例的话,但置于《艺文类聚》之后则误焉。因为《北堂书钞》中避隋讳,所以南宋陈振孙《直斋书录解题》中称"此书成于隋世"是对的,而且《隋志》中亦录《北堂书钞》。今学者多从陈说,并认为《北堂书钞》是"现存古代最早之类书"。

又《汉志》载《墨子》71篇,宋亡9篇,后又亡10篇,余53篇,即《道藏》残本。该书中避宋讳。毕沅指出《道藏》本"知即宋本";孙诒让曰:"按疑明诸本皆出《道藏》","至明正统十年刊行《道藏》,世遂重见十五卷之全书"。这就表明宋本《墨子》唯赖《道藏》才得以保存而流传至今。

3. 利用犯讳而知有衍文、脱文

《晋书·后妃传》载:"成恭杜皇后讳陵阳,改宣城陵阳县为广阳县。"我们知道晋代避皇后之讳甚严,如果杜皇后讳"陵阳",怎么会只避改一"陵"字呢?据《宋书·州郡志》载:"广阳令,汉阳县曰陵阳,晋成帝杜皇后讳陵,咸康四年更名。"今把两史所记互相校核,则知杜皇后本讳"陵",而《晋书》所说"讳陵阳",是因为涉及所改县名而误衍一"阳"字。

4. 利用避讳而判别作品的真伪

汉李陵诗:"独有盈觞酒,与子结绸缪。"《古文苑》所载枚乘《柳赋》:"盈玉缥之清酒。"两诗中的"盈"字都犯了汉惠帝的讳。故顾炎武《日知录》说:"(李陵、枚乘)二人,皆在武、昭之世,而不避讳,可知其为后人之拟作,而不出于西京矣。"[①]

5. 利用避讳而判定作品作者的朝代

《黄帝内经太素》到底是隋书还是唐书?撰注人杨上善,到底是隋人还是唐人?历来众说纷纭。杨上善的爵里时代,正史没有记载。《太素》一书,最早见于新、旧《唐志》,也都没有标明时代。但从书中只避唐讳不避隋讳,可判定《太素》为唐书、杨上善为唐人。

隋文帝讳坚,隋炀帝讳广,而《太素》不论经文、注文,都一律不避。反之,凡唐高祖、唐太宗、唐高宗3个皇帝的名讳,则一律都避,连高祖父亲的名讳也避,与唐代其他作品一致。如"太渊"作"太泉","渊液"作"泉液","甲乙丙丁"皆作"甲乙景丁";凡经文中出现"世"字、"民"字,注文中一律改用"代"字、"人"字;经文中出现"治"字,注文中就一律改用"理"字或"疗"字。甚至在《太素·四时脉诊》"脱血而脉不实不坚,难疗也"这样一条

---

① 段逸山主编《医古文》,上海科技出版社,1984,第384页。

包含隋唐二讳的同一注文中,"坚"为隋讳,不避,"治"为唐讳,避之(经文为"治",注文改为"疗"),可谓泾渭分明。由此可见,《太素》实应断为唐书,杨上善也应断为唐人。①

在利用讳字考核时代、鉴定版本时,必须注意区分原刻本与翻刻本和影刻本的区别。有些翻刻本为了保存古旧本传本或为了提高收藏的版本价值,故意将讳字一仍其旧,影刻本更是摹绘双钩底本而成,所有讳字一般不变。另外前述避讳是非常复杂的,除官刻、私刻、坊刻讳法严格程度不同外,同一讳字可能在不同时代是相同的,因此利用讳字鉴定版本时要特别慎重,最好能结合其他证据,进行判断。

附:唐代和太平天国的特殊用字在版本鉴定中的应用

唐代除避讳外,武则天(624—705年)称帝(690—705年在位)后,于载初元年(689年)就开始制作一批字通行全国。她别出心裁地制造了18个字(说法不一,有的人说制字12个,见《新唐书》卷76,《续通志》卷71,"唐武后传";明《七修类稿》等)。如合山水土的"埊"为地。一生的"𡈁"为人、一忠的"𢘑"为臣、千千万万的"𡕀"为年、口内八方的"圀"为国,还有图(日)、囝(月)、〇(星)、匝(生,一说"月"),并将自己的名字改为"曌",取日月当空之意等。在当时造成了一定的混乱,但为我们判断当时的文献文物年代提供了方便。因为除曌是武后的名讳外,其余各字虽不是帝讳,但它们使用的时间范围主要在武后建元载初及以后的十几年之内,可作为唐写本的书写年代或印刷品的印刷年代。如P5523号《唐高宗天训》残卷中,"与日月(或生)合其明",日月(或生)作"匝";"此国之人皆如此",其中"国"字作"圀",因此可以判断此卷子是唐武后时期写本。又如1996年在韩国佛国寺发现的《陀罗尼经咒》中使用武则天创造的几个字,很可能是武后在位时刻板的,加之一般认为该经是公元704年译成汉文的,因此它不会早于公元704年。

另外,太平天国在其国号字体及纪年方法与用字上,都有其特有制度,也可作为鉴别太平天国版本的证据。如"太平天国"的"国"字写作"囯"(注意口内是"王"不是"玉");其纪年方法是先记国号、次记干支、再记年数;在纪年干支用字时忌用"丑""卯""亥"3字,而分别改为"好""荣""开"3字。如"太平天国辛开元年×月×日""太平天国癸好三年×月×日""太平天国乙荣五年×月×日"等。

① 段逸山主编《医古文》,上海科技出版社,1984,第384页。

附　录

《淮南子》中的科技成就①

一、刘安与《淮南子》

刘安为西汉第二代淮南王②,他的一生和他所处的时代一样,在中国历史上是很不平凡的。其所思所想、所作所为非同寻常,遗产丰富,对后世社会产生了极其深远的影响,这在我国古代众多的诸侯王中实属罕见。它突出表现在:一是为后人留下了著名的《淮南子》一书,其博大精深的自然哲学思想、贯通天人的汉代道家之学,历久弥新,展现了中华民族的伟大智慧与优秀传统文化的强大生命力;二是其大举招贤纳士,倡导系统化、理论化的科学研究,创建了新兴的淮南学派,③取得了丰硕的科研成果。中国科技发展史上有许多著名的理论和创见、发明和发现,或肇始、形成于该学派,或经他们记录、整理而得以传承至今,充分反映了鲜为人知的西汉初期科学研究的真实状况,代表了那个时代科技发展的最高水平。总之,可以毫不夸张地说,不仅是汉代,乃至中国古代的思想和科学因有刘安的存在而显得更加丰富多彩、灿烂辉煌。由于刘安死于非命,关于他的评价也因此颇多争议,聚讼至今。④然不论肯定或否定,却不得不承认一个事实,那就是世人一直在汲取、分享着他的文化遗产。因此,这里有必要先从其生平、时代切入,以为了解、品评刘安这位特殊人物和《淮南子》及其科技成就提供必要的前提和基础。

刘安(前179—前122年),乃西汉开国皇帝汉高祖刘邦之孙。父刘长,高祖十年(前196年)被封为淮南王,国都寿春(今安徽省寿县)。汉文帝六年(前174年),刘长因目无朝纲,国除废迁,绝食而死,年方26岁。身后抛下四个年幼待哺的儿子,刘安最大,也才6岁,这种悲惨的情景引起了人们的广泛同情。当时社会上对此事议论纷纷,有民谣曰:"一尺布,尚可缝。一斗粟,尚可舂。兄弟二人,不(能)相容。"意指汉文帝刘恒不能容忍同父异母兄弟刘长的存在。迫于时势和公众舆论压力,汉文帝八年(前172年)先封刘长的四个儿子为列侯,后为刘长平反,并追谥为厉王。汉文帝十六年(前164年),又将原淮南国地一分为三,分封给刘长三个在世的儿子,刘安以长子袭父之封为淮南王。

---

① 此部分内容由张秉伦先生与杨竹英合著,由杨竹英执笔。
② 《史记》第118卷《淮南衡山列传》,《汉书》第44卷《淮南衡山济北王传》等(以下引文凡未注明者,均见此二书及相关部分),中华书局标点本。
③ 杨竹英:《刘安与淮南学派》,载《文物研究》第8辑,黄山书社,1993,第298—307页。
④ 陈广忠:《刘安评传》,广西教育出版社,1996。王云度:《刘安评传》,南京大学出版社,1997。

作为新一代的淮南王,刘安的个性和人生理念与其父截然不同。虽父子二人由于不同原因皆死于非命,但他们生前死后的作为和影响却截然不同。据《史记》《汉书》等记载,刘长"不好学问大道",崇尚武侠,"死士盈朝",骄恣蛮行,徒留恶名而已。而刘安则"好读书、鼓琴,不喜弋猎狗马驰骋",博学多才,积极进取,"死有遗业,生有荣名"。在其身居侯王的42年间(这在西汉诸侯王中是最长的),一方面,谨守臣职,"行阴德,拊循百姓",国内社会稳定、经济发展,国都寿春成为繁华的商贸中心,商贾云集,货物辐辏,史称"都会";另一方面,还广搜典籍①,大招宾客,兴学论道,著书立说,又使得淮南国都陡然成为汉代初期最为重要的学术文化中心。据史料记载,刘安共"招致宾客方术之士数千人","英隽以百数",真可谓人才济济,盛况空前。这批学者的知识、技能、学术背景不尽一致,几乎涵盖了当时所有的名家门派,但"咸慕其德而归其仁",自觉地凝聚在淮南王刘安"天道自然观"的大旗下,共同"讲论道德,总统仁义","学问讲辩","各竭才智"。② 他们对自然界、人世间的万事万物追根溯源,天人合一,进行了广泛而深刻的理性探索,积累了丰富的科学知识,取得了丰硕的科研成果,开创了科学研究的新学派——"淮南学派"。从科学史的角度来说,该学派独具以下几个特点:第一,思想主旨为"天道自然观",其内容和实质在科学思想史上属全新的系统构说,特别是赋予其理论核心"元气学说"的"气"以客观物质属性,最具科学意义。第二,崇尚知识,强调学习,注重实践,道贯天人。凡事求"本",不仅要知其然,而且务要知其所以然。因此,其研究之广泛,发现、发明之多,著述之丰富,历史上罕有其匹者。第三,思想学说、科研成果嘉惠后人,作用、影响深远。如淮南"道"论,"元气学说","阴阳五行学说","宇宙起源和演化假说","矿物自然化生论"与炼丹术,"养生学说",等等,后世"先贤通儒述作之士,莫不援采以验经传"③;或受其启发,阐扬发挥以出新说。

刘安"倾一国之尊","折节下士","好学术","修文学"。若结合当时特定的历史背景来看,是期盼以自己创造性的工作为新兴封建国家的长治久安劳心竭力、进言献策,从而实现人生的价值和理想。因为,刘安所处的时代,正是西汉社会由初期向中期发展的重要转型期。前期朝政崇尚黄老之学,无为而治,与民休息,医治了秦末战争的创伤,社会生产力得到了显著恢复和提高,创造了中国封建社会第一次经济大发展的繁荣景象,史称"文景之治"。但与此同时,原先的上层建筑已不能适应社会飞速发展的需要。换言之,究竟要建立什么样的封建国家政治体制,以及如何建立等重大问题,已现实地摆在西汉统治阶级面前。正是在这种首要意义上,刘安有感而发,适时而起,主持编写了"纪纲道德,经纬人事……以统天下"的《鸿烈》一书,以为刘汉王朝提供安邦定国的思想和方略。因此,当建元二年(公元前139年)刘安进京朝见即位不久的汉武帝时,便充满信心地将该书呈献给武帝刘彻。实际上,这是一本专门写给圣人看的书,即希望武帝能因此而成为"新圣人",造就刘汉盛世。作为长辈(刘安为武帝的叔父),可谓期望深

① 《汉书·景十三王传》。
② 王逸:《招隐士》序,载严可均:《全上古秦汉三国六朝文》第57卷,中华书局,1958,第788页。
③ 高诱:《淮南子》叙目。

深,用心良苦。

《鸿烈》一书,后世通称《淮南子》。此外,还有其他别名,该书正文20卷,自序1卷。作为主编,刘安对该书的主旨和谋篇布局显然经过了一番精心思索和周密安排。其道论的提出及它的出发点和落脚点、言说的方式、论证的技巧等,无不展现了作者的学识和才华。其各篇所论及先后次序则有着严密内在的逻辑关系,而绝非一般泛泛之论所认为的杂凑、急就之作。该书首篇《原道》,即开宗明义,从理论上阐明了"道"的本源、本义,对"道"之为"道"、"有"与"无"、"无为"与"有为"等重要理论概念进行了严密的分析和明确的界定,廓清并批驳了当时社会上的庸俗"道"说;接着讨论了自然、万物之"道";再次以自然之"道"为论据,详细地论述了人间、社会之"道"。全书以"道"为经,以阴阳、五行为纬,以"气"立论,从批判、扬弃的高度,总览了先秦道、儒、墨、名、法、阴阳、兵、方技、农、医等各家学说,采善撮要,紧扣"道"论,一气贯通,构建了思想一新而体系庞大的汉代道家"天人之学"。正如其书名《鸿烈》所示:"以为大明道之言也"。无论从哪个方面来说,该书都堪称我国思想史上划时代的学术巨著,空前绝后,彪炳史册。后世学者,深为嘉许。诸如:"学者不论《淮南》,则不知大道之深也"(东汉高诱),"《淮南》有倾天折地之说"(南朝刘勰),"牢笼天地,博极古今"(唐代刘知幾),为"天下类书之博者"(南宋黄震),等等。近代梁启超则断言:"《淮南鸿烈》为西汉道家之渊府。其书博大而有条贯,汉人著述中第一流也";[①]而世界著名的中国科技史专家、英国学者李约瑟博士更是非常钟情于该书,对书中所载大量珍贵稀见的自然科学史料十分赏识,论述精辟,评价甚高,认为:"(《淮南子》)对于道家思想的科学方面……是极其重要的",是"中国古代科学思想上最重要的不朽著作之一"。[②]

需要指出的是,淮南学派在当时曾搜集、整理了大量的古代文献典籍,并创作了门类众多的著作篇章。仅据刘歆《七略》、班固《汉书·艺文志》、葛洪《抱朴子·遐览》、明正统《道藏》等书著录的不完全统计,总数高达数百种,内容丰富,涉及广泛,诸如文学类的"赋""歌诗"有136篇,其中当时仅刘安一人传世的赋作就多达82篇,以数量而言,为两汉赋作家之冠(名气极盛的司马相如,其传世赋作不过29篇);音乐类的著作有数篇;兵书有若干种,等等。而通常为人熟知的《淮南子》只是其总集《淮南》中的一个部分,即《淮南内篇》(又称《内书》)。另有《淮南中篇》8卷,"言神仙黄白之术,亦二十余万言";《淮南外篇》"杂说,33卷(一说19卷)"。但唯一流传至今的只有其代表作《淮南子》和一本后人辑佚但残缺不堪的《淮南万毕术》[③]等,其他的后来大都散佚、失传了。究其原因,固然是多方面的,但从根本上来说,在于"淮南狱"事件的不幸发生及其所造成的严重后果。事实上,他们的著作篇章大多因此而被当时及以后朝代的官方肆意禁毁删

---

① 梁启超:《中国近三百年学术史》十四,中华书局,1936。

② 李约瑟:《中国科学技术史》(中译本)第1卷第1分册,科学出版社,1975,第236页。

　李约瑟:《中国科学技术史》(中译本)第2卷,科学出版社等,1990,第38页。

③ 该书约在宋代失传,自元代以来有8种辑佚本问世。

削了。①

所谓"淮南狱",指的是汉武帝元狩元年(前122年),朝廷大肆查处所谓刘安"谋反"的重大案件。关于这一案件的真相在此不便展开讨论,仅从去此未远的司马迁《史记·平准书》中"(刘安)谋反迹见,而公卿寻端治之"的评语中,相信大家不难得出客观的看法。如从该案的性质来看,实际上是西汉统治阶级内部思想政治斗争的必然结果。尽管刘安与武帝早期的个人交往堪称亲密,史载早年刘安入朝,得空就和汉武帝开怀畅谈治国的经验教训以及方术技艺、辞赋文章等,纵横捭阖,常常谈到夜幕降临还意犹未尽。加之刘安博雅好学,才思敏捷,辩博善为文辞。在当时所有的诸侯王中,以其出众的才华最为皇帝所尊重。而且他们对建立长治久安的国家目标一致、目的相同,但由于君臣二人治国理念的异趣殊方,特别是以董仲舒为首、主张封建集权专制的儒家投机取巧,嫁祸于人,不时谗言刘安的道家立国思想为邪辟之说,终于导致不幸结果。本案即由董仲舒的弟子吕步舒任钦差大臣,到寿春负责具体查办。他以儒家经典《春秋》的所谓"微言大义"擅自断案,滥杀无辜。不但刘安本人身死国除,满门抄斩,而且还包括其宾客、官吏和其他地方数位王侯在内的受株连者竟高达数万人,震惊全国。在这里,满嘴"仁义"的儒家毫无"仁义"可言,杀人如麻,虽血亲亦不能免。这里必须指出的是,本案是我国封建社会创建过程中发生的一次重大历史事件。但从西汉以来,历代史家和学者摄于封建专制的淫威对此讳忌莫深,或语焉不详,或言不由衷,以致其寡为人知、不为所重而湮没无闻。在政治昌明、学术为公的今天,我们应当予以明确揭示。历史发展业已表明,就其对我国古代社会政治、思想、文化和科学的发展道路、进程、面貌的作用和影响而言,本案的尘埃落定是关键性的。它当然地成为一个历史转折点,此后中国社会正式进入了"罢黜百家,独尊儒术"的漫长的封建时代。要而言之,本案所造成的后果非常严重。第一,它不但残酷地灭杀了我国历史上真正少有的一个成组织规模的、成就卓越的科学学派,而且执政者儒家本身的科学修养又先天不足,这对中国古代科技发展的损失和影响实在难以估量。第二,它直接导致一部分士人,特别是道家等方术之士远离现实社会,遁隐山林,以炼丹求仙为最高追求,思想性的道家在很大程度上遂由此蜕变分化为宗教性的道教。指出这点,对理解今人很难严格区分、界定道家和道教的尴尬处境,以及有关道教发生、发展的历史等疑难问题是很有助益的。第三,也是更为重要的,它虽不能完全彻底,但从体制上封杀了百家学说,学人所有的公开研究和讨论被引导、限定在单一的封建儒家五经范围内进行。此禁锢一定就流毒2 000年,且愈演愈烈,这在中国思想学术史上无疑是灾难性的。历代士人在叠床架屋的注经解经中,皓首穷经,重复着无谓而艰辛的劳动,白白地浪费了人生有限的光阴。中华民族丰富无比的创造力和想象力遭致严重萎缩,中华文化多样化、可能性的发展道路被无情阻断了。中国近现代史表明:之所以"落后就要挨打",首先是因为思想严重滞后且僵化。

---

① 唐代某位朝臣的《书史百家对》中反映的情况就是一典型的例子,见《文苑英华》卷502。

杨竹英:《淮南学派著作考评》,载《文物研究》第9辑,黄山书社,1994,第279~285页。

二、宇宙起源和演化假说

　　宇宙的起源和演化问题历来是天文学的重要课题,种种探索,古今中外,从未间息。当人类心智发展到一定的阶段时,诸如"天地是怎样形成的""人和万物是从哪里来的"等问题总是在人类灵魂深处盘桓发难。它不断地拷问着人类孤独的心灵,激发着人类求知的欲望,推动着人类智慧的增长。就中国古代的情况来看,早先流传的天人神话和传说,在春秋战国时期已不能给人以满意的回答。当时伟大的楚国诗人屈原就此困惑写下了《天问》名篇,提出了一连串的问难。而著名的哲学家老子则睿智地提出了"道生一,一生二,二生三,三生万物"命题,认为"天下万物生于有,有生于无",然失于抽象,难以为大众理解、接受。只是到了西汉初年,随着淮南学派的崛起及其宇宙起源和演化假说的提出,才从学科层面上系统地建立了完整的宇宙理论,这一问题才有了比较客观而具体的解答。

　　淮南学派的宇宙起源和演化假说,主要见于《淮南子·天文》篇,其他如《俶真》《精神》《修务》等篇则分别针对其中的某个具体问题予以详细、深入的阐述,互为补充、完善。字奥文烦不具引,下面概要以说。他们认为天地、万物起源初始经过了三个阶段,即"有始者,有未始有有始者,有未始有夫未始有有始者。有有者,有无者,有未始有有无者,有未始有夫未始有有无者。"(以上见《俶真》)篇具体演化过程是:"天地未形"之时,世界处于一种"太昭"(一说"太始")状态,幽深虚空,幻觉幻灭。"道"从其中一种类似于雨止云散形态的"虚霩"中萌发了,时间和空间也在"虚霩"中生成了,时空化生出"元气"。"元气"在"虚霩"中运动变化,其"清阳"部分袅袅飘升、聚合成为"天","重浊"部分缓缓沉聚、凝固成为"地";而"清阳"之气聚合起来比较容易,"重浊"之气凝固起来比较难。因此,天先形成而地后定形。天地和合精气生成阴阳,阴阳和合精气生成四季,四季发散精气生成万物。积聚阳气中的"热气"生成"火","火气"中的精气成为太阳;积聚阴气中的"寒气"生成"水","水气"中的精气成为月亮。日月向外溢出怪乱之气,其中的精气生成星辰。上天承负着日月星辰,大地承受着雨水尘埃(以上见《天文》篇)。至于"元气",它本是阴阳二气的混合物,其在经天营地的过程中,无处不在又无休无止,于是元气分开成为阴气阳气,离散成为"八方"极点(笔者注:系指天、地构成的六合空间的八个角)。在上天下地这个空间中,刚性的阳气与柔性的阴气互相交和,"万物"就出现了;具体来说,浑乱之气生成虫类,精华之气生成人类。

　　这种宇宙生成演化理论,是淮南学派为探索宇宙奥秘所作的一种积极努力,凸显了他们的聪明智慧和独特的思维范式。无论从其内容还是实质来说,该理论在中国古代哲学和科学发展史上,都是非常重要并具伟大意义的。首先,它是客观的。宇宙生成演化过程中,物质内在的矛盾运动始终起着主导作用,而丝毫不见神、人创世的踪迹,体现了一种自然演化的观点,这在古代思想观念上是一显著进步。其次,通过"元气"概念的提出及其性质、作用的论述,在历史上第一次建立了明确系统的"元气学说",而该学说则构成了淮南学派"天道自然观"的合理内核,并成为他们认识、解说自然万物和人类社会的锐利武器。实际上,他们的许多科学发现和发明就是在此基础上获得的。第三,该理论和学说具有很强的生命力,影响深远。不仅传统的道家思想为之一新(指作为物质性客体的元气),其后又多阐扬、深化,如大浑元气阴阳混生的概念对太极学说的引发等,而且后世东汉张衡乃至宋代朱熹等著名科学家、思想家的宇宙观亦是循此理论发展而成的。毫无疑问,它为中华民族自然观的最终确立,奠定了坚实的基础。[①]值得一提的是,淮南学派的宇宙起源观与现代宇宙大爆炸理论中的宇宙瀑涨学说有着惊人的相似之处,这种现象令人回味。

三、历法知识

所谓历法,简要地说,就是人们认识、掌握和记录以年、月、日等为单位尺度的时间变化的一种系统测算方法。就具体的历法来说,它还要包括纪年的方法。我国古代相传的纪年方法,早先用王公即位的年次纪年,及后用岁星纪年,复次用干支纪年。干支纪年法简便易行,直到今天,我国农历仍用干支纪年。但干支纪年始于何时,过去学术界认为在东汉时代。其实在《天文》篇中就有干支纪年法的详细讨论。而且该文中"淮南元年冬,天一在丙子"之说,至少表明在西汉初期的淮南国内就已使用干支纪年法了。另外,《淮南子》中还保存了后已失传的古代岁星纪年、秦代历法《颛顼历》等天文学重要史料。

在古代,将天空值星背景划分为若干特定部分,建立一个统一的坐标系统,以此作为确定日月五星和许多天象发生的位置的依据,一直是历代天文工作者努力的目标。淮南学派在这方面的贡献是继承了古代留传下来的天文知识,并将二十八宿中显著的星作为标准点(即距星),用东北西南依次旋转的方向,定出了它们之间沿赤道相隔的度数(即距度)。《天文》篇说:"星分度:角十二,亢九,氐十五……张、翼各十八,轸十七,凡二十八宿也。"这与其后汉武帝太初改历(公元前104年)后颁布的《太初历》相比,除个别星名有出入外,两者距度是一致的。这一系统奠定了二十八宿位置的基础,一直为后代天文历法家们所沿用,对我国天文历法事业的发展作出了重大的贡献。

中国古代使用的是一种阴阳合历,在这种历法中,反映太阳周年运动和季节变化的是所谓的"节气"。现在农历中仍在使用的二十四节气制,若追溯其历史的话,在现存古籍中,《淮南子》的记载是最早的。《天文》篇论述了该系统的划分方法,如"(太阳)日行一度,十五日为一节,以生二十四时之变",并给出了它们的全部名称和排列次序,同时列

---

① 见小野泽精一等:《气的思想》(中译本),上海人民出版社,1990,第119-139页,第171-198页。

出了各节气北斗所指的方位。这一节气系统与今相比,仅有个别名称小有变动,可见其对中国传统历法系统产生的影响是极其深远的。另外,《时则》篇还记述了一种十二月太阳历,它完全以太阳的周年视运动来划分月份,其特点是将每月的天象与气象、物候、宜忌、政事、农事生产等联系起来,是古代阴阳家思想的具体表现。该历法还被农家所采用,成为月令式农书的主体,对古代农业和农学发展产生了重要影响。宋代沈括的十二气历,其实也是这种历法的翻版。

"实测治历,敬授民时",它的基础是"观象",即所谓"隐仪授度"。"仪"在古代科技术语中泛指测量器具,其中有一种叫"表",就是一根一定长度的木杆,它在古代天文实践中使用广泛,非常重要。测定方向是表的基本功能之一,以往用一根表,使用受限制,结果也不理想。汉初《淮南子·天文》篇中第一次详细记载了用多表测向的方法,表明了当时测向技术的发展和进步。更重要的是,它同时还首次记载了用多表测量天地东西和南北的"广袤之数"以及"天之高"的新方法,其中计算得出的"千里影差一寸"结论非常重要。一是它在古代天文学中是一个重要的测量"常数",尽管今天看来这是错误的。二是测量中所用的几何计算方法实际就是中国古代数学中的所谓"重差术"。从现有文献来看,这种方法就是最早出现在《淮南子》的上述测量方法中的。

四、气象知识

在古代,人们对天的敬畏,很大程度上是出自对电闪雷鸣、狂风暴雨等强烈天气现象所造成危害的惊恐和无奈,特别是对其生成原因不清楚,总以为有某种超自然的神秘力量在背后操纵着,从而生发了各种不可理喻的神灵崇拜。淮南学派对此了然于心,起而正俗。他们认为这与无知有关,所谓"弗知者惊,知者不怪",并应用其元气学说对风雨雷电等天气现象的成因从理论上给予了客观的解释。《天文》篇说:"天之偏气,怒者为风;地之含气,和者为雨。阴阳相薄(迫),感而为雷,激而为霆,乱而为雾。阳气胜则散而为雨露,阴气胜则凝而为霜雪";"物之所为,出于不意",不存在什么神的目的性。在当时的科学水平上,能得出这样理性的看法,是难能可贵的。李约瑟对此评价很高,他说:"古时中国人把雷、电看作他们想象出来的两种最奥妙的力量——阴和阳——互相冲突的结果,这是很自然的。最广义地说,如果记住了这种理论对自然界正与负的概念(甚至包括电和化合的现象)所做出的贡献,那么,中国这一古老思想是含有巨大的合理因素的。"[1]

对于天气的变化,他们认为是有规律可循的。人们虽不能改变天气趋势,但可以主动预知,并非无所作为。如《本经》篇说:"风雨之变,可以音律知也。"此外,他们还介绍了几种测风报雨的仪器及其使用方法,为研究我国气象学发展史提供了珍贵的文献资

---

[1] 李约瑟:《中国科学技术史》(中译本)第4卷第2分册,科学出版社,1975,第745页。

料。据知,关于古代测风仪器,现存典籍中的最早记载见于《淮南子·齐俗》篇:"譬若倪之见风也,无须臾之间定矣。""倪"一说应作"统",高诱注曰:"候风者也,世所谓五两。"这是一种用鸡羽毛制成的测量风向、风速的仪器,类似于现代机场的风标。关于其具体的结构及使用方法,可参见隋代学者庾季才《灵台秘苑》中的记述。通常,大气湿度的增大往往预示着天要下雨,所谓"山云蒸,柱础润","湿易雨也"。这是一种生活经验的积累,而见微知著,并由此制作出某种合适的特定装置去预测这种变化则是一种科学的创造。正是这种科学活动,推动着人类文明发展的进程。从《淮南子》中"湿之至也,莫见其形而炭已湿","燥故炭轻,湿故炭重","悬羽与炭,而知燥湿之气,以小明大"等的表述来看,当时他们应已制成了某种"天平式羽炭测湿报雨仪"。这种仪器应是在悬杆两端各自挂上干木炭(吸湿性好)和羽毛(具有油性,不易吸潮),事先使它们保持平衡;当炭吸收了空气中的湿气后,重量就会变大,天平就要向悬炭的一端倾斜,由此就可以知道空气湿度增大了,天将要下雨。通过衡量羽毛和木炭在空气中重量的变化来测定湿度的大小,预报雨情,简明直观,其构思之巧妙不能不说是一种智慧的表现。顺便提及的是,到了宋代以后,尚见人应用这种仪器来预报天气的晴雨变化。再者,关于水与雨二者之间的关系,淮南学派也很有见解,非常接近于现代气象学"水的循环"学说。如《原道》《氾论》等篇说:"(水)上天则为雨露,下地则为润泽","云升为雨",等等。

五、地理学知识

淮南学派非常重视地理方面的研究,《淮南子》中对地理学有着十分丰富的论述和记载,其中的第四卷《地形》篇是专门讨论地理问题的,这在古代诸子著作中是不多见的。其内容广泛,涉及自然地理、经济地理、人文地理和神话地理等多个方面,反映了汉代初期人们地理观念的变化(主要是注重综合性)和地理知识的迅速提高。《淮南子》认为:"地形者,所以穷南北之修(长,避其父名讳),极东西之广;经山陵之形,区山谷之居;明万物之主,知生类之众;列山渊之数,规远近之路,使人通迥周备,不可动以物,不可惊以怪者也。"(《要略》篇)也就是说,地理学是研究大地的地形、地势、地貌,山川物产,道里居所等方面的学问,使人们在生产、生活实践中做到对地理环境、地理条件等心中有数,以便合理安排各项与之适宜的事务和活动,并且由于见多识广,而不为奇闻异事所迷惑。这种观念即使按照今天的标准去衡量也是正确的。卷中涉及具体的地理资料非常丰富,被李约瑟赞为"尤其具有地理学的意义"[①]。至于研究地理的目的,《淮南子》的表述是很明确的,即学以致用,为国计民生服务。它说:"上因天时,下尽地力","俯视地理,以制度量。察陵陆水泽肥墝高下之宜,立事生财,以除饥寒之患。"(《泰族》篇)意思

---

① 李约瑟:《中国科学技术史》(中译本)第5卷第1分册,科学出版社,1976,第26页。

是根据不同的季节、不同的地理条件,因时因地制宜地从事农、副业生产,以解决人们的穿衣、吃饭问题。这些认识对于促进人们对地理学的研究,推动地理学的发展,无疑起着积极的作用。

《地形》篇第一次提出了大地东西长、南北短的论断,并给出了具体数据。它说:"阖四海之内,东西二万八千里,南北二万六千里。"该结论,在今天看来似乎太幼稚,但在当时却是难能可贵的。因为它非常实在地打破了以往流行的大地是正方形的传统观念,这是需要胆识和勇气的。

用"经""纬"这一对术语来表示和确定大地南北、东西方位的地图制作法,现知其最早明确的提出者是淮南学派。《淮南子》说:"所图画者,地形也";"凡地形,东西为纬,南北为经"。经线和纬线纵横相交所形成的坐标点,可以准确地标明某地的地理位置,它反映了汉代大地测量技术和地图学的发展状况和先进水平。这种地图制图法在其后的六朝时代称"计里画方"法,它与目前世界上通行的地图制作方法,在原理上是一致的。

此外,《淮南子》还记述了当时我国的地势、疆域和境内重要的自然地理点,以及域外地理等方面的知识,为研究古代地理学发展史提供了丰富的资料。

六、光学知识和实验创新

光,看得见而摸不着,既平凡又神奇。在那样的年代,要弄懂它是非常困难的。但汉代淮南学派因其构建"道"学理论体系的需要,对光的研究特别着意,从而在光学的理论和实践两方面都有所发明和创造,代表了当时该学科的最高水平,对中国古代光学研究做出了重大贡献。

淮南学派从元气学说出发,认为自然界的阳光是一种精气,它是热的,能生成火,所谓"积阳之热气生火,火气之精者为日。"因"同气相动"(《览冥》篇),"故阳燧见日,则燃而为火"(《天文》篇)。这实际上是一种"气光说",它很好地解释了为什么阳燧这种凹面镜能利用阳光取火的问题。尤其是用物质性的气来界定光的本性,这对光学的发展无疑具有重要的指导意义,其影响深远,为后世大多数知名学者所采用,如张衡、方以智等。淮南学派还明确地区分和阐明了太阳是发光体、月亮是反光体的道理,详细的论述见《天文》篇。大意为太阳是"火气之精者",向外"吐气"发光,月亮是"水气之精者",往内"含气"反光。这种划分的科学意义,正如李约瑟所说:"日属阳,也属火;月属阴,也属水……这样在自然发光和反射发光的天体之间便有了十分恰当的区别。"[①]可见,淮南学派的上述解说,虽属思辨性的,但是合理的,表明他们为揭示自然物的发光、反光这两种光学现象的内在差异所作的一种积极努力,而且它正确地区分了光源的发光和物的被照反光,这本身就是一种进步。

---

① 李约瑟:《中国科学技术史》(中译本)第4卷第1分册,科学出版社,1975,第134—135页。

淮南学派在几何光学方面取得的成就是相当突出的。比如关于平面镜成像的条件和原理,《主术》篇说:"夫据干(井栏)而窥井底,虽达视犹不能见其晴(眼睛);借明于鉴以照之,则寸分可得而察也。"阐明了光、镜、像三者之间的关系。研究镜面成像问题,关键在于对焦点和焦距的正确认识和把握。淮南学派的有关讨论表明,该派学者已非常确切地发现和认识了焦点及焦距。《淮南子》在讨论阳燧取火要点时说:"若以燧取火,疏(远)之则弗得,数(近)之则弗中,正在疏数之间。"(注文曰:"得其节,火乃生。")这实际上已言明阳燧这种凹面镜的取火点,"疏数之间",此即现代所谓的"焦点",其中还隐含有焦距概念。只不过由于文化及时代的差异,他们是用"影"这一术语来表述焦点概念的,这并不难理解。《淮南万毕术》说:"削冰令圆,举以向日,以艾承其影则火生。"这项实验记录是迄今所见我国历史上有关焦点概念最早明确的记载,他们的发现和论断把中国古代光学研究向前推进了一大步。其在科学史上的意义,《中国光学史》有评价说:"这条文字的价值是很大的。后经西晋张华《博物志》的引述,更在后世引起了流传和研究,取得了一些成就"。[1]另外,《修务》篇还首次记述了当时铜镜镜面开光之事及其细节,文曰:"明镜之始下型(范模),曚然未见形容,及其粉以玄锡(一种金属表面化学处理材料),摩(磨)以白旃(毛质擦布),鬓眉微毫可得而察也。"这一记载为我们研究中国古代铜镜抛光问题提供了十分珍贵的技术史料。

淮南学派在光学研究中,非常注重实验创新,如上述发明用冰制成凸透镜("冰燧"),并用于取火实验等,就极富创意,使他们的研究视野较前人更为开阔,从而获得了一些重要的科学发现。"冰燧"这种凸透镜,现知由淮南学派首创。研制"冰燧"并把它用于取火,表明该派在研究光学取火问题上有了质的飞跃。因为凸透镜"冰燧"与以往的阳燧有着根本不同的光学特性。首先,两者的制备和性能不同,一个是冰制的透明镜,一个是青铜制的不透明镜;其次,"冰燧"的焦点在镜后,系由光线穿透镜体折射聚焦而成,而阳燧的焦点在镜前,则由光线在镜面反射聚焦而成。值得提及的是,清代以光学研究见长的皖籍物理学家郑复光,根据《淮南万毕术》的记载,于1819年冬作了"削冰取火"的重复试验,结果取火成功,证明他们言之不虚。[2]汉代淮南学派用"冰燧"取火是一次新奇、大胆而成功的光学实验,它不但在中国光学史上属首此一例,就世界范围来说亦属罕见,令人敬佩!类似的创新活动,还有不少。例如,他们还巧妙地将两面平镜——"水镜"和铜镜——有机地组合起来,研制出一种新式光学装置,即"高悬大镜,坐见四邻"术,表明他们已认识到并成功地利用了平面镜两次反射成像原理,这与近代使用的开管潜望镜很相似,非常了不起,这也是我国古代关于平面镜成复像实验最早明确的文献记载。魏晋以来的道士们仿此方法,用多面平面镜成复像,如"四规镜",以造成奇幻影像来神秘其道术,愚弄其信徒,号称"镜术"。

此外,淮南学派还观察记载了某些自然生物的趋光性现象,以及在日常生活中利用这种习性的方法。比如,《说山》篇说:"耀蝉者,务在明其火……明其火者,所以耀而致之

---

① 王锦光:《中国光学史》,湖南教育出版社,1986,第52页。
② 郑复光:《镜镜詅痴》卷4。

也”,阐明了晚间用火把诱捕蝉虫的道理。现今这种方法在农田夜间消灭虫害时仍见使用,只不过改火把为荧光灯而已。它如《淮南万毕术》中“蚖灯见物”(注曰:“取蚖脂为灯,置水中,即见诸物”)、“苓皮蟢脂,鱼鳖自聚”(注曰:“取苓皮渍水斗半,烧石如灰状,以淬蟢脂,置苓皮水中,七日已。置沼则鱼鳖自聚矣”)等实验,亦非常有趣而少见,值得重视。

七、力学知识和实验演示

淮南学派在力学方面总结了物体重心与平衡的关系,指出“下轻上重,其覆必易”;提出了力的作用点的重要性和合力概念,如“力贵齐”;讨论了作用力与重物运动的关系,初具动力学思想的萌芽;指出了河水流动(流体)与“势”(位差)的内在联系。他们在研讨“鸟飞”这一今属空气动力学之类的问题时说“鸟排虚而飞”“飞不以尾,屈尾飞不能远”,点出了鸟在飞行中水平尾翼的作用问题,见解不俗。类似的讨论还有不少,但更加重要的是下面几项与力学有关的实验,奇思异想,精妙绝伦。若非见载于《淮南万毕术》,简直令人难以想象,不由得不拍案称奇。

1. “以夏造冰”实验

方法是“取沸汤置瓮中,密以新缣,沉(井)中三日,成冰”。该记载表明在2 000多年前的西汉时代,中国人就已萌发了人工制冰的理想和创意,并付诸实践。至于该实验究竟成功与否,其实倒不重要。在这里,最为重要的是,古人这种勇于创新的科学精神是值得大加称赞的。此外,考虑到其他古籍也言之凿凿,因此当有一定的可信度,值得进一步研讨。

2. “铜瓮雷鸣”实验

方法是“取沸汤置铜瓮中,塞坚密,纳之井(水中),则雷鸣闻数十里”。当盛有开水(实已不沸腾)的密闭容器突然放进冰冷的井水中,器内液面上的气压因而骤然大减,器中水汽受激作响,引起共振。由于固体传音,故能在一定范围内听到。该实验的闪光之处是利用突然冷凝蒸汽以获得压力,构思不凡,李约瑟对此事颇感惊奇。

3. “艾火令鸡子飞”实验

方法是“取鸡子去壳,燃艾火纳空卵中,疾风因举之飞”。该实验语义简明,无须赘言。其飞升原理,与近现代热气球之类飞行器的原理是一样的。

4. “首泽浮针”实验

方法是“取头中垢涂针塞其孔,(置)水中则浮针”。头中垢即人头表皮分泌出来的油脂,俗称“头油”。金属针放在水面上自然极易下沉,但涂了头油可使针表面形成不浸润的憎水性。因此,置于平静的水面,张力方向向上,针便漂浮在水面上了。该实验构思巧妙,设计先进,直观可信。其方法至今还为物理教师作水的表面张力演示实验时所采用。[①]

5."鸿毛囊之,可以渡江"实验

方法是"盛鸿毛于缣囊,可以渡江不溺也"。我们知道,鸟类羽毛具油脂性,不沾水,遇水漂浮。用难以透水的丝袋装满羽毛,是可以获得足够的浮力的。"鸿毛囊"的用途类似于今日的救生圈,只不过后者利用的是空气浮力。值得一提的是,他们既能认识到"积羽沉舟"之事实,又能发明毛囊渡江。在对物理的认识上,这是一个质的飞跃,实在难得。

八、磁学知识和人造磁体的发明

磁(慈)石吸铁是一种自然现象,它的发现当源于经验观察所得。中国古代很早就有这方面的记载,如《管子》等。汉代的淮南学派,对于磁石及其吸铁特性钻研较深,取得了很大的成就。他们认为不能因为磁石能吸铁物,就拿它去吸铜甚至吸瓦,这是行不通的,并进而由此得出客观正确的认识。一是"物故不可(以)轻重论",即不能简单地以物体的轻重来判别其性质;二是"故耳目之察,不足以分物理;心意之论,不足以定是非……唯通于太和(指阴阳二气的和谐规律——笔者)而持自然之应者,为能有之。"明确指出了事物表象与其实质的根本差异,强调了通过科学实践发现自然规律的重要性,以及掌握规律的原则方法。他们发明并演示了最早的人造磁体,[②]即著名的磁石提棋、拒棋实验。《淮南万毕术》说:"慈石提棋",方法是"取鸡(血)磨针铁,以相和慈石,置棋头局上,自相投也"。"慈石拒棋",方法是"鸡血作针,磨铁捣之,以和慈石,用涂棋头,曝干之,置局上,即相拒不休"。上述两项实验记载,文字虽简单,但至少反映了三个很重要的磁学问题。其一,"提棋""自相投"等现象描述,当指磁体磁极异性相吸;其二,"拒棋"当指同性相斥;其三,"相拒不休",盖指磁体相斥相吸。其中磁体的相斥现象,未见前人记载,这无疑在古代静磁学研究方面是一个重要的进展。淮南学派人造磁体及其实验,是目前所知最早的,它在人类科技发展史上具有重要的学术意义。

九、乐律学知识

对于乐律学,《淮南子》中也有许多深入的研究,如对十二律长度及其相生法的记

---

① 洪震寰:《〈淮南万毕术〉及其物理知识》,《中国科技史料》1983年第3期。
② 王振铎:《司南指南针与罗盘经——中国古代有关静磁学知识之发现与发明(上)》,《中国考古学报》第3册,1948。

述、旋宫问题、十二律与二十四节气、乐律与度量衡的关系等,在中国乐律史上都留下了重要的一页。其中五音十二律旋宫与可用来表示十二月、二十四节气的六十甲子联系起来(见下表),耐人寻味,值得进一步研究。

五音十二律旋宫以当六十甲子表

应钟 亥	无射 戌	南吕 酉	夷则 申	林钟 未	蕤宾 午	仲吕 巳	姑洗 辰	夹钟 卯	太簇 寅	大吕 丑	黄钟 子	十二平均律① 五音
姑洗之徵 乙亥	夹钟之徵 甲戌	太簇之徵 癸酉	大吕之徵 壬申	黄钟之徵 辛未	应钟之徵 庚午	无射之徵 己巳	南吕之徵 戊辰	夷则之徵 丁卯	林钟之徵 丙寅	蕤宾之徵 乙丑	仲吕之徵 甲子	徵
太簇之羽 丁亥	大吕之羽 丙戌	黄钟之羽 乙酉	应钟之羽 甲申	无射之羽 癸未	南吕之羽 壬午	夷则之羽 辛巳	林钟之羽 庚辰	蕤宾之羽 己卯	仲吕之羽 戊寅	姑洗之羽 丁丑	夹钟之羽 丙子	羽
应钟之宫 己亥	无射之宫 戊戌	南吕之宫 丁酉	夷则之宫 丙申	林钟之宫 乙未	蕤宾之宫 甲午	仲吕之宫 癸巳	姑洗之宫 壬辰	夹钟之宫 辛卯	太簇之宫 庚寅	大吕之宫 己丑	黄钟之宫 戊子	宫
南吕之商 辛亥	夷则之商 庚戌	林钟之商 己酉	蕤宾之商 戊申	仲吕之商 丁未	姑洗之商 丙午	夹钟之商 乙巳	太簇之商 甲辰	大吕之商 癸卯	黄钟之商 壬寅	应钟之商 辛丑	无射之商 庚子	商
林钟之角 癸亥	蕤宾之角 壬戌	仲吕之角 辛酉	姑洗之角 庚申	夹钟之角 己未	太簇之角 戊午	大吕之角 丁巳	黄钟之角 丙辰	应钟之角 乙卯	无射之角 甲寅	南吕之角 癸丑	夷则之角 壬子	角

值得注意的是,《淮南子》中的音律学一般都认为属于三分损益律,该律首见于《管子》,又见于《吕氏春秋》,但只有理论或方法的记载,而无具体的计算数值。《天文》篇最先以数(3)领律,规定了各律之间的关系,确切地给出了各律的长度数值:

---

① "十二平均律"应为"十二律"。——整理者

"黄钟为宫,宫者音之君也。故黄钟位子,其数八十一,主十一月,下生林钟。林钟之数五十四,主六月,上生太簇。太簇之数七十二,主正月,下生南吕。南吕之数四十八,主八月,上生姑洗;姑洗之数六十四,主三月,下生应钟。应钟之数四十二,主十月,上生蕤宾。蕤宾之数五十七,主五月,上生大吕。大吕之数七十六,主十二月,下生夷则。夷则之数五十一,主七月,上生夹钟。夹钟之数六十八,主二月,下生无射。无射之数四十五,主九月,上生仲吕。仲吕之数六十,主四月,极不生。"

这些数值与《管子》中所记三分损益法而计算出来的理论数值并不完全相同。下面是按三分损益法计算的理论数值(括号内数字是《淮南子》的实际数值):

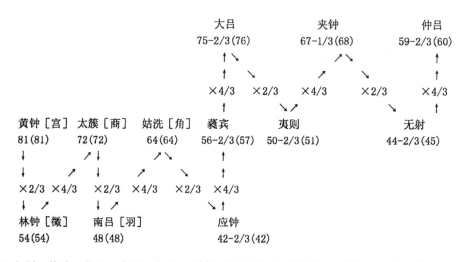

即应钟、蕤宾、大吕、夷则、夹钟、无射、仲吕的理论数值与《淮南子》中给出的具体数值均有微小差别。最先注意到这种微小差别者,是明代伟大的十二平均律发明者朱载堉,他还做了详细的验证:如果考虑到四舍五入原则,而且只取整数的话,虽然《淮南子》中的数值与理论数值绝大部分相合,但应钟之数42和夷则之数68都不合四舍五入原则。朱载堉先据《宋书》将应钟之数校正为43,这样只有夹钟之数68仍然无法解释。因此他在《律吕精义》卷四"新旧法参校第六"中说:出《史记·律书》者是三分损益法,出《淮南子》者非三分损益法,"故律数颇不同"。为此,朱载堉还构拟了一种属于平均律体系的"约率"算法,即将三分损益法的"损一"(2/3)、"益一"(4/3)作适当调整的方法:他先将2/3和4/3两数值等值地改成50/75和100/75或500/750和1000/750。由于他认为"三分损一往而不返,其弊端由七五为法,法太过而实不及也",即相对而言分子略小或分母略大,所以往而不返。因此他将等值改变后的500/750和1000/750的分母分别减去一而成500/749和1000/749分别代替2/3和4/3,结果所得整数值正好和《淮南子》中校正后的数值完全相同。朱载堉称500/749和1000/749为"约率"。他经过考证,认为古代律学史上,在传统"三分损益"的体系内存在着与"新法颇同"的计算方法,这就是他所说的:"《史记》《汉书》所载律皆三分损益,惟《淮南子》及《晋(书)》《宋书》所载此法独非三分损益,盖与新法颇同。"因此,朱载堉认为平均律思想"非自古所未有,疑古有之,失其传也"。若如朱载堉所言,《淮南子》中的乐律学应视为我国平均律思想的先声。

不过,值得注意的是还有一种可能性,朱载堉似乎没有注意到,即按三分损益法每次都依四舍五入取整数为推算次一律的基数,结果也与经过校正的《淮南子》中的律数相同,也就是说不能完全排除《淮南子》中的律数是用三分损益法、采用四舍五入后的整数为基数,依次推算的可能性(见下表)。

《淮南子》所载律数与依朱载堉用约率计算结果、依三分损益法的计算结果,及依三分损益法并用四舍五入取整数为推次一律基数而得律数,列表比较如下:

律 数	项 目											
	黄钟	大吕	太簇	夹钟	姑洗	仲吕	蕤宾	林钟	夷则	南吕	无射	应钟
《淮南子》记载的律数	81	76	72	68	64	60	57	54	51	48	45	42
朱载堉用"约率"计算所取的律数	81	76	72	68	64	60	57	54	51	48	45	43
依三分损益法计算所取得的律数	81	76	72	67	64	60	57	54	51	48	45	43
依三分损益法并用四舍五入取整数为推次一律基数	81	76	72	68	64	60	57	54	51	48	45	43

虽然由于文献之不足,我们无法准确判断《淮南子》的律数究竟是用哪种方法取得的,但它与朱载堉用属于平均律体系的"约率"计算所取的律数相同,这是客观事实,至少说明《淮南子》中的乐律数值在实践中是比较接近于平均律的。

另外,声波传播出去,遇到障碍物会出现回传现象,此所谓"回声",淮南学派称之为"响之应声"(《主术》篇)。但是声波回传有一定的方向性,他们发现了该现象并予解说,《原道》篇说"响不肆应,默然自得"。另外,声波传播出去会发散,到了一定的距离还会衰减以至消失,这一点该派也有观察所得。《原道》篇说"声出于口,则越而散矣",《主术》篇说"夫疾呼不过闻百步","耳不能闻百步之外"。并且提出了回声快慢与发出声波的功率大小以及声波频率与音色相关性问题。《泰族》篇说"声响疾徐,以音相应也",《兵略》篇说"响不为清音浊",《说林》篇说"使响浊者声也"。还以钟磬为例说:"钟之与磬也,近之则钟声充,远之则磬声章。物固有近不若远,远不若近者也"(《说山》篇)。该讨论实际上已涉及声波频律与振幅问题。

大家知道,声频相同的声源物发出声波时会产生互相感应作响的物理现象,此即声的共振,亦称"共鸣"。淮南学派对此已有较高的认识,并称之为"同声相和",其准确性和科学性与今之相比不相伯仲。《览冥》篇说:"今夫调弦者,叩宫宫应,弹角角动,此同声之相和者也。"故审音时对调音者的技术要求很高,他们说"譬若黄钟(宫调)之比宫,太簇(商调)之比商,无更调焉"(《说林》篇),"耳不知清浊之分者,不可令调音"(《氾论》篇)。应当指出,这些为淮南学派早已揭示了的声学问题,在1 000多年之后的宋代"乐工"尚不能解(见沈括《梦溪笔谈》卷六)。因此,非常值得称道。

十、炼丹术与化学知识

化学在人们的生产和生活中无处不在,其作用和价值随着时代的发展和社会的进步,越来越彰显出来。历史上,许多重要化学知识的获得都源自道术方士的炼丹活动。因此,一般认为,古代炼丹术是近代化学的先声,据李约瑟对《淮南子》的比较研究[①],从世界范围来看,炼丹术起源于中国。

炼丹术,有称"炼金术",其目的是想通过炼制丹药服食长生,其思想的起源比较古老,这里不去细究。不过,无论如何,它表明了人们对"生"的肯定和追求。虽然这其中充满着迷幻,但也不乏积极的方面,如它在很大程度上推动了我国传统科技,特别是医药学的发展。一般认为,中国古代炼丹术兴起于秦汉之际,其中尤以西汉淮南王刘安及其宾客们的炼丹活动最为引人注目,且影响深远,以至于被后世丹家尊为炼丹圣祖之一。[②]古籍文献中所谓的"淮南方""淮王术",以及今人耳熟能详的成语"一人得道,鸡犬升天"等,都出典于此。

据文献记载分析,刘安的数千宾客中,有许多"方术"之士,他们来自全国各地,带来了不同地域的炼丹术,当时称"黄白术"。其中著名的人物是所谓的"八公",有"八公捣炼,淮南调合"之说。[③]八公自称能"煎泥成金,凝汞成银,水渍八石,飞腾流珠",这就是把廉价的金属借助"仙药"的点化,转变为贵重的"黄金""白银",并可饵服,令人长生。现代学术界认为这才是真正意义上的炼丹术。[④]当时淮南学派收集、整理并撰写了大量"言神仙黄白之术"的炼丹著作,据称有8卷20多万字,但后来基本上都失传了。现仅据一本后人辑佚、残缺不堪的《淮南万毕术》的内容来看,当时的炼丹术涉及面很广,而且许多事例之奇异超凡简直令人难以置信,诸如人工造冰、冰燧取火、人造磁体、水法炼铜、药物避孕(详见下文)、采石还丹、养生保健等方技法术,从中国古代科学技术发展史的角度来看,这些重大发明创造大都是首次见载于该书的,因此,具有非同寻常的学术价值。

从有关资料来看,炼丹术语炼丹之"丹"字最早明确的记载见于《淮南子》。《人间》篇说:"夫物无不可奈何,有人无奈何。铅之与丹,异类殊色,而可以为丹者,得其数也。"金属铅,呈白色,经过加热(术称"熬铅")能变成红色的铅丹。所谓的"数"即在这里。它可用化学反应方程式表示如下:

$$3Pb + 2O_2 \longrightarrow Pb_3O_4$$

这段论述有理有据,得意之情溢于言表,表明了淮南学派确实具有丰富的炼丹知识

① 李约瑟:《中国科学技术史》(中译本)第2卷,科学出版社等,1990,第264页。

② 魏伯阳:《周易参同契》。

③ 魏伯阳:《周易参同契》。

④ 袁翰青:《推进了炼丹术的葛洪和他的著作》,《化学通报》1954年5月号。

以及独家秘术。直到东晋时期,炼丹大师葛洪还在炫耀:"铅性白也,而赤之以为丹;丹之性赤也,而白之而为铅。"①

从丹砂中升炼出的水银(汞),被古代炼丹术士视为"丹之要者"。其升炼方法术称"还丹",所谓"仙道之极",极事夸张。《淮南万毕术》中的"朱沙为澒"之术,是现知最早的"还丹"实验文献。另一部失传的淮南秘籍中还有更为重要的"丹砂化金"之术,即用丹砂和其他矿物炼制成金,又称"药金"(实非真金)。该术最具神秘性和吸引力,历代丹家,甚至帝王都乐此不疲。例如,汉代著名学者刘向因不解道术个中奥秘,以为真的可以炼成黄金,竟把其祖上参与处理"淮南狱"时、从刘安家中抄出来私藏的这本名为《鸿宝》的书献给汉宣帝。皇上也信以为真,遂组织人力按方炼金,但结果可想而知,刘向因此差点丧命,成为笑谈。②

淮南学派对推进古代炼丹术的发展起了很大作用,尤其是他们为炼丹术提供了一种十分重要的炼丹矿物学学说,即"矿物自然化生论",该学说为贱金属何以能被点化成金银、神丹,为什么能够升炼成功等重要问题提供了理论基础。③大意是矿物的根源是地中的"气",它在上天—入地—再上天—再入地这一升降、循环运动的过程中,每隔一定的时间就会依次转化,生成另一种矿质或金属。但这在自然状态下要经过长达500年甚至900年的时间。因此,炼丹术士们认为,如果仿照天地阴阳造化的原理,用适当的方法(丹鼎)、手段(水火相济)就可以加快这一化生过程。这即是一种见解,更是一种信念,可以说也有一定的物质基础。因为在丹鼎中能够得到更加完善的物质,也确能加速反应的进行,并且古代许多重要的化学发明、发现就是在炼丹实践中取得的,从而丰富了物质世界。但炼丹术的错误目的性决定了它不可能进一步发展、完善,产生质的飞跃,相反却最终走向衰亡。

十一、火药的发现与发明

火药(指黑火药)号称中国古代的四大发明之一。关于其发明年代和发明人的论定,尤具科学史价值。世人公认,火药的问世源于古代炼丹实践,只是在其发明的具体时间上有分歧。若从文献中隐含的一些相关信息,如"含雷吐火之术,出万毕之家"④等来看,火药的发现、发明与淮南学派关系很大。

典籍中谓淮南学派有"起火""吐火"之法术,它很可能是一种原始火药意义上的演

---

① 葛洪:《抱朴子内篇》卷16。
② 班固:《汉书·楚元王传》"附刘向传"。
③ 参见李约瑟:《中国科学技术史》(中译本)第5卷第2分册,科学出版社,1976,第375页。
　　赵匡华:《化学通史》,高等教育出版社,1990,第38页。
④《拾遗记》南朝梁萧绮"录"。

示。①西晋葛洪说：“其法用药……乃能令人……兴云起火”。②据此可知，“起火”是用一种“药”来完成的。在这里，“药”字等效于“药方”，而这种能“起火”的“药方”，必是一种人工化合物。我们知道，传统火药配方及燃烧化学反应可近似用下列方程式来表示：

$$2KNO_3+3C+S = N_2\uparrow+3CO_2\uparrow+K_2S(固)+169千卡$$

上式中硝石的引入又是得到火药的关键。我国炼丹典籍中常见引述一本淮南学派的丹经，名称《三十六水法》。该书共有33个配方中应用硝石，其中又有6个配方是用硝石与三黄（硫黄、雄黄、雌黄）共炼，这实际上就是一个可能引起爆炸的丹药配伍。后来丹经《真元妙道要略》就曾明确指出：“有以硫黄、雄黄合硝石密烧之，焰起烧手面及烬屋舍者。”并提出警告：“硝石……生者不可合三黄等烧，立见祸事。”可以说正是这种灾难性的意外事故导致了火药的发现和发明。

此外，历史上也历来相传刘安发明火药。特别是古代一些专门记载发明创物的文献，如明代罗颀《物原》有“刘安作焰硝”之说等，若结合上文分析，可知并非空穴来风。焰硝就是起火燃烧的火药，说西汉刘安暨淮南学派在炼丹实验中发明了它，基本上是可以成立的，但其应用目的不外燃放烟火等道术之类，然这是不应苛求的。

十二、胆铜法的发明

胆铜法，即水法炼铜，又称“胆水炼铜法”“湿法炼铜”等，是一项把铁放入胆矾水液中来获取铜金属的冶金技术。《淮南万毕术》说：“白青得铁即化为铜”。白青即胆矾，化学成分为硫酸铜，它和铁遇到一起则发生置换反应，得到铜和硫酸亚铁，以今化学反应方程式可表述为：

$$CuSO_4+Fe \longrightarrow Cu+FeSO_4$$

由此可见，这一变化过程是符合现代化学上的置换反应原理的。这项技术应是淮南学派在炼丹过程中发明的，它开创了后世水法炼铜的先河。据史料记载，这项发明在实际生产中的大规模应用见于宋代冶铸业，并给宋代的铜业生产带来了很大的发展。胆铜法在传统的火法炼铜之外，又提供了一种成本低廉、简便易行的新方法、新思路，直到现代仍在矿冶生产中应用发展，为我国矿业史增添了夺目的光彩。因此，被学术界赞誉为“在世界化学史上是一项重大的发明”。③

① 张爱冰：《从淮南子到科学城：张秉伦先生就安徽科技史研究答本刊记者问》，《东南文化》1991年第2期。

② 葛洪：《抱朴子·遐览》。

③ 张子高：《中国化学史稿》，科学出版社，1964，第105页。

十三、豆腐的发明问题

豆腐是我国民众的主要副食品,可以烹调出多种美味佳肴,老幼贵贱皆喜食之。"豆腐"一词现知最早见于五代时期[①],豆腐食品在宋代已很流行[②]。自那时以来关于刘安发明豆腐的传说,史不乏书,如南宋大理学家朱熹说"世传豆腐本为淮南王术"[③];明代大医药学家李时珍言"豆腐之法,始于汉淮南王刘安"[④],等等。然而由于现存更早的文献中尚未见有进一步的证据,因而学术界对此争议颇大,从20世纪50年代起直到今天仍未平息。

如换个角度来看,或许会有助于问题的解决。我们知道,发明制作豆腐的关键是发现和应用豆类植物蛋白凝固剂,它的作用类似于炼丹术中之"点药""丹头"等。传统的豆腐凝固剂如盐卤、石膏是炼丹术中常用的矿物药,并分别称为寒石、大阴玄精、寒水石、白虎等,而"寒"字有"凝结"之意,颇值玩味。丹药的制备程序有的与制作豆腐的程序大同小异,一旦某次炼丹时恰巧具备了上述各项要素,则会得到最初的豆腐。豆腐的发明在很大程度上,与炼丹实验有关。因为科学史表明,科学发现或发明的取得必须要具备必要的主、客观条件和机遇,舍此而论,至少是不严肃的。刘安与炼丹术的关系上文已多揭示,前人传说的思路应大致无误,何况南宋朱熹明言该传说在当时就已经由来已久了,这是值得关注的。再者,抑或后世丹士从刘安的某个秘传丹诀中得到启示,发明了豆腐而归之于刘安名下也不是不可能的。

鉴于刘安发明豆腐说在国内外的实际影响,以及当年的淮南国都寿春而今的安徽寿县、淮南八公山一带,不仅具有盛产豆腐的悠久历史,而且直到现在出产的豆腐仍是世所公认的佳品,1992年9月在当地就曾成功地举办了第二届国际性的中国豆腐节。无论如何,豆腐是中国人发明的,这一技术发明是生物化学史上的一项重要成就,它给世人的美食和养生带来了莫大的便益和乐趣,并且广传海外,成为国际上备受肯定和赞誉的健康食品。豆腐的发明,是中华民族对人类做出的又一伟大贡献。

---

① 陶谷:《清异录》。

② 如陆游《老学庵笔记》第1卷记"嘉兴豆腐羹"事、第7卷记"苏东坡蜜渍豆腐"事,吴自牧《梦粱录》第16卷记南宋首都临安流行小吃"豆腐羹""煎豆腐"事等。

③ 朱熹:《次刘秀野蔬食豆腐韵》诗自注。

④ 李时珍:《本草纲目》第25卷,"谷部"。

十四、朴素的生物进化观

《地形》篇中有一段阐述生物发展变化过程的记载,现存原文有脱误,经清人俞樾、王念孙,今人夏纬瑛、笱萃华等校[①],其文如下:

"胈□生海人,海人生若菌,若菌生圣人,圣人生庶人,凡胈者生于庶人。羽嘉生飞龙,飞龙生凤凰。凤凰生鸾鸟,鸾鸟生庶鸟,凡羽者生于庶鸟。毛犊生应龙,应龙生建马,建马生麒麟,麒麟生庶兽,凡毛者生于庶兽。鳞薄生蛟龙,蛟龙生鲲鲠,鲲鲠生建邪,建邪生庶鱼,凡鳞者生于庶鱼。介潭生先龙,先龙生玄鼋,玄鼋生灵龟,灵龟生庶龟,凡介者生于庶龟。暖湿生胈□,暖湿生于毛风,毛风生于湿玄,湿玄生羽风,羽风生暖介,暖介生鳞薄,介潭生于暖介。五类杂种兴乎外,肖形而蕃。日冯生阳阏,阳阏生乔如,乔如生干木,干木生庶木,凡木者生于庶木。根茇招摇生程若,程若生玄玉,玄玉生醴泉,醴泉生皇辜,皇辜生庶草,凡根茇草者生于庶草。海闾生屈龙,屈龙生容华,容华生蕉,蕉生藻,藻生浮草,凡浮生不根茇者生于萍藻。"

上述全文清楚地勾画出一幅生物进化的图[②]:

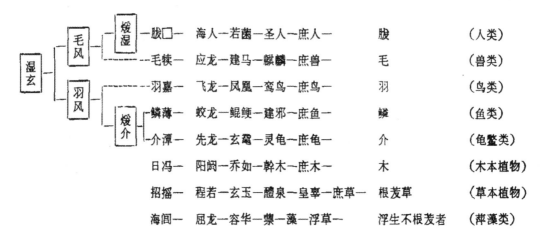

通过以上图解,不难看出:《淮南子》的作者们利用当时已有的动植物分类知识,把分类学与朴素的生物进化观统一起来了。例如把动物分为胈(人类)、毛(兽类)、羽(鸟类)、鳞(鱼类)、介(龟鳖类)等五类;把植物分为木(木本植物)、根茇草(草本植物)、浮生不根茇者(藻类)三类。虽然这种分类方法与今天的生物分类学尚有很大的差距,但在《淮南子》中已经有了明确的"类"的概念,而且描述了每类动物和植物的系统演变过程,尽管这种系统演变过程并不是准确的系统进化过程,但《淮南子》的作者们已经意识到

---

① 笱萃华:《再谈〈淮南子〉书中的生物进化观》,《自然科学史研究》1983年第2卷第2期。
② 笱萃华:《再谈〈淮南子〉书中的生物进化观》,《自然科学史研究》1983年第2卷第2期。

所有的动物都有一个共同的祖先类型,叫"湿玄"。湿玄派生出两支即"毛风"和"羽风"。其中"毛风"又演变出肢(人类)和毛(兽类);"羽风"又演变出羽(鸟类)、鳞(鱼类)和介(龟鳖类)。而且每一类动物、植物都分别有一个原始型。如人类的原始型是"肢□",兽类的原始型是"毛犊",鸟类的原始型是"羽嘉",鱼类的原始型是"鳞薄",龟鳖类的原始型是"介潭"等,最后归结为"五类杂种兴乎外,肖形而蕃"。即认为这五类不同的动物各按其自身性状特征而繁衍下去。在植物方面,虽然没有明确记载是否有共同祖先问题,但每类植物分别有一个原始型是很清楚的。

据研究,《淮南子》中的朴素进化思想是在老子"道"的思想和宋钘、尹文"精气"说基础上产生的。"湿玄"相当于"气",而"毛风"和"羽风"相当于由"湿玄"派生出来的两种"气"。而气又有轻重、清浊、精烦的不同,所以才区分出人、兽、鸟、鱼等不同类型的动物。值得注意的是这些动物和植物在发展过程中是不可逆的,不能再回到原始的形态,这比庄子以来的"万物皆种也,以不同形相禅、始卒若环、莫得其伦""始则终,终则始,若环之无端也"的循环变化论是一大进步。他们凭借想象和臆测描绘了一幅生物界的"进化"发展图像,即由简单到复杂、由低等到高等的朴素的生物进化观,并从哲学的角度推测出动物(可能也包括植物)是一个原始祖先逐步演化发展而来的,这在我国生物学史上无疑闪烁着进化思想的火花。

十五、对生物资源的保护

《淮南子》对生物与环境的关系已有一定的认识,认为生物具有适应环境的本能,所谓"鹊巢知风之所起,獭穴知水之高下"。强调生物随气候变化而呈现的生长发育规律是:"春风至则甘露降,生育万物。羽者妪伏,毛者孕育,草木荣华,鸟兽卵胎……秋风下霜,倒生挫伤,鹰雕搏鸷,昆虫蛰藏,草木注根,鱼鳖凑渊。"这些生长发育的规律正是提高生物资源保护思想的重要基础。

首先,让我们来看看《淮南子·道应》篇中记载的一则故事:季子治理单父三年,巫马期更装易容、微服私访,见到夜渔者得鱼而释之,便问何故?渔者对曰:"季子不欲人取小鱼者,所得小鱼,是以释之。"旨在说明季子治政,把遵守法律规定变成每个人的自觉行动。即使在夜间捕鱼,也要把捕到的不满一尺的鱼放回水里,可见古人对保护自然资源是何等重视。

特别要指出的是,《淮南子》的作者们把保护自然资源作为国君统治天下,稳定社会,使人们获得丰衣足食之源的重要环节来认识。《主术》篇中说:"食者民之本也,民者国之本也,国者君之本也。是故人君者上因天时,下尽地财,中用人力。是以群生遂长,五谷蕃植;教民养育六畜,以时种树;务修田畴,滋植桑麻。肥墝高下,各因其宜,丘陵阪险,不生五谷者,以树竹木。春伐枯槁,夏取果蓏,秋畜蔬食,冬伐薪蒸,以为民资,是故生无乏用,死无转尸。"把农林牧副四业并举,土地有高低肥瘦,要因地制宜,合理安排,能粮则粮,能树则树,这样就能在不同季节源源不断地获得生活资料;并且重申先王之法:"畋不掩群,不取麛夭,不涸泽而渔,不焚林而猎。豺未祭兽,罝罦不得布于野;獭未祭鱼,网罟不得入水;鹰隼未挚,罗网不得张于溪谷;草木未落,斤斧不得入山林;昆虫未蛰,不得以火烧田。孕育不得杀,鷇卵不得探。鱼不长尺不得取,彘不期年不得食。"只有这样,才能"草木之发若蒸气,禽兽之归若流原,飞鸟之归若烟云。"把先王之法归纳为四个"不"和九个"不得"的禁令,使得草木和虫鱼鸟兽以及它们的孕育者和卵鷇都有严格的保护措施,这样就能使人民有取之不尽、用之不竭的自然资源,用今天的话来说,就是可持续性发展,从而实现人类与自然界的生态平衡。

值得注意的是,《淮南子》的作者们还一针见血地指出统治者行为不检和层层盘剥是生物资源遭到破坏的重要原因之一。《说山》篇举例说:"宋君亡其珠,池中鱼为之殚,故泽失火而林忧。上求材,臣残木;上求鱼,臣干谷。上求辑而下致船。"他们还进一步指出,历史上日暮途穷的王朝经常伴有的倒行逆施之一,就是肆无忌惮地摧残生物资源、毁坏环境:"逮至衰世……刳胎杀夭,则麒麟不游;覆巢毁卵,凤凰不翔……构木为台,焚林而田,竭泽而渔。人械不足,畜藏有余,而万物不繁兆,萌芽卵胎而不成者,处之太半。"(《本经》篇)这里是否有影射当时现实的寓意不得而知,无论如何,编者将社会状况与生物资源开发情形联系起来,也可谓匠心独具。①

十六、医药学知识

淮南学派的著作中涉及的医药学内容非常广泛,举凡生理、病理、药物、诊治、养生等无不有所论述,且创见良多,有些方面的知识或成果深具医学研究、参考价值。

淮南学派认为,人是形、气、神的有机统一体,生命在本质上是气的存在形式,即所谓"夫形者,生之舍也;气者,生之充也;神者,生之制也。一失位则二者伤矣"(《原道》篇)。"精(气)池于目,则其视明;在于耳,则其听聪;留于口,则其言当;集于心,则其虑通"(《本经》篇)。"夫精神气志者,静而日充者以壮,躁而日耗者以老"(《原道》篇)。因此,他们构建一套十分精致的养生学说,其最高原则是主张"静",所谓"清净恬愉,人之性也……知人之性,其自养不勃(悖)。"其要点概括地说:一是清心寡欲;二是以平常之心来看待生死;三是着重养神,但要形神兼顾;四是要正确处理好人与自然、人与人、人与社会环境三者之间的关系。必须指出的是,他们不主张像王乔、赤松子那样弃家出门、隐逸深山去搞什么修道养生,认为这是"不孝"的行为,表明其养生观是积极入世的,有社会责任感的。这些养生观点,系统全面,见解精辟,即使在今天看来仍具有现实的

指导意义。

诊治疾病以预防为主的思想是中医药学的一大特色,历来备受人们的肯定和重视。有关资料表明,淮南学派是这一重要观点的早期提出者之一。他们说:"患至而后忧之,是犹病者已惓而索良医也。虽有扁鹊、俞跗之巧,犹不能生也";"所以贵扁鹊者,非贵其随病调药也,贵其秘息脉血,知病之所由生也"。因此,"良医常治无病之病,故无病"。《淮南子》"治无病之病"之论与《黄帝内经》"不治已病,治未病"之说,在医学思想上如出一辙,不分伯仲。

在生理学方面,认为"天有四时五行九解三百六十日,人亦有四肢五脏九穷三百六十节","故(人)头之圆也像天,足之方也像地","天有风雨寒暑,人亦有取与喜怒。故胆为云,肺为气,肝为风,肾为雨,脾为雷,以与天地相参也,而心为之主",这一学说成了后世道家阐发"人身小宇宙"观念的理论依据。在生育方面,他们肯定和强调了有性繁殖这一自然界基本的繁育方式,即"(阴阳)两者交接成和,而万物生焉。众雄而无雌,又何化之所能造乎? 所谓不言之辩,不道之道也"。他们还详细具体地阐述了人从受精到出生这一"十月怀胎"的化生过程,其中"三月而胎""七月而成"等的论说尤为精到。特别是他们还发明了避孕药物专方,以期对自然生殖过程进行人工干预,此即"守宫涂脐,妇人无子"术。方法是"取守宫一枚置瓮中及蛇衣以新布密裹之,悬于阴(凉)处百日。治守宫、蛇皮,分等以唾(液)和之,涂妇人脐,令温即无子矣"。守宫,指蜥蜴,性苦寒,破结,《本草纲目》列为"娠妇忌用"品;蛇衣即蛇蜕,为蛇科动物多种蛇蜕下的皮膜,《神农本草经》认为去性味甘、有毒,《本草纲目》认为"滑窍破血""孕妇忌用"。据此两味的传统药理来看,应无大的问题。其方用药外敷,简便安全,如经实验证实,则非常有开发价值和社会效益,希望能引起有识之士的关注。《淮南万毕术》这一药物避孕法的记载,现知是历史上最早的,它表明我国古代在控制人口生育的思想和技术方面是远远走在世界前列的,这在科学技术发展史上是一件很有意义的事情。

淮南学派的病因、病理学说,概要之,有两点。一是客观原因造成的,如"时令不节,民多疾病",人的居住环境(地形、土质和水文条件)不理想亦得病等。二是内因造成的,即人的七情六欲淫逸过度导致疾病发生。他们认为,喜怒哀乐性色之类本来是人正常的生理表现,如《本经》篇说:"人之性,有侵犯则怒,怒则血充,血充则气激,气激则发怒,发怒则有所释憾矣。"但不加节制,则会伤身。《原道》篇说:"人大怒破阴,大喜坠阳。薄气发喑,惊怖为狂。忧悲多恚,病乃成积。好憎繁多,祸乃相随。"这些论述,即使放在今天来看,仍是出色的。

在临床医学方面,提出了"良医"概念,强调良医在于精通医理和医术,具体问题具体分析,灵活地处置病患。《人间》篇举例说:"夫病温而强之食,病喝(中暑)而饮之寒,此众人之所以为养也,而良医之所以为病也。"因为庸医只是简单机械地理解应用治疗大法,如"热者寒之、寒者热之",结果"欲救之,反为恶",害人不浅。他们还指出:如果不懂医理药理,只是据方治病,不能算是医生,此所谓"好方非医也"。而早期发现疾病以便将其消灭在萌芽状态,这是良医必备条件之一。《淮南子》中提出了早期诊断的思想,即

"与天地相参","以微知明,以外知内"。具体方法有:一为色诊,系根据人体气血变化在体表相应区域的形色表现来诊断疾病的方法,即"有病于内者,必有色于外矣"。中医所谓的"望色诊病",这条记载是比较早的文献。二为脉诊,又称"切诊",认为按脉切诊可以"知病之所从生也",反映了中国传统医药学"治病求本"理路的精髓。

《淮南子》中关于病名、病症及治疗药物方面的记载相当多,比较独特而引人注目的也不少。如"疵瘕",据《精神》篇描述分析,它相当于消化道恶性肿瘤病症,似为肝癌或胃癌;《说山》篇记载时人认为"消"(糖尿病)有传染性,可供医史参考;"温"病,系多种热性病的总称,我国温病学说是在明清时期才形成的,此书的记载当有研究价值。又如用秦皮治角膜翳、赢蛊治白内障、啄木鸟治龋齿、野葛治蛇咬等,也少见他载。除单味药外,在《淮南万毕术》中,还记有不少方便实用的复方丸药,诸如用乌头、蛇肝(?)为丸给病人提神或止痛;用榆实等合药"令人不饥";用门冬、赤黍、狐血为丸,口含防止醉酒;用麻子中仁、桐叶、米汁制成生发药;用黄柏树叶、王瓜、大枣制成美容面膜,等等。这些方药都是现知最早的医史材料,珍奇宝贵,非常生动地反映了那个时代中国医药学发展的真实状况和技术水平。

诗词歌赋中的科技史料价值

　　我国上自三代,下迄明清,文人骚客,达官显贵,乃至布衣百姓,汇集了难以计数的诗词歌赋的篇章。在体裁上,有古风歌谣,也有律诗绝句,有长篇巨制,也有即事短章;在表现手法上虽然各异,但绝大多数体现了"感于哀乐,缘事而发"的现实主义精神,因而保存了许多历史信息,加之作者分布面广,内容几乎涉及各个领域;尤其是他们之中有些人对自然界深入细致的观察,或对科技新事物的关注,在托物咏怀,因事寄意的同时,留下了许多珍贵的科技史资料,甚至是最早的或唯一的科技文献资料。可是,由于诗词歌赋通常分散在数量众多的别集和各类总集中,查找起来相当困难,有些属于科技内容的,仅是只言片语,查找起来更是犹如大海捞针,因此科技史界至今尚未系统整理这方面的资料;而文学史界囿于学科的限制,对此亦未引起足够的重视。我们在前人工作的基础上,结合自己的收获,从几个方面列举一些典型事例,略论诗词歌赋中的科技史料价值,以期唤起科学史界对这一领域做更深入的研究。

一、《诗经》中的科技信息

　　《诗经》是我国古代第一部诗歌总集,编成于春秋时期,收集了西周初年至春秋中期约500年间的诗歌305篇,计7 200百余句,它的文学价值及其影响,文学界早已评论;它在科技史上的价值,也是不容忽视的。仅诗中引用的天文、气象、动物、植物、地理知识,都是反映我国先秦科技水平的重要信息。由于诗句朴实无华,相当真实,可视为当时的科技信史,因而历来受到学界重视。晋人陆机从《诗经》中选录了动植物250多种,其中植物146种、动物109种(包括鸟类42种,兽类25种,虫类22种,鱼类20种),撰成《毛诗草木鸟兽虫鱼疏》,成为我国古代第一部生物学著作,就是明证。此外还有《诗经地理考》以及今人夏纬瑛的《〈诗经〉中有关农事章句的解释》等,都是很好的说明。散见于各种科技史著作的诗句更多,如"十月之交"中的日月食、"七月流火"中的农事和物候,更是不胜枚举。

　　下面再着重举几条技术史资料:

1. 关于青铜器的大约有200多条

涉及青铜器品种可分为七类:鼎彝等器、钟鼓等器、和鸾等器、刀铲等工具、尊爵等酒器、戈矛等兵器、杂器等,反映了当时青铜器的广泛应用,并得到了考古发掘实物的证实。如果利用科技考古技术进行分析,结合《考工记》中的"六齐"进行研究,可望解决当时青铜成分的配比规律问题。另外,还有人们当时对青铜的认识,包括选择冶炼和防锈措施,如《卫风·淇奥》中"有匪君子,如金如锡",意思是说:有一个君子,他受过陶冶锻炼,有着美好的品格,就像提炼出来的铜和锡那样纯洁;《秦风·小戎》中"厹矛鋈錞",意思是长矛柄尾的铜錞上浇灌了一层锡,目的是防锈,[①] 这在当时确实是一个重要的防腐措施。

2. 关于酒《诗经》中有100多条资料

酒名就有八种之多:酒、醴、鬯、黄流、旨酒、春酒、清酒、醹等;酒器有十二种:瓶、罍、尊、卣、斝、爵、兕、觥、匏、斗、璋、玉瓒、牺尊等;而且认识到了"丰年多黍多稌,亦有高廪,万亿及秭,为酒为醴,烝畀祖妣"[②](意思是丰收的年成,黍稌是多么多啊,还有那高大的粮仓囤积着很多粮食,用它来酿酒制醴,奉祀先祖先妣)。这种把丰收、粮食多了与酿酒联系起来,无疑是酿酒史上的珍贵史料。

3. 关于颜料和染色的记载

《诗经》中反映的颜色包括红、黄、蓝、绿、青、黑等,除了用植物颜料茹藘(茜草)、蓝、绿等外,可能还有矿物颜料;《唐风·山有枢》中"出有漆"和《庸风·定之方中》中"树之榛栗,椅桐梓漆",不仅反映了当时对漆树的认识,而且可能人工栽培漆树了。此外还有椒、萧等香料的记载。

总之,《诗经》成书年代久远,当时流传至今的文献又很有限,这部诗歌总集就显得格外重要了。当今科学史界在研究许多重要问题的起源时,往往总要先去查找《诗经》,有时确能找到有关问题的最早记载,值得进一步发掘。

二、对自然现象的深入观察和深刻认识

我国古代文人学士中,有很多人是热爱大自然的,对许多自然现象做过深入细致的观察,做了细致的描述,以达到托物咏怀的目的,因而保存了很多自然现象的真实史料,间有作者对这些自然现象的深刻认识或独到见解,下面略举几例在科技史上颇有价值

---

① 李素祯等:《研究我国化学史应重视古籍〈诗经〉》,载赵匡华主编《中国古代化学史研究》,北京大学出版社,1985。

②《诗经·周颂·丰年》。参见赵匡华主编《中国古代化学史研究》,北京大学出版社,1985。

的诗词,以窥一斑。

1. 关于相对运动的诗篇

行船与河岸相对运动的关系,是人们在生活中司空见惯的事例。梁元帝萧绎(552—555年在位)在其《早发龙巢》诗中云:"不疑行舫动,唯看远树来。"[①]在敦煌曲子中也有一首《浣溪沙》词,对行船与河岸相对运动的关系做了深刻的描述:

> 五里竿头风欲平,张帆举棹觉船行。柔橹不旋停却棹,是船行。
>
> 满眼风波多陕灼,看山恰似走来迎。仔细看山山不动,是船行。[②]

这两首诗词多么微妙地刻画了船与河岸山林的运动关系,既揭示了河岸、山林的视运动,也逼真地表现了它们之间的相对运动。在整个人类的文化史和科学史上,船与河岸、山林的运动关系,成了论述相对运动的一个传统例子,至今仍不失它的科学意义。[③]

2. 对于色散现象的初步认识

北周庾信《郊行值雪诗》中已有"雪花开六出,水珠映九光"之吟。[④]这里的"九"应作"众多"解,因为古人还不知道白光是由七色光组成的。然而这却是对水滴散射现象最早的初步认识,直到南宋程大昌才在《演繁露》中对光的色散现象作了较精确的解释。

3. 水生动物与月亮的关系

宋吴淑《月赋》中写道:"圆光似扇,素魄如圭;同盛衰于蛤蟹,等盈阙于珠龟。"[⑤]精确地表达了水生动物随月相变化的生长节律;而动物这种生长节律直到20世纪才为世界上科学家们普遍关注。

与生物节律相关的,还有元代逎贤《京城燕》诗的"小引"中写道:"京城燕子,三月尽方至,甫立秋而去。"竺可桢先生据此与现代物候相比,得出北京现在的燕子与元代相比,来去各相差一周的结论。我们据此认为生物周年节律虽然是相当稳定的,但不是永远不变,为当代生物节律成因问题的争论,提供了重要的历史资料。[⑥]这个例子还说明有些诗词的"小引"或"序"也是很重要的,值得注意。

4. 重视天象异常现象的观测和记录

这在天文学史上具有重要价值。其中有些天象异常现象是由诗人即时记录在其诗篇中的。如梅尧臣《月蚀》诗云:"有婢上堂来,白我事可惊。天如青玻璃,月若黑水晶。时当十分圆,只见一寸明。主妇煎饼去,小儿敲镜声。此虽浅近意,乃重补救情。夜深

① 丁福保编:《全汉三国晋南北朝诗》卷下。

② 王重民辑:《敦煌曲子词集》(修订本),商务印书馆,1956,第31页。参见戴念祖:《中国力学史》,河北教育出版社,1988。

③ 戴念祖:《中国力学史》,河北教育出版社,1988,第107页。

④ 庾信:《庾子山集·郊行值雪》。

⑤ 张秉伦:《中国古代对动物生理节律的认识和利用》,《动物学报》1981年第1期。

⑥ 张秉伦:《中国古代对动物生理节律的认识和利用》,《动物学报》1981年第1期。

桂兔出,众星随西倾。"① 这是作者于嘉祐三年(1058年)描写当时人们观察月食的情景,十分形象生动。他还有一首《八月十三日观长星》诗云:"长星彗云出,天狗欲堕鸣。狗扫不见迹,昭昭河汉横。河汉秋转净,箕斗垂光晶。劝尔长星酒,收裛看太平。"② 长星乃彗星之属。查《宋史·仁宗本纪》载:嘉祐元年(1056年)秋七月,彗出紫微垣,长丈余。八月癸亥,是夕彗灭。时尧臣正赴汴京途中。可见《宋史》这条珍贵资料是参考了梅尧臣诗篇的,而且这首诗又是梅尧臣纪实之作,十分真实可靠。明张凤翼《处实堂集》中有一首因"异星有光如新月,感而作"。据严敦杰先生考证,这是一条关于新星的记录,并且描述了观察的简单过程,诗中虽未记载具体时间,但将诗文集中各篇编排次序研究一下,这颗新星很可能就是弟谷新星。同样,明孙承恩《星变》③诗可能也是关于一颗新星的记录,而且有"三岁三见之,简册所未尝"的诗句,乔小华同志正在进一步研究。

三、提供了大量的动植物家化史的佐证

我国是很多种栽培植物和家养动物的原产地,它们都是经过我国人民长期选育出来的,成为动植物家化史上的里程碑,学术界有关这类问题的论证是十分严格的,其中重要证据之一,就是有无最早的文献记载,古典诗词在这方面留下了大量的佐证,有诗词提供了最早的,甚至是唯一的记载,下面略举几例。

1. 大豆是我国人民最早选育成为栽培植物的记载

有关记载的诗句,首推《诗经》:"中原有菽,庶民采之""十月纳禾……禾麻菽麦""蓺之荏菽"。"菽"就是大豆,早期大豆是作为人们主粮食之一的。相传三国曹植(192—232年)在其兄曹丕(187—226年)逼迫下,七步之内吟成"煮豆燃豆萁,豆在釜中泣;本是同根生,相煎何太急"这首著名五言诗。这一方面说明曹植诗才敏捷,另一方面也反映了三国时煮豆燃萁是黄河流域很普遍的事,所以曹植能信手拈来。直到宋代,苏轼《豆粥》诗中,还有"沙瓶煮豆软如酥"之吟,说明宋代仍有以豆为粥作为主要粮食的。

2. 关于人工栽培猕猴桃的记载

猕猴桃原产我国,由于它的营养价值很高,在世界上享有盛誉,被誉为"中国鹅莓"(Chinese Gooseberry),但也有人昧其原始,尤其是随着世界猕猴桃热的兴起,不少人则认为中国只有野生种(其他国也发现了猕猴桃野生种),而无人工栽培的记载,这就涉及猕猴桃究竟是哪国人民最先栽培驯化、加以利用的历史了,或者说这一"发明权"是不是属于中国的? 孰是孰非,一度苦无确凿文献可证,成为一桩历史悬案。后来人们从唐代

---

① 梅尧臣:《梅尧臣集》卷28。
② 梅尧臣:《梅尧臣集》卷26。
③ 孙承恩:《文简集》卷14。

诗人岑参(715—770年)的《太白东溪张老舍即事,寄舍弟侄等》诗中查出:"渭上秋雨过,北风何骚骚。天晴诸山出,太白峰最高。主人东溪老,两耳生长毫。远近知百岁,子孙皆二毛。中庭井栏上,一架猕猴桃。"其中"中庭井栏上,一架猕猴桃"可以肯定是人工栽培的猕猴桃,也就是说至迟在唐代我国人民已经栽培猕猴桃了。这是任何一个国家都不能比拟的,从而解决了这一历史悬案,捍卫了我国人民关于这个问题上的优先权。

3. 我国金鱼家化史的最早证据

金鱼是我国特有的观赏鱼种,属于鲤科。它是鲫鱼在自然界变异成金黄色的金鲫,经过人们长期培养、人工选择、隔离培育、优中选优,才培育成现在的五光十色、千姿百态的观赏鱼类。它的家化史是先经过池养的半家化阶段,然后才进入盆养阶段。它的半家化阶段是从何时开始的呢? 苏东坡的两首诗提供了迄今为止最早的证据:1073年,苏东坡在六和塔附近见到的情景是:"金鲫池边不见君,追君直过定山村。路人皆言君未远,骑马少年清且婉……"①。1074年,苏东坡在南屏净慈寺一带又看到放养的金鲫鱼:"我识南屏金鲫鱼,重来抚槛散斋余。还从旧社得心印,似省前生觅手书。"②这里提到的金鲫鱼和金鲫池,不仅表明当时杭州一带放养了金鲫鱼,还处于池养的半家化阶段,而且时间、地点明确,为我国金鱼家化史提供了迄今最早的证据。

四、晒青茶、炒青茶和"蚕蚁"的最早记载

我国是茶叶的故乡,茶叶生产加工在我国有悠久的历史。一般以为最早最原始的成茶是晒青茶,但在茶史文献中却无晒青茶的记载,后来我们在唐代诗人李白(701—762年)的《答族侄僧中孚赠玉泉仙人掌茶诗》中查到:"茗生此石中,玉泉流不歇。根柯洒芳津,采服润肌骨。丛老卷绿叶,枝枝相接连。曝成仙人掌,似拍洪崖肩……"。"曝成仙人掌"应是晒青制法,由此可见直到唐朝我国有些地区还保存了这种传统制法,这也是迄今为止所发现的关于晒青茶的最早记载。

其实,茶叶发展到了唐代,加工方法不断改进,但过去人们通常认为唐代只有蒸青茶,即利用蒸汽杀青制成的茶叶,而炒青茶则是宋明以后的事;可是唐朝刘禹锡(772—844年)的《西山兰茗试茶歌》却云:"山僧后檐茶数丛,春来晒竹抽新茸。莞然为客振衣起,自傍芳丛摘鹰嘴。斯须炒成满屋香,便酌沏下金沙水。骤雨松声入鼎来,白云满碗花徘徊。悠扬喷鼻宿醒散,清峭彻骨烦襟开。"根据"斯须炒成满屋香"以及沏茶情景的描述,这是炒青茶的铁证,填补了我国早期制炒青茶的史料空白,是极其珍贵的史料。

至于许多名品茶,几乎都有众多的诗篇加以吟诵,其中有的诗篇可能是某种名品茶

---

① 清查慎行:《东坡编年诗补注》。

② 清查慎行:《东坡编年诗补注》。

的最早文献,很难一一列举。在此仅举一例,以窥一斑:北宋范仲淹(980—1052年)《斗茶歌》云:"年年春自东南来,建溪先暖水微开,溪边奇茗冠天下,武夷仙人自古栽。"可见武夷茶早在北宋时已誉满天下,成为"斗茶"的名品了。

此外,我国养蚕的历史也十分悠久,不但有出土文物为证,而且文献资料代不绝书。现在人们普遍将刚孵出的稚蚕称为"蚕蚁",可是"蚕蚁"这个名称究竟出现于何时?《齐民要术》、秦观《蚕书》等早期文献,直到南宋《陈旉农书》中均无记载,而在北宋梅尧臣(1002—1060年)的《蚕女》诗中却出现了"自从蚕蚁生,日日忧蚕冷"诗句。这是目前所知"蚕蚁"这个广为学术界和民间普遍采用的名称的第一次出现,或许就是梅尧臣创用的。而后南宋陆游(1125—1162年)《春晚书斋壁》诗中也有"郁郁桑连村,稚蚕细如螘"之吟。"螘"通"蚁";楼璹(1090—1162年)《耕织图诗》中还有"扳条摘鹅黄,藉纸观蚁聚"等。都是将刚孵出的稚蚕比喻为"蚁"。可见"蚕蚁"这一沿用至今的科学名称,至迟在宋代就为诗人所采用或创用了。

五、纺织史上两条重要史料

中国古代纺织品众多,尤以丝织品的精美著称于世,很多精美的纺织品都有诗人的吟诵,这里仅举在纺织史上有特殊意义的两首诗为例:

其一,唐代宣州贡品"丝头红毯",又名红线毯,是当时极负盛名的纺织品,供皇宫跳舞之用,可是后来却失传了。关于它的生产方法和质量高低,更是一无所知,幸有白居易留有诗篇。白居易的诗历来标榜"非求宫律高,不务文字奇;唯歌生民病,愿得天子知。"是一种现实主义的反映,特别重视诗的政治社会内容,他的《新乐府·红线毯》,可视为这种观点的代表作,从这首名作中,我们便可对"红线毯"略知梗概:

> 择茧缫丝清水煮,拣丝练线红蓝染。染为红线红于蓝,织作披香殿上毯。
> 披香殿广十丈余,红线织成可殿铺。彩丝茸茸香拂拂,线软花虚不胜物。
> 美人踏上歌舞来,罗袜绣鞋随步没。太原毯涩毳缕硬,蜀都褥薄锦花冷。
> 不如此毯温且柔,年年十月来宣州。宣州太守加样织,自谓为臣能竭力。
> 百夫同担进宫中,线厚丝多卷不得。宣州太守知不知?一丈毯,千两丝,
> 地不知寒人要暖,少夺人衣作地衣!

这首讽喻诗不仅揭露了统治阶级为了自己荒淫享乐,毫不顾惜人力物力的罪恶,大声疾呼警告统治阶级"少夺人衣作地衣",而且真实地描述了宣州人民从精选蚕茧、多集丝、拣丝擦线、染色,直到织成十余丈大红丝线毯的过程,以及当时宣州红线毯质地优良,比太原毛毯柔软光滑,比成都锦花褥厚实温暖的事实,表明了红线毯织造技术的细微精良。这是关于红线毯最翔实的史料。

其二,白居易《新乐府·阴山道》又云:

元和二年下新敕，内外金帛酬马直。仍诏江淮马价缣，从此不令疏短织。

合罗将军呼万岁，捧授金银与缣彩。谁知黠虏启贪心，明年马来多一倍。

缣渐好，马渐多，阴山虏，奈尔何！

这首诗反映了唐代缣马交易中江淮人民的巨大贡献，同时也反映了缣马交易在客观上促进了织缣技术的提高，产品质量越来越好，结果换的马也更多，加强了国防。

六、备受科技史界青睐的煤炭诗

我国是世界上最早认识和利用煤炭的国家。可是我国早期开发利用煤炭的历史文献却少得可怜，这可能是与过去文人学士"尤多流连风景，张其事而不覆其实者"有关，但仍然有一些热心之士留下了一些有关煤炭开发利用的诗篇。早在南北朝时徐陵就有"故（奇）香分细雾，石炭捣轻纨"的诗句。[①]这是我国最早吟咏煤炭的诗句，反映了当时发香煤饼的功效和制作方法。[②]至唐宋时期咏煤诗逐渐增多，这不仅是煤炭业空前发展的一个重要旁证，而且使诗坛增添了新意。其中吟咏最详、备受科技界青睐的，当推北宋文学家苏东坡的《石炭》[③]诗：

彭城旧无石炭，元丰元年十二月，始遣人访获于州之西南白土镇之北，以冶铁作兵，犀利胜常云。

君不见前年雨雪行人断，城中居民风裂骭。

湿薪半束抱衾裯，日暮敲门无处换。

岂料山中有遗宝，磊落如磐万车炭。

流膏迸液无人知，阵阵腥风自吹散。

根苗一发浩无际，万人鼓舞千人看。

投泥泼水愈光明，烁玉流金见精悍。

南山栗林渐可息，北山顽矿何劳锻。

为君铸作百炼刀，要斩长鲸为万段。

该诗的短序标明了时间地点，即苏轼于宋神宗熙宁十年（1077年）四月由知密州改知徐州后不久，元丰二年（1079年）三月调至湖州之前，组织人力在萧县白土镇之北找煤、采煤、冶铁作兵的情景。这首诗是反映北宋煤炭情况不可多得的文献，也是宋代煤炭开发利用情况的一个缩影，它是我国现代重要煤田基地之一的淮北濉萧煤田开发的

---

① 徐陵：《徐孝穆集·春情》。

② 明杨慎《升庵外集》卷19载："发香煤也.盖捣石炭为末，而以轻丸筛之，欲其细也……以梨枣汁合之为饼，置于炉中，以为香籍，即此物也。"参见戴念祖：《中国力学史》。

③ 苏东坡：《东坡诗集注》卷30；苏东坡还有一首与煤炭有关的诗，题为《田国博见示石炭诗，有铸剑斩佞臣之句，次韵答之》。

最早史料;其中"投泥泼水愈光明"反映当时人们已经掌握了一定的烧煤经验;"阵阵腥风自吹散"说明人们已经认识到煤炭的风化和自燃现象;作者还清楚地认识到煤炭代替栗炭作燃料,将会使栗树免遭砍伐殆尽之厄运,从而保护了生态环境。所以此诗备受科技史界青睐,是不无道理的。

七、有关澄心堂纸的难得资料

造纸是中国古代四大发明之一,纸不仅是文字传播的载体,它的多种用途和优良的品质更为诗人名士所称颂,世界上第一个赞美纸的人,可能就是晋朝的傅咸(234—294年),他的《纸赋》云:"……夫其为物,厥美可珍。廉方有则,体洁性贞。含章蕴藻,实好斯文。取彼之弊,以为此新。揽之则舒,舍之则卷。可屈可伸,能幽能显。若乃六亲乖方,离群索居。鳞鸿附便,援笔飞书。写情于万里,精思于一隅。"由于纸是文房必需之品,所以历代以来,纸常是文人和艺术家评咏的对象,诗章极富,难以尽述。这里仅以澄心堂纸为例,以窥一斑。

澄心堂本是南唐烈祖李昇任节度使时宴居之所,至南唐后主李煜时,由于他擅长诗词书画,视皖南所产宜书宜画的纸为珍宝,特辟澄心堂贮存之,并设局令承御监造这种纸,故其名"澄心堂纸",被誉为艺林瑰宝。可是在当时,这种纸只是极少数统治阶级能享用的,而且鲜为人知。直至南唐覆灭,这种纸才落到一些诗人画家或文学家手中,一时惊为珍宝,争相吟诗赞颂,留下了极其珍贵的史料,尤其是关于澄心堂纸的流传、质量、制造方法和后来仿制情况等诗句,成了科技史界研究澄心堂纸的第一手资料。例如北宋刘敞(1019—1063年)曾从宫中得到澄心堂纸百枚,情不自禁地作诗云:"当时百金售一幅,澄心堂中千万轴……流落人间万无一,我从故府得百枚。"[①] 刘敞赠欧阳修(1007—1072年)十枚,欧阳修得此纸和诗云:"君家虽有澄心纸,有敢下笔知谁哉……君从何处得此纸,纯坚莹腻卷百枚。"[②] 并转赠梅尧臣两枚。后来梅尧臣也有诗云:"往年公(指欧阳修)赠两大轴,于今爱惜不辄开……文高墨妙公第一,宜用此纸传将来。"[③] 可见南唐澄心堂纸落入北宋文人手中仍然视若珍宝,不敢轻易下笔。这固然与南唐后主的垄断,使其成为稀世之物有关,但更主要的还是它的质量决定的。

关于澄心堂纸的质量,梅尧臣赞曰:"滑如春冰密如茧,把玩惊喜心徘徊。蜀笺脆蠹不禁久,剡楮薄漫还可咳……江南李氏有国日,百金不许市一枚"[④]。这说明澄心堂纸细薄光润,洁白如玉,表面光滑如春冰,纤维致密如蚕茧,经久耐用胜蜀笺,厚重明快赛剡

① 潘吉星:《中国造纸史》,文物出版社,1979,第86页。
②《欧阳文忠公全集·和刘厚父澄心纸》卷5。
③ 梅尧臣:《宛陵先生全集·依韵和永叔澄心纸,答刘厚文》卷35。
④ 梅尧臣:《宛陵先生全集·永叔寄澄心堂纸二幅》卷7。

楮,是价值百金不可多得的佳纸。

关于澄心堂纸的产地和制法,梅尧臣诗云:"澄心纸出新安郡,腊月敲冰滑有余"。尤其是宋敏求(1019—1079年)也从南唐内府得到一批澄心堂纸,除自己留用一部分外,又寄赠梅尧臣百枚,梅氏得之欣喜若狂,作了一首诗,道明了它的特殊加工方法:"寒溪浸楮春夜月,敲冰举帘匀割脂。焙干坚滑若铺玉,一幅百金曾不疑……"。[①]说明澄心堂纸的制法是在寒溪中浸楮皮料,春碎后制成纸浆,在冰水中举帘荡纸,焙干后即坚滑如玉。这里强调用腊月冰水抄纸,意在使纸浆纤维悬浮效果更好。

梅尧臣得到南唐澄心堂纸后,曾转赠一些给歙县潘谷,潘谷便以此为样纸,如法炮制,终于仿制出大批澄心堂纸。据考证,宋代仿制的澄心堂纸比南唐古纸更轻一些,深为文人喜爱。宋太宗搜访古人墨迹,曾命王著摹勒《淳化阁法帖》10卷,题曰:"淳化三年壬辰岁十一月六日,奉旨事勒上石,用澄心堂纸、李廷桂墨拓。"屠隆亦说:"宋纸,有澄心堂极佳,宋诸公写字及李伯时(名公麟)画多用澄心堂纸。"[②]可见宋仿澄心堂纸仍为著名画家所珍视。如果没有梅尧臣等人留下的这些诗篇,关于澄心堂纸的产地、制法和质量以及后来的仿制等技术史上的难题是难以解决的。

八、工具和计时器的重要篇章

生产工具是生产力的要素之一,科学仪器是科学实验的重要设备和手段,它们的出现往往能反映当时的科学技术水平,因此也是科技史不可忽视的研究对象之一。在漫长的历史长河中,我国人民曾经发明了各式各样的先进工具和仪器,然而很多却失传了,只能凭借资料加以考证,以了解其基本结构和性能。其中有些工具和仪器因为制造奇特、巧夺天工,文人学士专门为它们写下了诗词歌赋,以致成为历史上最早的,甚至是唯一的文献资料。

就机械工具而言,西晋嵇含的《八磨赋》最为典型。其"外兄刘景宣作磨,奇巧特异,策一牛之任,转八磨之重,因赋之曰:方木矩峙,圆质规旋,下静似坤,上动似乾,巨轮内建,八部外连。"[③]意思是说刘景宣发明了奇巧特异的用一头牛牵引可以转动八部磨的连转磨,其主要构件是中间设一巨轮,轮轴直立在尊臼里,上端有木架控制,以防倾倒;在巨轮周围,排列着八部磨,轮辐和磨边都用木齿相间,构成一套齿轮系,牲畜牵引轮轴转动,八部磨就同时转动。磨是古代加工粮食的主要工具,这种"连转磨"显然可以大大提高效率,并节省劳动力,是粮食加工机械史上的一大进步。《八磨赋》是这一发明的最早、最详细的文献资料,因而为正史、《太平御览》、《王祯农书》以及科学技术史著作广泛

---

① 梅尧臣:《宛陵先生文集·答宋学士次道寄赠澄心纸百幅》卷27。

② 屠隆:《纸墨笔砚笺·纸笺》。

③ 引自《王祯农书》,农业出版社,1981,第287页。

引用。

此后，唐陆龟蒙有《渔具赋》，梅尧臣有《蚕具赋》，都是研究渔业史和蚕桑史的重要文献资料。而对农具特别感兴趣的要数梅尧臣和王安石。梅尧臣于嘉祐二年（1057年）在汴京任参详官，曾作《和孙端叟寺丞农具诗》15首（有的版本作13首），当时王安石知常州，读到梅诗后，备极赞赏，乃命笔和之，又作《和圣俞农具诗十五首》。他们唱和的农具诗，均为五言古诗，但内容通俗流畅，寓意深刻，不仅反映了他们的重农思想，体现了朴实优美的风格，"一洗五代旧习"，而且反映了他们同情劳动人民、反映现实问题的鲜明立场。诗贵形象，从他们的农具诗中还可以看出当时农具的功能及其生产过程。如梅尧臣《耧耕》诗云："农人力已勤，要在播嘉种。手持高柄斗，嘴泻三犁垅。月下叱黄犊，原边过废塚。"200年后元代农学家王祯编撰《农书》时，在"农具图谱"部分选录了梅诗1首，王诗5首。

就科学仪器而言，我想先说明虽不属于仪器，但对仪器制造有重要意义的"常平支架"。早在西汉时，司马相如《美人赋》中就有"金錭熏香，黼帐低垂"的记载，据宋人章樵注："錭，音匜；香球，衽席间可施转者。"可见这是被中香炉的专用名词，而且香炉可以任意转动，其中一定设有常平支架，否则达不到这一目的，从而可以推断我国人民早在西汉时就已发明了"常平支架"。

漏刻是中国古代的计时器，相传黄帝创观漏水、制器取则，以分昼夜。一般认为它起源于公元前三四千年的父系氏族公社时期，直到公元1899年，它作为官方的计时器仍在使用。几千年中漏刻得到了高度的发展，其式样层出不穷，精度不断提高。中国古人的聪明智慧，使漏刻发展到了登峰造极的地步，文人学士留下了许多关于漏刻的铭赋。这里仅以浮箭漏、沙漏、田漏为例，说明赋、铭、词的文献价值。

西汉王褒《洛都赋》曰："契壶司刻，漏樽泻流。仙叟秉矢，随水沉浮。指日命分，应则唱筹。"[1] 据华同旭同志考证，该赋中所描述的漏刻显然是浮箭漏。王褒卒于汉宣帝在位期间（宣帝即位于公元前73年），距汉武帝太初改历不远，此赋为浮箭漏发明于西汉武帝时代提供了一条证据，可结合《汉书》"东方朔传"和"昌邑王传"来看[2]，而此赋比《汉书》成书年代要早得多，可以肯定它是目前所见关于浮箭漏的最早历史文献。

田漏，是农家计时器，梅尧臣有一首《田漏》诗云：

占星昏晓中，寒暑已不疑。田家更置漏，寸晷亦欲知。

汗与水具滴，身随阴屡移。谁当哀其劳，往往夺其时。[3]

这首诗既反映了农民珍惜时光，追求科学的强烈愿望，也表达了作者对劳动人民的同情，可见我国古代有关时间计量是相当广泛的，更为重要的是这首诗为目前所了解的有关农家计时器——"田漏"的最早史料，因而被元人王祯《农书》引录。此外王安石也

---

① 《古今图书集成·历法典》卷99。

② 华同旭：《中国漏刻》，安徽科技出版社，1991，第44页。

③ 引自《王祯农书》，农业出版社，1981，第362页。

有咏田漏诗[①];苏东坡在《眉州远景楼记》中也记述了当时田漏的使用情况[②]。尽管农家漏曾经较为普遍地在农村使用过,但如果不是这些文人学士的作品作了描述,恐怕今天的史学家对这种农家计时器就一无所知了。

壶漏使用时间很长,精度也很高,然对北方寒冷季节,水易结冰,使用不便,于是詹希元首创沙漏,以沙代水。这一发明是由宋濂(1310—1381年)《五轮沙漏铭》最早记录下来的:

> 挈壶建漏测以水,用沙易之自詹始。
>
> 水泽腹坚沙弗止,一日一周与天似。
>
> 郑君继之制益美,请惜分阴视斯晷。[③]

该铭文前还有一段很长的序文,对五轮沙漏的结构和原理记述颇详。我们根据铭文和序文,可知五轮沙漏是詹希元发明制造的,与他同时代的郑永又作了改进。詹、郑二人同请宋濂作铭。刘仙洲根据此铭及其序文绘出了"詹希元五轮沙漏推想图",可见其史料价值。宋濂记录了我国历史上唯一的沙漏,此功不可没也。

九、科学家诗词是研究他们生平事迹不可忽视的史料

科学家诗词是研究科学家生平事迹、思想品质、科学活动和著作年代,乃至生前交游的重要文献。中国历史上的许多科学家都有诗文集,有的因年代久远或其他原因而散佚了全部或部分。如著名科学家张衡的诗文集仅有后人辑佚的《张河间集》;祖冲之的《长水校尉祖冲之集》长达51卷,早已全部散佚,现在只知书名了;沈括有《长兴集》(见《沈氏三先生文集》),但已不全,近人胡道静先生辑有《沈括诗词辑佚》1册;李时珍也有一部诗文集,可是在清初就失传了。其他科学家如元代地图学家朱思本有《贞一斋诗稿》,明代植物谱录学家王象晋有《赐闲堂集》,明代农田水利专家左光斗有《左忠毅公集》,明末徐光启有《徐文定公集》,清初王锡阐有《晓庵先生诗文集》、梅文鼎有《续学堂诗文钞》,清中叶女科学家王贞仪有《德风亭文集》,清末李善兰有《泽古斋文钞》和《听雪轩诗存》;医学家诗文集更多,如邹澍有《沙溪草堂诗集》等,就不一一赘述了。研究这些科学家,尤其是研究他们的生平事迹,最好先查阅他们的诗文集。王贞仪的科学活动就是保存在《德风亭文集》中的,那是非看不可的,否则我们就无从了解王贞仪及其科学活动了。除上述科学家外,今后在研究某位科学家或科技人物时,最好先查找一下他是否留有诗文集,如有,一定要找来看看,或许可以提供重要史料,下面仅举两例,以资说明科学家诗词在科学史研究中的价值。

---

① 王安石:《王文公文集》卷40。

② 苏轼:《苏东坡全集》卷32。

③《宋文宪公全集》卷47。

例一:陆羽(733—804年)是我国古代著名的茶叶专家,他的名著《茶经》是世界上第一部茶叶专著。关于他的生平事迹,均源于《全唐文·陆文学自传》和《新唐书·陆羽传》。自传撰于上元辛丑(761年),距其逝世还有40多年,因此这篇自传充其量也只能算作陆羽的"我的前半生",可能正是由于这篇自传过于简略,使得《新唐书》和其他文献中关于陆羽,尤其是关于他晚年的记述显得特别单薄。可是近人从《全唐诗》中查出:陆羽有诗2首,句3条,联句15首;他人赠寄陆羽的诗25首,与陆羽交往的友人达五六十人之多。这样对研究陆羽的生平事迹,尤其是后半生的活动具有重要价值。甚至从孟郊《送陆畅归湖州,因凭题故人皎然塔、陆羽坟》诗中,不但了解到孟郊坐禅抒山妙喜寺,而且可知陆羽生前与皎肝胆相照,仙逝以后,两人亦伴眠一境。①

例二:陈翥(1009—1056年)是北宋时期一位著名的泡桐专家,他的名著《桐谱》一书,是世界上最早的一部桐树专著。关于该书的杰出贡献,国内学者论述甚多,国外学者也有引述。可是关于他的生平事迹,人们却知之甚少。其主要原因是《宋史》等所谓正史并未为其立传,《宋史·艺文志》仅著录了"陈翥《桐谱》一卷"六个字;同时代其他典籍中,亦未见到有关他的史事,历代书目或收有《桐谱》之丛书序跋,或失之简略,或未提及。而他自己的诗赋和他人为陈翥的题咏却提供了重要的史料。据《桐竹君咏》和《西山植桐记》载,庆历八年(1048年),陈翥自称"吾年至不惑","吾今年四十矣"。据此推算,并考虑到古人年龄通常为虚岁,陈翥当生于大中祥符二年(1009年);陈翥的诗赋对于研究他的植桐经历和思想境界具有十分重要的史料价值;而别人给他题赠的诗词,不仅反映了陈翥三征七聘、辞而不就的品德,而且告诉我们陈翥除了著有《桐谱》一书,是位泡桐专家外,还是一位精通天文、地理、医学等颇有学问的学者。如御史萧定基诗云:

五松卓越一贞儒,班马才能誉不虚。隐隐文光腾万丈,渊渊学问富三余。

胸罗星斗天文象,心契山川地理图。七聘三征皆不就,优游林下乐何如。②

此外,至和元年(1054年)刺史杜衍尚有赠诗,表明是年陈翥尚健在,而至和三年(即嘉祐元年,1056年)十月初七,则有挽吊一律,据此推测陈翥当卒于嘉祐元年,享年47岁。③ 这样,通过陈翥自己的诗赋和他人为陈翥的题咏,便可把一向生平不详的世界第一部《桐谱》的作者陈翥的生平事迹勾画出来。类似的例子还有一些,这里仅举两例以资说明在研究科学家生平事迹时,应注意研究他们的诗词以及别人为他们的题咏。

十、以诗、歌、赋等文体写成的科学论著

我国古代有些科学著作就是利用歌赋或骈文等文学体裁撰写的。如金元时代的

---

① 史念书:《〈全唐诗〉中的陆羽史料考述》,《中国农史》1984年第1期。

②《五松陈氏宗谱》卷1。

③ 张秉论:《陈翥史事钩沉》,《中国科技史料》1992年第1期。

《药性赋》,将248种常用中药,就其药性分为寒热温平四类,每药用韵语写成赋体,介绍其性味、功用及临床应用;清代汪昂的《汤头歌诀》选用方剂290首,编成歌诀200余首,分补益、发表、攻里、涌吐、和解、表里、消补、理气、理血、祛风、祛寒、利湿、润燥、泻火、除痰、收涩、痈疡、经产等,每方下有简要注释,说明方义、主治功用等;陈念祖的《时方歌括》列载常用方100多首,依其性味分为12类,正文以歌赋说明各方组成及主治,并附作者的注释和配伍、集录历代名医论说等。这类采用歌赋体裁写成的书,最大的优点是便于习诵,因而流传很广,对启蒙教育和科学普及起到很好的作用。特别值得提出的是吴师机的《理瀹骈文》一书,是以骈体文写成的,并用注文加以注释。专门论述外治,即临床治疗以薄贴(膏药)为主的治法。作者认为外治可与内治并行,而且能补内治之不及。中国医籍中,在此书之前向无外治专著,本书第一次系统地对外治法进行了整理总结,不但有很高的应用价值,而且是第一部外治专著,其史料价值就可想而知了。

至于用歌诀撰写的处方就更多了,这里仅以宋代疗齿良方为例,说明它的价值:

猪牙皂角及生姜,西国升麻蜀地黄。木律旱莲槐角子,细辛荷叶要相当。

青盐等分同烧煅,研细将来使最良。楷齿牢牙髭鬓黑,谁知世上有仙方。

这是目前所知最早的药物牙粉(膏),表明我国人民早在宋代就发明了颇有疗效的药物牙粉(膏),加之处方中的药物,包括地道药材十分明确,很容易找到,因而可供今天研制药物牙膏作参考。

此外,数学著作中还有一些算法诗和算法口诀。元代的《算盘诗》早已成为证明珠算起源的佐证之一,而在人民群众中长期流传着“隔墙算”“剪管术”“秦王暗点兵”等数学游戏,也有用诗歌体裁写成的。其中有一首《孙子歌》,曾远渡重洋,输入日本:

“三人同行七十稀,五树梅花廿一枝,七子团圆正半月,除百零五便得知。”[①]

其实,这正是著名的一次同余式问题,又称“韩信点兵”问题,它起源于《孙子算法》中的“物不知数”,18世纪欧拉(1707—1783年)、拉格朗日(1736—1813年)等人对一次同余式问题进行了研究;1852年英国传教士伟烈亚力(1815—1887年)将《孙子算法》中的“物不知数”问题的解法传到了欧洲,1874年马蒂生指出孙子的解法符合高斯定理,从而其被西方称为“中国的剩余定理”。这一杰出成就,却能用歌诀表达出来,这不能不说是文学史和科技史上的奇迹。因而《孙子歌》经常为数学史著作所引用。

以上从十个方面概述了诗词歌赋在科学技术史研究中的史料价值,目的在于唤起科学史工作者进一步发掘这类文献中的科技史料,以丰富和充实中国科技史的内容,同时也希望对今天的文学家有所启迪,更多地关注飞速发展的科技事业,使文坛增添新意,留下更多更好的科技篇章。由于这项工作开始不久,所举例证相对浩如烟海的古代诗词歌赋而言,无疑仅是挂一漏万,甚至有错误之处,热望同道批评指正。

(此文发表于《中国科技史料》1993年第14卷第2期)

---

① 引自程大位:《算法统宗》(1592年),其实在此之前早已流传民间了。

商代劓刑、宫刑与"劓殄"的讨论
——兼与秦永艳先生商榷

秦永艳先生在《寻根》(2003年第2期)上发表的《浅谈商代的刑罚》一文,读之受益匪浅。秦先生将商代刑罚分为徒刑、肉刑和死刑三类。其中徒刑包括"骨靡"(相当于战国时的"城旦",即服劳役)和囚刑;肉刑只有墨刑和刖刑,而无劓刑和宫刑;死刑包括辟刑、剖刑和族诛。本文仅就商代的劓刑、宫刑与"劓殄"进行讨论。

一、商代应有劓刑

据《甲骨文合集》载,至少有四片甲骨上的文字与劓刑有关(图1至图4):

(1) ![字] 贞　《甲骨文合集》5 996片。

(2) 于 ![字]　《甲骨文合集》5 997片。

(3) ![字]　《甲骨文合集》5 998片。

(4) ![字]　《甲骨文合集》5 999片。

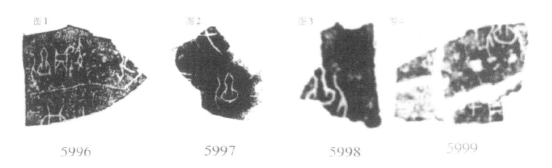

5996　　5997　　5998　　5999

以上四片甲骨中的"![字]"系鼻梁下有翼,其旁置刀(![刀]或![刀]),旧释劓可信。《汉语大辞典》所收![字]字(乙三二九九)和![字]字(前四·三二八),也是鼻旁置刀,同样释为"劓"字,即劓刑。劓同劓,《说文解字·刀部》"劓,刑鼻也,从刀臬声"。甲骨文中劓字频出,说明劓刑在商代是比较普遍使用的一种刑罚,而且为后世所沿用,并构成中国古代五种刑罚

(墨、劓、剕、宫、大辟)之一。从《尚书·周书·吕刑》可知劓刑是仅比墨刑较重的刑罚:"墨辟疑赦,其罚百锾……劓辟疑赦,其罚唯倍……剕辟疑赦,其倍差……宫辟疑赦,其罚六百锾,大辟疑赦,其罚千锾"。由此可见,对墨、劓、剕(刖)、宫、大辟有疑问者可赦,但罚金依次由少到多,反映了各重罚刑轻重的不同。甚至到了唐朝,少数民族地区可能还有劓刑,如《新唐书·吐蕃传上》还说,"其刑虽小,罪必抉目,或刖、劓"。中国古代的劓刑均源自商代。不知何故,秦永艳先生所述商代肉刑中没有包括劓刑。

二、商代宫刑考

《甲骨文合集》中第525片卜骨上有这样一段卜辞(图5):"庚辰卜王朕■ 羌不■"。这里的"朕"为王自称,代词;羌为受动词;■,或释死,或释凶。关键的■字,它与前文劓的甲骨文 ■ 字貌似相似,实则不同。因为虽然两字右旁均置刀,但■字左旁系前文所述鼻梁下有鼻翼;而■字左旁"■"不可能鼻翼长在鼻梁之上,却与《甲骨文合集》中第18 270片的"■"字神似,或为此字之省写(刻),应释为男性生殖器为宜,其旁置刀成■,赵佩馨在《甲骨文所见商代王刑——并释刉、剢二字》文中释为"椓"。即割去男性生殖器之形,也就是宫刑中的去势。因此,这段卜辞的意思是:庚辰中,商王用刀除去羌人生殖器(即施宫刑于羌人),不死(或不凶)。商代的宫刑也为后世所沿用,《尚书·周书·吕刑》有"宫辟疑赦,其罚六百锾"的记载,注云:"宫,淫刑也,男子割势,妇人幽闭,次死之刑。"可见是一种较重的刑罚,仅次大辟一等(大辟疑赦,其罚千锾)。《尚书大传》对宫刑也有相同的解释。男子割势,后来还成为用于充当宫廷内侍的阉人,据《汉书·宦官传》载:"中兴之初,宦官悉用阉人,不复杂调他士。"直到清末"太监"们都是经过"割势"(去势)的。

那么商代能否施行宫刑这种刑罚呢?抑或说商代是否具备除去男子生殖器而不致死这种技术水平呢?这可以从商代的动物阉割术得到旁证。在甲骨文中"豕"字濒出。而且与豕有关的字有多种写法:甲骨文中"■"旧释"豕"字,已被广泛引用。又有"■"字,据陈梦家《殷墟卜辞综述》:■,像牡豕之形,画势于旁,即豭之初文。也就是公猪。还有"■"字,据闻一多在《释豕》一文中考证:"■即豕的腹下一画离开,示去势之状,当释为豕,而一画与腹相连者,为牡豕[1]。他认为"豕"字为阉割后的猪。另外甲骨文中还有■字,示马腹下置一绳索。20世纪70年代末,中国社科院历史研究所甲骨文专家王

---

① 闻一多:《释豕》,载《闻一多全集》第二卷,开明书店,1948。

宇信先生带着此字到中科院自然科学史研究所与笔者讨论。王先生提出：马腹下置一绳索，显然不是用来拴住马腿的，也是拴不住的，会不会用绳索对马进行阉割？换句话说，用绳索能不能对马进行阉割？笔者当时即以20世纪50年代安徽农村用弹棉花弓弦勒紧牛或马阴囊，使其血脉不通，进行阉割的实例为其佐证之[后来笔者又看到《华佗神医秘传》中有用蜡线将牲畜肾囊（阴囊）勒紧，使血脉不通，数月之后，其肾囊与肾子自能脱落的记载]。也就是说使用绳索是可以对大牲畜进行阉割的。于是王宇信先生在《商代的养马业》一文中正式释🐴为阉割马，即剩马[①]。另外，《周礼·夏官》中的"颁马攻特"的记载，说的也是对马进行阉割。猪马阉割术后来在家畜家禽的饲养中得到广泛的应用。动物阉割术的发明和应用，对野生动物的驯化，提高动物经济价值，以及在防止动物早配乱配、选育良种等方面发挥过重要的作用。商代豕、马阉割术也为商代施用宫刑提供了动物学技术基础。我们认为商代应有割去男性生殖器的宫刑。

男子宫刑究竟如何施行？从"🐴"字形来看，应是将男子外生殖器包括阴茎、阴囊和睾丸全部割去。但有人据《灵枢·五音五味》记载："宦者去其宗筋，伤其冲脉，血泻不复，唇口不荣，故须不生。"推测"宦者去其宗筋"即是割去阴茎。其实不然，至少应该除去睾丸，否则不会出现唇口不荣、胡须不生等副性征变化。

三、关于"幽闭"的讨论

前文述及"妇人幽闭"，说的是妇人的宫刑。商代是否有此刑罚，尚难肯定。因为迄今未见相应的甲骨文或说尚无确凿的证据。不过，《尚书·周书·吕刑》中"宫辟疑赦"注云："宫，淫刑也，男子割势，妇人幽闭，次死之刑"。因此一般认为周代已有"妇人幽闭"的刑罚，而且与"男子割势"同属次死之刑。然而对"幽闭"的解释却不像"割势"那样一致，而是众说纷纭。有鉴于此，我们将"幽闭"诸说初步归纳为四种，并提出自己的见解。

其一，囚闭说。"幽闭"的"幽"字，有多种含义。《荀子·王霸》云："宦人失要则死，公侯失礼则幽"。杨倞注曰："幽，囚也"。《尚书正义》曰："男女以不义交者，其刑宫，……妇人幽闭，闭于宫使不得出也。"是说妇人宫刑"幽闭"就是将她闭于宫中，并且还说"大隋开皇年间，男子始除宫刑，妇人犹闭于宫"，也就是说，直到隋代开始废除男子去势的宫刑，而妇人幽闭尚未废除。

其二，缝锁说。褚人获《坚瓠集》在讲到有些妒妇虐待婢媵乱施刑罚时，有"捣蒜纳婢阴内，而以绳闭之"，或"以锥钻其阴而锁之，弃钥匙于井"等。因此有人推想将"它"缝或锁起来就是古代的"幽闭"方法。

其三，椓窍法。褚人获《坚瓠续集》卷四"妇人幽闭"条引王兆云《碣石剩谈》说："妇

---

① 王宇信：《商代的养马业》，《中国史研究》1980年第1期。

人椓窍,椓字出《吕刑》,似与《舜典》宫刑相同。男子去势,妇人幽闭是也。昔遇刑部员外许公,因言宫刑。许曰:'五刑除大辟外,其四皆侵损其身,而身犹得自便,亲属相聚也。……椓窍之法,用木槌击妇人胸腹,即有一物坠而掩其牝户,只能便溺,而人道永废,是幽闭之说也'。"其实,这就是人为槌击妇人腹部造成子宫脱垂。

对于以上一、二两说,鲁迅先生却持相反观点。他在《且介亭杂文·病后杂谈》中说:"从周到汉有一种施于男子的'宫刑',也叫'腐刑',次于'大辟'一等。对于女性就叫'幽闭',向来不大有人提起那方法,但总之是决非将她关起来,或者将它缝起来。近时好像被我查出一点大概来了,那方法的凶恶、妥当,而合乎解剖学,真使我不得不吃惊……"。可是,鲁迅先生查到的究竟是什么方法,他却没有明说。按照他的思路,我们又在古籍中查到下面一种方法。

其四,阉割法。明人周祈《名义考》云:"宫,次死之刑,男子割势,妇人幽闭,男女皆下蚕室。蚕室,密室也,又曰窨室。隐于窨室一百日乃可,故曰隐宫割势,若犍牛。然幽闭若去牝豕子肠,使不复生,故曰次死之刑。"明人徐树丕《识小录》亦云:"传谓男子割势,女子幽闭。皆不知幽闭之义,今乃得之,乃是于牝豕剔其筋,如制马豕之类,使欲心消失,国初常用之,而女往往多死,故不可行也。"即就像阉割牲畜那样将"子肠"或"筋"剔除,其实是将马豕之类的卵巢和部分输卵管剔除,如果不剔除卵巢,则达不到"使欲心消失"的目的。

以上四说,均为后人推测之言,而无早期证据,孰是孰非,恐难断定。若论幽闭作为宫刑之一,仅次大辟一等,似与男子去势相应,即阉割说较有说服力。或者说,鲁迅先生查出的"那方法的凶恶、妥当,而又合乎解剖学"的"幽闭",极可能就是这种阉割法。

四、关于"劓殄"的讨论

秦永艳先生在死刑中列有"族诛"。"族诛",又称灭族,"即一人犯法,株连父母兄弟妻子等"。并引用《尚书·盘庚》中的记载为证:"乃有不吉不迪,颠越不恭,暂遇奸宄,我乃劓殄灭之,无遗育,无俾易种于兹新邑"。秦先生解释说:"劓殄,即断绝,育指童稚、幼童。盘庚对反对迁都的人说:你们若不服从命令,贻误国家大事,诈伪作乱,我要把你们斩尽杀绝,连幼童也不得遗漏,不使他们在新都里繁衍后代,即灭族。"我们认为商代确有比仅限本人死刑重得多的株连族人的刑罚,诚如秦先生所引《尚书·盘庚》中列举纣王罪行时提到的"敢行暴虐,罪人以族"。但我们认为秦先生上述译文可能仅是一种观点,我想在此提出另一种讨论性的解释,以就教于包括秦先生在内的广大学者。

"劓",前已述及,在甲骨文中像鼻旁置刀,意为割鼻子,即劓刑。"殄",《说文解字》释为"尽";《尔雅》除释"尽"外,又释"绝"。"劓殄"连用首出《尚书·盘庚》,而且此后有关"劓殄"的传、注、疏、解多源自该书。因此《尚书·盘庚》中的"劓殄"成为这段引文释义的关键。《尚书·盘庚》中："我乃劓殄灭之，无遗育。"孔注："劓，割了；育，长也。言不吉之人当割绝灭之，无遗长其类。"结合前引《尚书·盘庚》上下文来看，是说"不吉不迪，颠越不恭，暂遇奸宄"之人"当割绝灭之，无遗长其类"。即仅限"犯人"当割绝灭之，使他们断子绝孙，不让他们在新都里繁衍后代，似未割绝"父母兄弟妻子"等，这与"族诛"或灭族是有区别的！在此"劓殄"，显然是割尽、割绝的意思。那么割尽、割绝什么呢？或者说将什么割尽、割绝，才能达到"无遗育，无俾易种于兹新邑"的目的呢？如果从"劓"字本意来看，似乎是将鼻子割尽，即劓刑要彻底，但无论如何割鼻子，也达不到"无遗育，无俾易种于兹新邑"的目的。我们认为只有将生殖器割尽或割绝，即施以宫刑才有这种可能。那么为什么《尚书·盘庚》中用"劓"字而不用宫刑或腐刑呢？这的确是个谜，我们不妨再作一大胆猜测：

这可能与甲骨文中 和 两字相似有关，而且甲骨文中 字出现次数很多，早已被释为"劓"字，即劓刑；而 字相对很少。因此，"我乃劓殄"中的"劓"字很可能是不察 与 之别，而误认为是同一字，这样就释为"劓"了。若是这样，《尚书·盘庚》中"我乃劓殄，灭之无遗育，无俾易种于兹新邑"一句则可理解为，我乃将其生殖器割尽，使其无生育能力，不让他们在新都里繁衍后代。这仅是我的一种猜想，未必妥当，敬请专家学者斧正。

（此文发表于《寻根》2003年第6期）

传 记 表

表A-1 唐五代人物传记资料综合索引用书表(86种)

编号	书名	简称	纂辑者	版本
1	旧唐书(纪传之部)	旧唐	(后晋)刘昫等	中华书局点校本
2	新唐书(纪传之部)	新唐	(宋)欧阳修 宋祁	中华书局点校本
3	旧五代史(纪传之部)	旧五	(宋)薛居正	中华书局点校本
4	新五代史(纪传之部)	新五	(宋)欧阳修	中华书局点校本
5	新唐书(宰相世系表)	新表		中华书局点校本
6	旧唐书(经籍志)	旧志		中华书局点校本
7	新唐书(艺文志)	新志		中华书局点校本
8	全唐文	全文		清嘉庆十九年(1814年)内府刊本
9	唐文拾遗	拾遗	(清)陆心源	潜园总集本
10	唐文续拾	续拾	(清)陆心源	潜园总集本
11	全唐诗	全诗		中华书局排印本(1960年)
12	全唐诗逸	诗逸	(日)河世宁	中华书局《全唐诗》排印本
13	河岳英灵集	河岳	(唐)殷璠	中华书局上海编辑所《唐人选唐诗》点校本(1958年)
14	国秀集	国秀	(唐)芮挺章	中华书局上海编辑所《唐人选唐诗》点校本(1958年)
15	中兴间气集	中兴	(唐)高仲武	中华书局上海编辑所《唐人选唐诗》点校本(1958年)
16	极玄集	极玄	(唐)姚合	中华书局上海编辑所《唐人选唐诗》点校本(1958年)
17	唐诗纪事	纪事	(宋)计有功	中华书局上海编辑所排印本(1965年)
18	唐才子传	才子	(元)辛文房	上海古典文学出版社排印本(1957年)
19	元和姓纂	姓纂	(唐)林宝	金陵书局校刊古歙洪氏刊本(光绪六年,1880年)

编号	书名	简称	纂辑者	版本
20	唐尚书省郎官石柱题名考	郎考	(清)赵钺、劳格	月河精舍丛书本(光绪十二年,1886年)
21	唐御史台精舍题名考	御考	(清)赵钺、劳格	月河精舍丛书本(光绪十二年,1886年)
22	翰林承旨学士院记	院记	(唐)元稹	知不足斋丛书本《翰苑群书》
23	翰林院故事	故事	(唐)韦执谊	知不足斋丛书本《翰苑群书》
24	重修承旨学士壁记	壁记	(唐)丁居晦	知不足斋丛书本《翰苑群书》
25	唐登科记考	登科	(清)徐松	南菁书院丛书本
26	唐方镇年表	方镇	吴廷燮	景杜堂刊本
27	郡斋读书志	郡斋	(宋)晁公武	商务印书馆影印宋淳祐袁州本(1933年)
28	直斋书录解题	直斋	(宋)陈振孙	武英殿聚珍版丛书本(乾隆三十八年,1773年)
29	书断	书断	(唐)张怀瓘	百川学海本
30	历代名画记	历画	(唐)张彦远	人民美术出版社排印本(1963年)
31	唐朝名画录	唐画	(唐)朱景玄	王氏画苑本
32	益州名画录	益画	(宋)黄休复	湖北先正遗书本
33	五代名画补遗	五代画遗	(宋)刘道醇	王氏画苑本
34	宣和书谱	书谱	(宋)阙名	津逮秘书本
35	宣和画谱	画谱	(宋)阙名	津逮秘书本
36	图画见闻志	图志	(宋)郭若虚	人民美术出版社点校本(1963年)
37	书小史	书小史	(宋)陈思	八千楼重雕宋本
38	图绘宝鉴	图绘	(元)夏文彦	津逮秘书本
39	书史会要	书史	(元)陶宗仪	武进陶氏逸园景刊本(1929年)
40	十国春秋	十国	(清)吴任臣	海虞周氏此宜阁刊本(乾隆五十八年,1793年)
41	九国志	九国	(宋)路振	守山阁丛书本
42	五代史补	五补	(宋)陶岳	豫章丛书本
43	南唐书	马书	(宋)马令	四部丛刊续编本
44	南唐书	陆书	(宋)陆游	四部丛刊续编本
45	江南野史	江南	(宋)龙衮	豫章丛书本
46	玉峰志	玉峰志	(宋)凌万顷	清光绪三十四年(1908年)刊本
47	乾道四明图经	乾道四明	(宋)张津等	甬上徐氏烟屿楼宋元四明六志本
48	宝庆四明志	宝庆四明	(宋)胡榘 罗濬等	甬上徐氏烟屿楼宋元四明六志本
49	延祐四明志	延祐四明	(元)袁桷	甬上徐氏烟屿楼宋元四明六志本
50	至正四明续志	至正四明	(元)王元恭	甬上徐氏烟屿楼宋元四明六志本

编号	书名	简称	纂辑者	版本
51	大德昌国州图志	昌国志	(元)郭荐 冯福京	甬上徐氏烟屿楼宋元四明六志本
52	仙溪志	仙溪志	(宋)赵与泌 黄岩孙	清乾隆间张德荣抄本
53	嘉定赤城志	赤城志	(宋)陈耆卿	清临海宋氏刊本(嘉庆二十三年,1818年)
54	吴郡图经续纪	吴郡图经	(宋)朱长文	学津讨原本
55	吴郡志	吴郡志	(宋)范成大	择是居丛书本
56	长安志	长安志	(宋)宋敏求	思贤讲舍本(清光绪十七年,1891年)
57	景定建康志	建康志	(宋)马光祖 周应合 等	金陵孙忠愍祠刻本(嘉庆六年,1801年)
58	至正金陵新志	金陵	(元)张铉	南京国子监重修本(正德十五年,1520年)
59	咸淳毗陵志	毗陵志	(宋)史能之	明刊本配清抄本
60	剡录	剡录	(宋)史安之 高似孙	清道光八年(1828年)嵊署刊本
61	宝祐琴川志	琴川志	(宋)孙应时 鲍廉 等	明末汲古阁刊本
62	云间志	云间志	(宋)杨潜	华亭沈氏古倪园刊本(嘉庆十九年,1814年)
63	新安志	新安志	(宋)赵不悔 罗愿	黟县李氏刻本(光绪十四年,1888年)
64	会稽掇英总集	掇英	(宋)孔延之	山阴杜氏浣花宗塾刊本(道光元年,1821年)
65	嘉泰会稽志	会稽志	(宋)施宿	民国十五年(1926年)影清刊本
66	宝庆会稽续志	会稽续志	(宋)张淏 孙因	民国十五年(1926年)影清刊本
67	乾道临安志	乾道临安	(宋)周淙	清光绪二十年(1894年)刊本
68	咸淳临安志	咸淳临安	(宋)潜说友	钱塘振绮堂汪氏刊本(道光十年,1830年)
69	嘉定镇江志	嘉定镇江	(宋)卢宪	清金陵刊本(宣统二年,1910年)
70	至顺镇江志	至顺镇江	(元)脱因 俞希鲁	如皋冒氏刊本(1923年)
71	严州图经	严州	(宋)陈公亮 刘文富	桐庐袁氏渐西村舍本(光绪二十二年,1896年)
72	淳熙三山志	三山志	(宋)梁克家	清乾隆间张德荣抄本
73	嘉泰吴兴志	吴兴志	(宋)谈钥	吴兴丛书本

编号	书名	简称	纂辑者	版本
74	临汀志	临汀志	（宋）胡太初等	中华书局影印本《永乐大典》卷7889—7995
75	崑山郡志	崑山郡志	（元）杨谭	观自得斋丛书本
76	齐乘	齐乘	（元）于钦	明嘉靖四十三年（1564年）杜思刊本
77	嘉禾志	嘉禾	（元）单庆 徐硕	沈氏海日楼刊本
78	茅山志	茅山志	（元）刘大彬	明刻本
79	续高僧传	续僧	（唐）道宣	清光绪十年（1884年）序刊本
80	宋高僧传	宋僧	（宋）赞宁	清光绪十年（1884年）序刊本
81	景德传灯录	景德	（宋）道原	四部丛刊本
82	大唐内典录	内典	（唐）道宣	日本大正新修大藏经本
83	开元释教录	开元录	（唐）智昇	日本大正新修大藏经本
84	大唐贞元续开元释教录	续开元录	（唐）圆照	日本大正新修大藏经本
85	贞元新定释教目录	贞元新	（唐）圆照	日本大正新修大藏经本
86	续贞元释教录	续贞元录	（南唐）恒安	日本大正新修大藏经本

表A-2　四十七种宋代传记表

编号	书名	纂辑者	版本
1	宋史（列传之部）	脱脱等	五洲同文书局石印本（光绪二十九年，1903年）
2	宋史新编（列传之部）	柯维骐	明嘉靖刊本（燕京大学图书馆藏）
3	东都事略（列传之部）	王称	淮南书局刊本（光绪九年，1883年）
4	南宋书（列传之部）	钱士升	南沙席氏刊本（嘉庆二年，1797年）
5	隆平集（列传之部）	曾巩	七业堂刊本（康熙四十年，1701年）
6	名臣碑传琬琰集	杜大珪	宋刊本（哈佛大学汉和图书馆藏）
7	琬琰集删存		引得编纂处铅印本（民国二十七年，1938年）
8	宋史翼	陆心源	归安陆氏刊本（光绪三十二年，1906年）
9	戊辰修史传	黄震	四明丛书本
10	宋朝南渡十将传	章颖等	碧琳琅馆丛书本
11	五朝名臣言行录	朱熹	四部丛刊本
12	三朝名臣言行录	朱熹	四部丛刊本
13	皇朝名臣言行续录	李幼武	绩学堂洪氏刊本（道光元年，1821年）
14	四朝名臣言行录	李幼武	绩学堂洪氏刊本（道光元年，1821年）

编号	书名	纂辑者	版本
15	皇朝道学名臣言行外录	李幼武	绩学堂洪氏刊本（道光元年，1821年）
16	伊洛渊源录	朱熹	吕氏宝诰堂刊朱子遗书本
17	昭忠录		墨海金壶本
18	宋遗民录	程敏政	知不足斋丛书本
19	元朝东莞遗民录	九龙真逸	聚德堂丛书本
20	宋季忠义录	万斯同	四明丛书本
21	文丞相督府忠义传	邓光荐	明崇祯刊宋三大臣汇志附刻（燕京大学图书馆藏）
22	元祐党人传	陆心源	归安陆氏刊本（光绪十五年，1889年）
23	庆元党禁	樵川樵叟	知不足斋丛书本
24	京口耆旧传		守山阁丛书本
25	桐阴话旧	韩元吉	学海类编本
26	万柳溪边旧话	尤玘	学海类编本
27	南宋院画录	厉鹗	武林掌故丛编本
28	圣朝名画评	刘道醇	王氏书画苑本
29	皇宋书录	董史	知不足斋丛书本
30	苏祠从祀议	吴骞	武林掌故丛编本
31	淳熙荐士录	杨万里	函海本
32	宋诗钞	吴之振	涵芬楼铅印本（民国三年，1914年）
33	宋诗钞补	管廷芬	涵芬楼铅印本（民国四年，1915年）
34	宋大臣年表	万斯同	二十五史补编本
35	宋中兴三公年表		藕香零拾本
36	学士年表		知不足斋丛书本
37	宋中兴学士院题名录	何异	藕香零拾本
38	南宋馆阁录	陈骙	武林掌故丛编本
39	南宋馆阁续录		武林掌故丛编本
40	宋中兴行在杂买务杂卖场提辖官题名	何异	藕香零拾本
41	宋中兴东宫官僚题名	何异	藕香零拾本
42	北宋经抚年表	吴廷燮	二十五史补编本
43	南宋制抚年表	吴廷燮	二十五史补编本
44	修唐书史臣表	钱大昕	知不足斋丛书本
45	绍兴十八年同年小录		徐氏刊宋元科举三录本（民国十二年，1923年）
46	宝祐四年登科录		徐氏刊宋元科举三录本（民国十二年，1923年）
47	宋人轶事汇编	丁传靖	商务印书馆铅印本（民国二十四的，1935年）

表A-3 三十种辽金元传记表

编号①	书名	卷数	纂辑者	版本
1	辽史(列传之部)	116	脱脱等	五洲同文书局石印本(光绪二十九年1903年)
2	契丹国志(列传之部)	27	叶隆礼	扫叶山房刊本(嘉庆丁巳，1797年)
3	辽诗话	2	周春	翠琅玕馆丛书本(民国五年，1916年)
4	辽诗纪事	12	陈衍	商务印书馆排印本(民国二十五年，1936年)
5	辽代文学考	2	黄任恒	辽痕五种本(光绪三十一年，1905年)
6	辽大臣年表	1	万斯同	二十五种补编本(开明书店印,国国二十四年，1935年)
7	辽方镇年表	1	吴廷燮	辽海丛书本(民国二十三年1934年)
8				
9				
10				
11	金史(列传之部)	135	脱脱等	五洲同文书局石印本(光绪二十九年，1903年)
12	大金国志(列传之部)	40	宇文懋昭	扫叶山房刊本(嘉庆丁巳，1797年)
13	金诗纪事	16	陈衍	商务印书馆排印本(民国二十五年，1936年)
14	金宰辅年表	1	黄大华	二十五种补编本(开明书店印,民国二十四年，1935年)
15	金将相大臣年表	1	万斯同	二十五种补编本(开明书店印,民国二十四年，1935年)
16	金方镇年表	1	吴廷燮	辽海丛书本(民国二十三年1934年)
17	金衍庆宫功臣录	1	万斯同	二十五种补编本(开明书店印,民国二十四年，1935年)
18				
19				
20				
21	元史(列传之部)	210	宋濂等	五洲同文书局石印本(光绪二十九年，1903年)
22	新元史(列传之部)	257	柯劭忞	退耕堂重刊本(民国十九年，1930年)

① 本表取自原哈佛燕京学社引得编纂处1940年刊《辽金元传记三十种综合引得》书首所附《三十种辽金元传记表》。为了使辽金元三代传记有所区别，表中各传记的代号(即编号)不相衔接，各有起迄：1–7为辽代传记7种；11–17为金代传记7种；21–36为元代传记16种。

编号①	书名	卷数	纂辑者	版本
23	元史类编(列传之部)	42	邵远平	扫叶山房刊本(光绪戊子,1888年)
24	元史新编(列传之部)	95	魏源	慎微堂刊本(光绪乙巳,1905年)
25	元书(列传之部)	102	曾廉	层漪堂刊本(宣统三年,1911年)
26	蒙兀儿史记(列传之部)	160	屠寄	结一宧刊本(民国二十三年,1934年)
27	元朝名臣事略	15	苏天爵	武英殿聚珍版丛书(光绪甲午改刻,1894年)
28	元儒考略	4	冯从吾	知服斋丛书本(光绪十八年,1892年)
29	元诗选	28	顾嗣立	秀野草堂刊本**①
30	元诗选癸集	10	席世臣	扫叶山房刊本(光绪戊子,1888年)
31	元统元年进士录	1		徐氏刊宋元科举三录本(1923年)
32	元行省丞相平章政事年表	2	吴廷燮	辽海丛书本(民国二十三年,1934年)
33	元分藩诸王世表	1	黄大华	二十五史补编本(开明书店印,民国二十四年,1935年)
34	元西域三藩年表	1	黄大华	二十五史补编本(开明书店印,民国二十四年,1935年)
35	元史氏族表	3	钱大昕	二十五史补编本(开明书店印,民国二十四年,1935年)
36	元史译文证补	30	洪钧	元和陆氏刊本(光绪二十三年,1897年)

表A-4　八十九种明代传记表

编号	书名	简称	纂辑者	版本
1	明史(列传之部)		张廷玉等	清光绪癸卯五洲同文书局石印本
2	明史(列传之部)		万斯同	钞本
3	明史稿(列传之部)		王鸿绪	敬慎堂刊横云山人集本
4	皇明通纪直解		张嘉和	明刻本
5	国朝献徵录		焦竑	明万历刻本
6	国朝名世类苑		凌迪知	明万历刻本
7	今献备遗		项笃寿	明万历刻本
8	明名臣言行录		徐开任	清康熙辛酉刻本
9	皇明名臣琬琰录		徐纮	明刻本
10	皇明名臣言行录		王宗沐	明嘉靖刻本

① 此书分为三集,每集又分九卷,合以初集之卷首,共29卷。初集刊于康熙甲戌(1694年),二集刊于康熙壬午(1702年),三集刊于康熙庚子(1720年),非成于一年者。

编号	书名	简称	纂辑者	版本
11	国朝名臣言行略		刘廷元	明刻本
12	皇明名臣言行录		沈应魁	明嘉靖三十二年(1553年)刻本
13	昭代明良录		童时明	明万历刻本
14	皇明人物考		焦竑	明万历刻本
15	皇明应谥名臣备考录		林之盛	明刻本
16	国朝列卿记		雷礼	明刻本
17	嘉靖以来首辅传		王世贞	借月山房汇钞本
18	国朝内阁名臣事略		吴伯与	明崇祯刻本
19	内阁行实		雷礼	明刻本
20	皇明开国功臣录		黄金	明正德刻本
21	兰台法鉴录		何出光等	明万历刻本
22	皇明词林人物考		王兆云	明万历刻本
23	明名人传		未详	明稿本
24	明人小传		曹溶	钞本
25	明儒言行录续编		沈佳	四库全书钞本
26	崇祯阁臣行略		陈盟	知服斋丛书本
27	崇祯五十宰相传		曹溶	国学扶辅社铅印本
28	掾曹名臣录		王鸿儒	续说郛丛书本
29	明末忠烈纪实		徐秉义	钞本
30	续表忠记		赵吉士	清康熙刻本
31	东林同难录		缪敬持	清叶氏耕学草堂刻本
32	本朝分省人物考		过廷训	明天启刻本
33	皇朝中州人物志		朱睦㮮	明隆庆刻本
34	续吴先贤赞		刘凤	明万历刻本
35	南疆逸史		温睿临	半松居士活字本
36	南疆逸史摭遗		李瑶	满道光刻本
37	续名贤小纪		徐晟	涵芬楼秘笈本
38	梅花草堂集		张大复	明刻本
39	东林列传		陈鼎	售山山寿堂刻本
40	明诗综		朱彝尊	清康熙刻本
41	小腆纪年附考		徐鼒	清咸丰辛酉(1861年)刻本
42	明史窃		尹守衡	清光绪丙戌(1886年)刻本
43	明词综		朱彝尊 王昶	四部备要本
44	皇朝名臣言行录		杨廉 徐咸	明嘉靖刻本

编号	书名	简称	纂辑者	版本
45	明良录略		沈士谦	续说郛丛书本
46	皇明将略		李同芳	明天启刻本
47	造邦贤勋录略		王祎	续说郛丛书本
48	靖难功臣录		朱当㴐	胜朝遗事本
49	胜朝粤东遗民录		陈伯陶	真逸寄庐刻本
50	甲申后亡臣表		彭孙贻	钞本
51	建文忠节录		张芹	学海类编集徐本
52	熹朝忠节死臣列传		吴应箕	荆驼逸史本
53	前明忠义别传		汪有典	活字本
54	崇祯忠节录		高承埏	钞本
55	胜朝殉节诸臣录		舒赫德等	清乾隆刻本
56	南都死难纪略		顾苓	殷礼在斯堂丛书本
57	明季南都殉难记		屈大均	国学丛书社铅印本
58	天问阁集		李长祥	仰视千七百二十九鹤斋丛书本
59	小腆纪传		徐鼒	光绪丁亥(1887年)金陵刊本
60	小腆纪传补遗		徐鼒	光绪丁亥(1887年)金陵刻本
61	明书		傅维鳞	畿辅丛书本
62	明史分稿残编		方象瑛	振绮堂丛书本
63	续藏书		李贽	明万历刻本
64	明诗纪事		陈田	光绪己亥(1899年)陈氏刻本
65	明画录		徐沁	续画斋丛书本
66	逊国记		未详	续说郛丛书本
67	沧江野史		未详	续说郛丛书本
68	海上纪闻		未详	续说郛丛书本
69	沂阳日记		未详	续说郛丛书本
70	泽山杂记		未详	续说郛丛书本
71	溶溪杂记		未详	续说郛丛书本
72	郊外农谈		未详	续说郛丛书本
73	金石契		祝肇	续说郛丛书本
74	畜德录		陈沂	续说郛丛书本
75	新倩籍		徐祯卿	续说郛丛书本
76	国宝新编		顾璘	续说郛丛书本
77	启祯野乘二集		邹漪	清康熙四十三年(1704年)刻本
78	江人事		章于今	野史二十一种本
79	备遗录		张芹	续说郛丛书本
80	藩献记		朱谋㙔	续说郛丛书本

编号	书名	简称	纂辑者	版本
81	彤史拾遗记		毛奇龄	胜朝遗事本
82	恩恤诸公志略		孙慎行	荆驼逸史本
83	明儒学案		黄宗羲	四部备要本
84	列朝诗集小传		钱谦益	清康熙刻本
85	盛明百家诗		俞宪	明刻本
86	静志居诗话		朱彝尊	扶荔山房刻本
87	烟艇永怀		龚立本	虞山丛刻本
88	皇明开国臣传		朱国桢	明刻本
89	逊国诸臣传		朱国桢	明刻本

表A-5 三十三种清代传记表

编号	书名	简称	纂辑者	版本
1	清史稿(列传之部)		赵尔巽等	民国十六年(1927年)印行
2	清史列传		中华书局	民国十七年(1928年)上海中华书局印
3	国朝耆献类徵初编		李桓	湘阴李氏版
4	碑传集		钱仪吉	光绪十九年(1893年)江苏书局校刊
5	续碑传集		缪荃孙	光绪十九年(1893年)江苏书局校刊
6	碑传集补		闵尔昌	北平燕京大学国学研究所印(1931年)
7	国朝先正事略		李元度	上海中华书局,四部备要本
8	中兴将帅别传		朱孔彰	上海中华书局,四部备要本
9	从政观法录		朱方增	光绪十年(1884年)映雪庐本
10	大清畿辅先哲传(附烈女传)		徐世昌	天津徐氏刊本
11	满洲名臣传		"依国史钞录"	菊花书室刻,巾箱本
12	汉名臣传		"依国史钞录"	菊花书室刻,巾箱本
13	国朝汉学师承记		江藩	光绪十二年(1886年)万卷书室刻本
14	国朝宋学渊源记		江藩	光绪十二年(1886年)万卷书室刻本
15	颜李师承记		徐世昌	天津徐氏刻本
16	清学案小识		唐鉴	光绪十年(1884年)黄氏重镌四砭斋原本
17	文献徵存录		王藻 钱林	咸丰八年(1858年)嘉树轩本
18	国朝名臣言行录		王炳燮	光绪乙酉(1885年)津河广仁堂刊本
19	清画家诗史		李濬之	民国庚午(1930年)刊本

编号	书名	简称	纂辑者	版本
20	清代学者象传		叶恭绰	民国十七年(1928年)叶氏刊本
21	清代闺阁诗人徵略		施淑仪	民国十一年(1922年)崇明女子师范讲习所刊本
22	国朝名家诗钞小传		郑方坤	杞菊轩刊本
23	国朝诗人徵略(初编)		张维屏	刊本前有道光二十二年(1842年)序
24	国朝诗人徵略(二编)		张维屏	刊本前有道光二十二年(1842年)序
25	飞鸿堂印人传		汪启淑	翠琅玕馆丛书本
26	国朝书画家笔录		窦镇	宣统三年(1911年)文学山房印
27	国朝画识		冯金伯 吴晋	道光辛卯(1831年)增补,云间文苹堂刊本
28	墨香居画识		冯金伯	南汇冯氏家刻本
29	国朝书人辑略		震钧	光绪戊申(1908年)金陵刊本
30	鹤徵录		李集 李富孙	同治十一年(1872年)漾葭老屋本
31	鹤徵后录		李富孙	同治十一年(1872年)漾葭老屋本
32	己未词科录		秦瀛	嘉庆十二年(1807年)世恩堂本
33	国史列传(满汉大臣列传)		"依国史钞录"	东方学会印

后　记

　　"中国古代科技文献学"是张秉伦先生为中国科学技术大学科技史专业研究生讲授的一门基础课。1982年,张先生从中国科学院自然科学史研究所调来中科大工作后,每年都给研究生讲授这门课,一直持续到2005年。这是一门全新的课程,之前的国内科技史界从未有人讲授过。张先生在每一轮讲授过程中,都会增加新的内容,不断提高授课质量,因而深得学生的喜爱和好评。一些学生毕业后,根据这门课的听课笔记即在新的单位开设了同类课程。

　　张先生晚年一直希望能将这门课的讲义出版,以满足科技史学科研究生教学的需要,但因身体健康条件限制,未能实现这个愿望。直至病重弥留之际,他仍然惦记着此事。

　　2006年,张先生病逝后,科技史与科技考古系即计划将其遗留下来的授课讲义资料整理出版,但由于种种原因,此事一直未能得以实施。

　　2015年末,系里成立了《中国古代科技文献学讲义》整理小组,开展此项工作。根据张先生生前打印的一份6万余字的讲义初稿,并参考唐丽珍老师提供的张先生授课用的相关资料,由胡化凯老师拟定了本书的基本框架及各个章节需要充实的内容,然后由翟淑婷老师依据这些资料进行整理与文字录入工作。由于张先生的讲义资料多属手写内容,其中不少东西是记录在"小纸头""小卡片"上的,需仔细辨别字迹、确定各条资料的先后秩序,为此须付出不少时间和精力,这些工作均由翟淑婷完成。

　　为了充实内容,我们挑选了两本记录比较完整的研究生听课笔记,将其中一些必要的内容摘录在本书中,并以另一种字体排印,以示与张先生文字内容的区别。

　　张先生的讲义资料引述了大量古代文献,其中许多内容在其生前未来得及核对原文,因此存在不少笔误或因记忆失误而造成的错误。在整理过程中,我们尽力对一些内容进行了核对和校正,为此,翟淑婷查阅了大量相关文献资料,花费了相当多的精力。尽管如此,我们仍然无法保证书中不会存在这类错误。

　　另外,保持张先生作品的原貌是我们整理这部书稿所遵循的原则,因此一般情况下,我们只将作者留下的资料原样照录,置于相关章节之下,除对其中明显的失误进行校正外,其余内容不做任何改动。由于讲义涉及的领域非常广泛,不仅涵盖了古代科学技术各个门类的专业知识,而且包含了文献学、版本学、目录学、文字学诸多领域的内容,我们的学术能力实在不足以全面驾驭这些内容,因而可能会存在一些对资料取舍失当的情况,以及对于资料中存在的某些失误缺乏甄别能力,这是在所难免的。

为了减少书中的错误,我们聘请郭书春先生和汪前进先生对书稿进行了审读。郭先生提出了多条修改意见,并指出了稿中的多处错误。汪先生指出和改正了书稿中存在的许多错误及笔误。对于两位先生的帮助,我们表示诚挚的感谢。

另外,中国科学技术大学出版社对此书的出版给予了大力支持,编辑为提高书稿的质量也付出了很大精力,特此表示感谢。

本书的整理出版,是本系师生对张秉伦先生的纪念,也是对张先生在天之灵的告慰。由于作者已不在人世,无法以自己的愿望写成此书和避免其中存在的错误,尽管我们已竭尽全力,但仍无法保证书中没有缺点乃至错误,在此只能恳请读者见谅了。

《中国古代科技文献学讲义》整理小组

2018年9月20日